常用建筑材料速查丛书

混凝土外加剂速查手册

李继业　范国庆　张立山　主编

中国建筑工业出版社

图书在版编目(CIP)数据

混凝土外加剂速查手册/李继业等主编. —北京：
中国建筑工业出版社，2016.4
(常用建筑材料速查丛书)
ISBN 978-7-112-19043-0

Ⅰ.①混… Ⅱ.①李… Ⅲ.①混凝土-水泥
外加剂-技术手册 Ⅳ.①TU528.042-62

中国版本图书馆 CIP 数据核字(2016)第 012271 号

常用建筑材料速查丛书
混凝土外加剂速查手册
李继业　范国庆　张立山　主编

*
中国建筑工业出版社出版、发行(北京西郊百万庄)
各地新华书店、建筑书店经销
唐山龙达图文制作有限公司制版
北京富生印刷厂印刷
*
开本：850×1168 毫米　1/64　印张：7¾　字数：248 千字
2016 年 6 月第一版　2016 年 6 月第一次印刷
定价：23.00 元
ISBN 978-7-112-19043-0
(28292)

本手册为"常用建筑材料速查丛书"之一。全书共分为十五章，包括混凝土外加剂基础、混凝土普通减水剂、混凝土高效减水剂、混凝土高性能减水剂、引气剂及引气减水剂、混凝土早强剂、混凝土缓凝剂、混凝土泵送剂、混凝土防冻剂、混凝土速凝剂、混凝土膨胀剂、混凝土防水剂、混凝土阻锈剂、混凝土矿物外加剂（掺合料）及混凝土其他常用外加剂。

本手册结合目前最新的国家标准和行业标准编写而成，可作为混凝土设计和施工人员的速查实用手册，也可供混凝土外加剂开发、生产和管理人员参考使用。

责任编辑：范业庶　王砾瑶
责任设计：董建平
责任校对：陈晶晶　张颖

前　言

　　混凝土外加剂是水泥混凝土组分中除水泥、砂子、石子、掺合材料、水以外的第六种组成部分。随着新型化学建材工业的快速发展，混凝土外加剂技术逐渐成为混凝土向高科技领域发展的关键技术。从 20 世纪 60 年代开始，性能优越、品种多样的新型混凝土外加剂产品，给水泥混凝土的性能带来新的飞跃，使混凝土在工作性、匀质性、稳定性、耐久性和多样性等方面达到了一个新高度。

　　混凝土外加剂是一种复合型化学建材。世界上工业发达国家大部分混凝土中都应用了外加剂，目前混凝土科学技术发展的主要方向——高强、轻质、耐久、经济、节能、快硬和高流动，无不与混凝土外加剂密切相关。大量建筑工程实践证明，在混凝土中掺入适量的外加剂，可以改善混凝土的性能，提高混凝土的强度，节省水泥和能源，改善施工工艺和劳动条件，提高施工速度和工程质量，具有显著的经济效益和社会效益。由于混凝土外加剂可以起到混凝土工艺不能起的作用，从而推动了混凝土技术的发展，促使高性能混凝土作为新世纪的新型高效建筑材料而被广泛用于各类工程中。

随着城市化的快速发展和建筑工程向高层化、大荷载、大跨度、大体积、快速、经济、节能方向发展，新型高性能混凝土的大量采用，在混凝土材料向高新技术领域发展的同时，也有力地促进了混凝土外加剂向高效、多功能和复合化的方向发展。因此，如何选择优质的外加剂已成为混凝土改性的一条必经技术途径；如何更好地利用外加剂提高混凝土的质量是混凝土外加剂工业面临的新课题。

本书遵循先进性、快速性、实用性、规范性的原则，比较详尽地介绍了混凝土外加剂的种类和性能，着重介绍了常用混凝土外加剂技术要求。本书可作为混凝土设计和施工人员的速查实用手册，也可供混凝土外加剂开发、生产和管理人员参考使用。

本书由李继业、范国庆、张立山担任主编，李海豹、王丹参加了编写。李继业负责全书的规划和最终修改；范国庆负责第七章至第十三章的统稿，张立山负责第一章至第六章的统稿。本书的具体编写分工为：李继业撰写第七章、第十四章；范国庆撰写第二章、第四章、第五章、第十三章；张立山撰写第六章、第八章、第十一章、第十二章；李海豹撰写第九章、第十章、第十五章；王丹撰写第一章、第三章。

在本书的整个编写过程中，参考了大量有关专家的著作和文献资料，在此表示感谢。由于编者掌握的资料不足，再加上水平有限，书中肯定有很多不足和差错，敬请有关专家学者和广大读者批评指正。

2015 年 12 月于泰山

目　　录

第一章　混凝土外加剂基础

随着新型化学建材工业的快速发展，混凝土外加剂技术逐渐成为混凝土向高科技领域发展的关键技术。从 20 世纪 60 年代开始，性能优越、品种多样的新型混凝土外加剂产品，给水泥混凝土的性能带来新的飞跃，使混凝土在工作性、匀质性、稳定性、耐久性和多样性等方面达到了一个新高度。

第一节　混凝土外加剂的分类方法及定义

在混凝土拌制过程中掺入的，用以改善混凝土性能，一般情况下掺量不超过水泥用量 5% 的材料，称为混凝土外加剂。混凝土外加剂的应用是混凝土技术的重大突破，外加剂的掺量虽然很小，却能显著的改善混凝土的某些性能。

一、混凝土外加剂的类型

混凝土外加剂的种类很多，根据现行国家标准《混凝土外加剂定义、分类、命名与术语》（GB/T 8075—2005）中的规定，分类的方法主要有：按主要功能分类和按化学成分分类。

（一）按主要功能分类

混凝土外加剂种类繁多，按其主要功能不同，可以分为以下 4 类：

（1）改善新拌混凝土流动性的外加剂：主要包括各种减水剂和泵送剂等。

（2）调节混凝土凝结时间和硬化性能的外加剂：主要包括缓凝剂、促凝剂和速凝剂等。

（3）改善混凝土耐久性的外加剂：主要包括引气剂、防水剂、阻锈剂和矿物外加剂等。

（4）改善混凝土其他性能外加剂：主要包括膨胀剂、防冻剂、着色剂等。

（二）按化学成分分类

混凝土外加剂按化学成分不同，可分为无机物外加剂、有机物外加剂和复合型外加剂。

1. 无机物外加剂

无机物外加剂包括各种无机盐类、一些金属单质和少量的氢氧化物等。如早强剂中的氯化钙（$CaCl_2$）和硫酸钠（Na_2SO_4）；加气剂中的铝粉；防水剂中的氢氧化铝等。

2. 有机物外加剂

有机物外加剂占混凝土外加剂的绝大部分。这类外加品种极多，其中大多数属于表面活性剂的范畴，有阴离子型、阳离子型和非离子型表面活性剂等。也有一些有机外加剂本身并不具有表面活性作用，却可作为优质外加剂使用。

3. 复合型外加剂

复合型外加剂是用适量的无机物和有机物复合制成的外加剂，具有多种功能或能使某项性能得到显著改善，这是"协同效应"在外加剂中的体现，是外加剂今后的发展方向之一。

二、混凝土外加剂品种及定义

根据现行国家标准《混凝土外加剂》（GB/T 8076—2008）中的规定，混凝土外加剂主要包括：高性能减水剂、高效减水剂、普通减水剂、缓凝高效减水剂、泵送剂、早强减水剂、缓凝减水剂、引气减水剂、早强剂、缓凝剂、引气剂共11种。

根据现行国家标准《混凝土外加剂定义、分类、命名与术语》（GB/T 8075—2005）中的规定，它们的定义分别为：

（1）高性能减水剂。高性能减水剂是指与高效减水剂相比，具有更高的减水效果、更好坍落度保持性能和较小干燥收缩，且具有一定引气性能的减水剂。

（2）高效减水剂。高效减水剂是指在混凝土坍落度基本相同的条件下，能大幅度减少拌合用水量的外加剂。

（3）普通减水剂。普通减水剂是指在混凝土坍落

3

度基本相同的条件下，能减少拌合用水量的外加剂。

（4）缓凝高效减水剂。缓凝高效减水剂是指兼有缓凝功能和高效减水功能的外加剂。

（5）泵送剂。泵送剂是指能改善混凝土拌合物泵送性能的外加剂。

（6）早强减水剂。早强减水剂是指有早强功能和减水功能的外加剂。

（7）缓凝减水剂。缓凝减水剂是指兼有缓凝功能和减水功能的外加剂。

（8）引气减水剂。引气减水剂是指兼有引气功能和减水功能的外加剂。

（9）早强剂。早强剂是指能加速混凝土早期强度发展的外加剂。

（10）缓凝剂。缓凝剂是指能延长混凝土凝结时间的外加剂。

（11）引气剂。引气剂是指在混凝土搅拌过程中能引入大量均匀分布、稳定而封闭的微小气泡且能保留在硬化混凝土中的外加剂。

第二节　混凝土外加剂的功能及适用范围

混凝土外加剂是指为改善和调节混凝土的性能而掺加的物质，混凝土外加剂在工程中的应用和功能越来越受到重视。

一、混凝土外加剂的主要功能及适用范围

工程实践充分证明，混凝土外加剂除了能提高混凝土的质量和施工工艺外，不同类型的混凝土外加剂具有相应的功能及适用范围。混凝土外加剂的主要功能及适用范围见表 1-1。

混凝土外加剂的主要功能及适用范围　表 1-1

外加剂类型	主要功能	适用范围
普通减水剂	1. 在混凝土和易性和强度不变的条件下，可节省水泥 5%～10%； 2. 在保证混凝土工作性及水泥用量不变的条件下，可减少用水量 10%左右，混凝土强度可提高 10%左右； 3. 在保持混凝土用水量及水泥用量不变的条件下，可增大混凝土的流动性	1. 可用于日最低气温＋5℃以上的混凝土施工； 2. 各种预制及现浇混凝土、钢筋混凝土及预应力混凝土； 3. 大模板施工、滑模施工、大体积混凝土、泵送混凝土及商品（预拌）混凝土
高效减水剂	1. 在保证混凝土工作性及水泥用量不变的条件下，减少用水量 15%左右，混凝土强度提高 20%左右； 2. 在保持混凝土用水量及水泥用量不变的条件下，可大幅度提高混凝土拌合物的流动性； 3. 可节省水泥 10%～20%	1. 可用于日最低气温 0℃以上的混凝土施工； 2. 高强混凝土、高流动性混凝土、早强混凝土、蒸养混凝土

外加剂类型	主要功能	适用范围
引气剂及引气减水剂	1. 可以提高混凝土的耐久性和抗渗性； 2. 可以提高混凝土拌合物的和易性，减少混凝土拌合物泌水离析； 3. 引气减水剂还兼有减水剂的功能	1. 有抗冻融要求的混凝土、防水混凝土； 2. 抗盐类结晶破坏及耐碱混凝土； 3. 泵送混凝土、流态混凝土、普通混凝土； 4. 骨料质量差以及轻骨料混凝土
早强剂及早强高效减水剂	1. 可以提高混凝土的早期强度； 2. 可以缩短混凝土的蒸养时间； 3. 早强高效减水剂还有高效减水剂的功能	1. 用于日最低气温 −5℃以上及有早强或防冻要求的混凝土； 2. 用于常温或低温下有早强要求的混凝土、蒸养混凝土
缓凝剂及缓凝高效减水剂	1. 可以延缓混凝土的凝结时间； 2. 可以降低混凝土中水泥初期的水化热； 3. 缓凝高效减水剂还具有高效减水剂的功能	1. 大体积混凝土和夏季、炎热地区的混凝土施工； 2. 有缓凝要求的混凝土，如商品混凝土、泵送混凝土以及滑模施工； 3. 用于日最低气温 +5℃以上的混凝土施工

外加剂 类型	主要功能	适用范围
防冻剂	能在一定的负温条件下浇筑混凝土而不受冻害,并达到预期的强度	主要适用于负温条件下的混凝土施工
膨胀剂	使混凝土的体积,在水化、硬化过程中产生一定的膨胀,减少混凝土的干缩裂缝,提高混凝土的抗裂性和抗渗性能	1. 用于防水屋面、地下防水、基础后浇缝、防水堵漏等; 2. 用于设备底座灌浆、地脚螺栓固定等
速凝剂	可以使混凝土或水泥砂浆在 1～5min 之间初凝,2～10min 之间终凝	主要用于喷射混凝土、喷射砂浆、临时性堵漏用的砂浆及混凝土
防水剂	可以使混凝土的抗渗性能显著提高	主要用于地下防水、贮水构筑物、防潮工程等

二、混凝土外加剂的用途

混凝土外加剂是一种在混凝土搅拌之前或拌制过程中加入的、用以改善新拌合硬化混凝土性能的材料。各种混凝土外加剂的应用改善了新拌合硬化混凝土的许多性能,促进了混凝土新技术的发展,促进了工业副产品在胶凝材料系统中的应用,还有助于节约资源和环境保护,已经逐步成为优质混凝土必不可少的第六组分。

工程实践证明，混凝土外加剂能够大幅度降低混凝土的用水量、改善新拌混凝土的工作性、提高混凝土强度、减少水泥用量、延长混凝土使用寿命，是显示一个国家混凝土技术水平的标志性产品。具体地讲，混凝土外加剂具有如下用途：

　　(1) 在普通混凝土施工和制品生产中，使用减水剂能改善新拌混凝土和易性，减少水泥用量，提高混凝土强度。可以加速构件厂的模型周转，缩短工期，在不扩充场地的条件下可大幅度提高产量。

　　(2) 冬期施工的混凝土，必须加入适量的早强剂、防冻剂，以保证混凝土的早期强度和施工质量，提高混凝土的抗冻能力，在负温条件下达到预期强度。

　　(3) 对于有防水和防渗要求的混凝土，如地下室、游泳池、地下防水工程等混凝土应加膨胀剂和防水剂。对有膨胀要求以抵消混凝土收缩的混凝土，也应掺入适量的膨胀剂。

　　(4) 泵送混凝土、商品混凝土要掺用减水剂、引气减水剂、缓凝减水剂、泵送剂。在不增加用水量的情况下，可提高混凝土的流动性。

　　(5) 港工和水工混凝土可掺用引气剂、缓凝减水剂，用以提高混凝土的抗渗性、降低水化热，减少混凝土的分离与泌水，可提高混凝土抗各种侵蚀盐及酸的破坏力，从而在海水或其他侵蚀水中提高耐久性。

（6）配制高强混凝土、高性能混凝土和超高强混凝土，必须掺用高效减水剂或高性能减水剂。

（7）混凝土预制构件厂为缩短构件的养护时间，提高模板的周转率，应当掺用早强剂及早强减水剂。

（8）夏季滑模施工、建筑基础工程和水工坝体等大体积混凝土，应当掺用缓凝剂及缓凝减水剂。

（9）喷射混凝土、防水堵漏工程施工，应当掺用速凝剂或堵漏剂。

（10）在钢筋混凝土结构中，为防止钢筋出现锈蚀破坏，应当掺用防锈剂。

三、混凝土外加剂的选用

随着混凝土科学技术的快速发展，混凝土外加剂的品种多样、功能各异，国内外工程实践证明，在混凝土工程中科学、合理的选用外加剂，可以获得很好的改善功能和良好的经济效益。混凝土外加剂应根据使用的主要目的进行选用，即要改善混凝土的哪一种性能来进行选择。

为方便工程中对混凝土外加剂的选用，表 1-2 中提供了选用外加剂的参考资料。

表 1-2

选用外加剂的参考资料

混凝土种类	选用目的	高性能减水剂	高效减水剂	缓凝高效减水剂	普通减水剂	早强减水剂	引气减水剂	引气剂	缓凝减水剂	缓凝剂	防水剂	膨胀剂	泵送剂	防冻剂	速凝剂	絮凝剂	阻锈剂
	降低单位用水量	√	√	√	√	√	√		√								
	降低单位水泥用量	√	√	√	√	√	√		√								
	提高工作性＊		√	√	√	√	√		√				√				
	提高黏性	√											√				
改善新拌混凝土性能	引气						√	√									
	降低坍落度损失	√		√					√	√			√				
	改善泵送性能	√					√						√				
	改善加工性能	√											√				

10

混凝土种类	选用目的	外加剂品种													
		高性能减水剂	高效减水剂	缓凝高效减水剂	普通减水剂	早强减水剂	引气减水剂	缓凝减水剂	防水剂	膨胀剂	泵送剂	防冻剂	速凝剂	絮凝剂	阻锈剂
	延长凝结时间			√				√							
	缩短凝结时间					√									
	减少泌水		√		√	√	√								
	防止冻害						√					√			
改善硬化中的混凝土性能	降低早期水化热	√						√							
	减少早期龟裂	√			√		√	√							
	改善加工性	√			√		√	√							
	提高早期强度	√			√	√	√								

续表

混凝土种类	选用目的	高性能减水剂	高效减水剂	缓凝高效减水剂	普通减水剂	早强减水剂	早强剂	引气减水剂	引气剂	缓凝减水剂	防水剂	膨胀剂	泵送剂	防冻剂	速凝剂	絮凝剂	阻锈剂
改善硬化后的混凝土性能	提高长期强度	√	√	√	√					√							
	降低水化热		√	√						√							
	提高抗冻性	√						√	√								
	减少混凝土收缩	√	√	√						√		√					
提高混凝土耐久性	提高抗冻融性	√						√	√								
	降低吸水性	√						√	√	√	√	√					
	降低碳化速率	√	√		√	√		√									
	降低透水性	√						√			√	√					

混凝土种类	选用目的	外加剂品种													
		高性能减水剂	高效减水剂	缓凝高效减水剂	普通减水剂	早强减水剂	引气减水剂	缓凝减水剂	防水剂	膨胀剂	泵送剂	防冻剂	速凝剂	絮凝剂	阻锈剂
提高混凝土耐久性	降低AAR	√	√	√	√	√	√	√							
	提高抗化学腐蚀性	√	√	√	√	√	√	√							
	防止钢筋锈蚀	√													√
生产特种混凝土	轻混凝土					发泡剂、起泡剂									
	预填骨料混凝土	预填骨料压浆混凝土用外加剂													
	膨胀混凝土	√	√							√					
	超高强混凝土	√	√												
	水中混凝土	√												√	
	喷射混凝土											√	√		

表 1-2 中所列的每一种混凝土外加剂除具有主要功能外，还可能具有一种或几种辅助功能，在确定混凝土外加剂的种类后，可根据使用外加剂的主要目的，按主要功能进行选择。但有时可选用的不只是一种，在可选用几种外加剂的情况下，可通过混凝土试配后，结合技术经济综合效益分析，最后再确定所选用的混凝土外加剂。

四、选用混凝土外加剂时的注意事项

在了解混凝土外加剂的功能和根据使用目的选用混凝土外加剂品种后，要想获得预期的使用效果，在使用中有许多问题是值得注意的，否则难以达到预期的目标。

(1) 严禁使用对人体产生危害、对环境产生污染的混凝土外加剂。工程实践证明，有些化学物质，具有某种外加剂的功能，如尿素作为防冻剂的组分，不仅有很好的防冻功能，而且价格适中，用其配制防冻剂，技术经济效益显著，但尿素防冻剂混凝土，如果用于居宅建筑，会放出刺激性的氨气，使人难以居住，所以有些城市明文规定，禁用尿素防冻剂。又如六价铬盐，具有很好的早强性能，但它对人体有较大的毒性，用其配制的外加剂，在使用时冲洗搅拌设备的废水会污染工地环境，因此六价铬盐也禁止使用。由于亚硝酸盐均具有致癌性，所以禁用于与饮水及食品相接触的工程。

（2）对于初次选用的混凝土外加剂或外加剂的新品种，应按照国家有关标准进行外加剂匀质性和受检混凝土的性能检验，各项性能检验合格后方可选用。

（3）外加剂的性能与混凝土所用的各种原材料性能有关，特别是与水泥的性能、混凝土的配合比等多种因素有关。在按照有关标准检验合格后，必须用工地所用原材料进行混凝土性能检验，达到预期效果后，方可用于工程中。

（4）普通混凝土减水剂，特别是木质素磺酸盐类的减水剂，它具有减水、引气、缓凝的多种作用，当超量使用时，会使引气量过多，甚至使混凝土不凝。在水泥中使用硬石膏作为调凝剂时，由于木质素磺酸盐能抑制硬石膏的溶解度，有时非但没有缓凝作用，反而会造成水泥的急凝。

（5）引气剂及引气减水剂由于能在混凝土中引入大量的、微小的、封闭的气泡，并对混凝土有塑化作用，因此可用于抗冻混凝土、抗渗混凝土、抗硫酸盐混凝土、贫混凝土和轻骨料混凝土。控制好混凝土适宜的引气量是使用引气剂的关键因素之一，过多的引气量会使混凝土达不到预期的强度，因为不同类型的混凝土工程，对混凝土的含气量有不同的要求。

（6）缓凝剂及各种缓凝型减水剂可以延缓水泥的凝结硬化，有利于保持水泥混凝土的工作性，其掺量应控制在生产厂推荐的范围之内。如果掺加过量，会使水泥混凝土凝结硬化时间过多的延长，甚至出现不凝结，造成严重的工程质量事故。

（7）早强剂及各种早强型减水剂可以提高混凝土的早期强度，适用于现浇及预制要求早强的各类混凝土，使用时应注意早期强度的大幅度提高，有时会使混凝土的后期强度有所损失，在混凝土配合比设计时应予以注意。一般最好多选用早强型减水剂，以便由外加剂的减水作用来弥补因早强而损失的后期强度。

（8）防冻剂应按照国家标准规定温度选用，防冻剂标准规定的最低温度为－15℃。由于标准规定的负温试验是在恒定负温下进行的，在实际的混凝土工程中，如果按照日最低气温掌握是偏安全的，因此可在比规定温度低 5℃的环境下使用，即按该标准规定在温度为－15℃时检验合格的防冻剂，可在－20℃环境下使用。

（9）当采用几种外加剂复合使用时，由于不同外加剂之间存在适应性问题，因此应在使用前进行复合试验，达到预期效果才能使用。

（10）有缓凝功能的外加剂不适用于蒸养混凝土，除非经过试验，找出合适的静停时间和蒸养制度。

（11）各种缓凝型及早强型外加剂的使用效果随温度变化而改变，当环境温度发生变化时，其掺量应随温度变化而增减。各种减水剂的减水率及引气剂的引气量也存在随温度而变化的情况，应予以注意。

（12）工程实践证明，混凝土搅拌时的加料顺序也会影响外加剂的使用效果，外加剂检验时采用了标准规定的投料顺序，在为特定工地检验外加剂时，外加剂的加料顺序必须与工地的加料顺序一致。

（13）液体外加剂在贮存过程中有时容易发生化学变化或霉变，高温会加速这种变化，低温或者受冻会产生沉淀，因此外加剂的贮存应避免高温或受冻，由低温造成的外加剂溶液不均匀问题，可以通过恢复温度后重新搅拌均匀得到解决。

（14）选用混凝土外加剂涉及多方面的问题，选用时必须全面地加以考虑。除了以上应注意事项外，还要特别注意外加剂与水泥适应性的问题。

第三节　混凝土外加剂的性能要求

试验和工程实践证明，混凝土外加剂的用量虽然很小，但对混凝土性能的影响是非常明显的。如何使混凝土外加剂达到改善混凝土性能的目标，关键在于选择外加剂的品种和确保其符合现行标准的要求，并且在使用过程中采取正确的方法。在现行国家标准《混凝土外加剂》（GB 8076—2008）中，对于混凝土外加剂的技术要求有明确的规定。

一、受检混凝土性能指标

受检混凝土是指按照现行国家标准《混凝土外加剂》规定的试验条件配制的掺有外加剂的混凝土，受检混凝土性能指标应符合表 1-3、表 1-4 中的规定。

表 1-3

受检混凝土性能指标（1）

试验项目		外加剂品种					
		高性能减水剂		泵送剂	普通减水剂		
		标准型	缓凝型		早强型	标准型	缓凝型
减水率（%），不小于		25	20	12	8	8	8
泌水率比（%），不大于		60	70	60	95	95	100
含气量（%）		≤6.0	≤6.0	≤5.5	≤3.0	≤3.0	≤5.5
凝结时间之差(min)	初凝	<−90	>+90	>+90	−90~+90	−90~+120	>+90
	终凝	<−90	>+90	>+90	—	—	—
抗压强度比（%）不小于	1d	170	—	—	140	—	—
	3d	160	150	120	130	115	100
	7d	150	140	115	115	115	115
	28d	140	130	110	105	110	115
收缩率比（%），不大于	28d	110	110	135	135	135	135
相对耐久性（200次，%）		—	—	—	—	—	—
1h经时变化量	坍落度 mm	—	<100	<100	—	—	<100
	含气量 %	—	—	—	—	—	—

19

表1-4

受检混凝土性能指标（2）

试验项目		外加剂品种					
		高效减水剂		引气减水剂	早强剂	缓凝剂	引气剂
		标准型	缓凝型				
减水率（%），不小于		14	14	10	—	—	6
泌水率比（%），不大于		90	100	70	100	100	70
含气量（%）		≤3.0	≤4.5	≥3.0	—	—	≥3.0
凝结时间之差（min）	初凝	-90~+120	>+90	-90~+120	-90~+90	>+90	-90~+120
	终凝	—	—	—	—	—	—
抗压强度比（%）不小于	1d	140	—	—	135	—	—
	3d	130	125	115	130	100	95
	7d	125	125	115	110	100	95
	28d	120	120	110	110	100	90

试验项目	外加剂品种					
	高效减水剂		引气减水剂	早强剂	缓凝剂	引气剂
	标准型	缓凝型				
收缩率比（%，不小于） 28d	135	135	135	100	135	135
相对耐久性(200次，%)	—	—	≥80	—	—	≥80
1h经时变化量 坍落度 (mm)	—	—	—	—	—	—
1h经时变化量 含气量（%）	—	—	≤1.5	—	—	≤1.5

注：1. 除含气量外，表中所列数据为掺外加剂混凝土与基准混凝土的差值或比值。

2. 凝结时间之差性能指标中的"+"号表示提前，"—"号表示延缓。

3. 相对耐久性（200次）性能指标中的"≥80"表示将28d龄期的受检混凝土试件冻融循环200次后，动弹性模量保留值≥80%。

4. 其他品种的外加剂是否要测定耐久性指标，可以双方协商确定。

21

二、外加剂的匀质性指标

外加剂的匀质性指标应符合表 1-5 中的规定。

外加剂的匀质性指标 表 1-5

试验项目	匀质性指标	试验项目	匀质性指标
氯离子含量（%）	不超过生产厂控制值	总碱量（%）	不超过生产厂控制值
固体含量（%）	$S>25\%$时，要求控制在 $0.95S\sim1.05S$ $S\leqslant25\%$时，要求控制在 $0.90S\sim1.10S$	含水率（%）	$W>5\%$时，要求控制在 $0.90W\sim1.10W$ $W\leqslant5\%$时，要求控制在 $0.80W\sim1.20W$
密度（g/cm³）	要求 $D\pm0.02$	细度	应在生产厂控制范围内
pH 值	应在生产厂控制范围内	硫酸根含量（%）	不超过生产厂控制值

注：1. 生产厂应在产品说明书中明示产品匀质性指标的控制值；

2. 对相同和不同批之间的匀质性和等效性的其他要求，可由供需双方商定。

第二章　混凝土普通减水剂

普通减水剂是一种变废为宝、价格低廉，能够有效改变混凝土性能的外加剂。从 20 世纪 60 年代至 80 年代，我国用量最大的外加剂就是普通减水剂，即使在出现高效减水剂和高性能减水剂后，普通减水剂仍然具有它不可取代的作用。

第一节　普通减水剂的选用及适用范围

普通减水剂又称为塑化剂或水泥分散剂，是在混凝土坍落度基本相同的条件下，能减少拌合水量的外加剂。普通减水剂的主要作用：①在不减少单位用水量情况下，改善新拌混凝土的和易性，提高流动度和工作度；②在保持相同流动度下，可以减少用水量，提高混凝土的强度；③在保持一定强度情况下，减少单位体积水泥用量，降低工程造价。

一、普通减水剂的选用方法

根据现行国家标准《混凝土外加剂应用技术规范》（GB 50119—2013）中的规定，在混凝土工程中常用普通减水剂可以按表 2-1 中的规定进行选用。

普通减水剂的选用方法　　　　　表 2-1

序号	选用方法
1	混凝土工程可采用木质素磺酸钙、木质素磺酸钠、木质素磺酸镁等普通减水剂
2	混凝土工程可采用由早强剂与普通减水剂复合而成的早强型普通减水剂
3	混凝土工程可采用由木质素磺酸盐类、多元醇类减水剂(包括糖钙和低聚糖类缓凝减水剂),以及木质素磺酸盐类、多元醇类减水剂与缓凝剂复合而成的缓凝型普通减水剂

二、普通减水剂的适用范围

根据现行国家标准《混凝土外加剂应用技术规范》(GB 50119—2013)中的规定,在混凝土工程中普通减水剂的适用范围应符合表 2-2 中的要求。

普通减水剂的适用范围　　　　　表 2-2

序号	适用范围
1	普通减水剂宜用于日最低气温 5℃以上强度等级为 C40 以下的混凝土
2	普通减水剂不宜单独用于蒸养混凝土

序号	适用范围
3	早强型普通减水剂宜用于常温、低温和最低温度不低于−5℃环境中施工的有早强要求的混凝土工程。炎热环境条件下不宜使用早强型普通减水剂
4	缓凝型普通减水剂可用于大体积混凝土、碾压混凝土、炎热气候条件下施工的混凝土、大面积浇筑的混凝土、避免冷缝产生的混凝土、需长时间停放或长距离运输的混凝土、滑模施工或拉模施工的混凝土及其他需要延缓凝结时间的混凝土，不宜用于有早强要求的混凝土
5	使用含糖类或木质素磺酸盐类物质的缓凝型普通减水剂时，可按照现行国家标准《混凝土外加剂应用技术规范》(GB 50119—2013)中附录 A 的方法进行相容性试验，并满足施工要求后再使用

第二节　普通减水剂的质量检验

为了确保普通减水剂达到应有的功能，对所选用减水剂进场后，应按照现行国家标准《混凝土外加剂应用技术规范》（GB 50119—2013）中的规定进行质量检验。混凝土普通减水剂的质量检验要求见表 2-3。

25

混凝土普通减水剂的质量检验要求　表 2-3

序号	质量检验要求
1	普通减水剂应按每 50t 为一检验批,不足 50t 时也应按一个检验批计。每一检验批取样量不应少于 0.2t 胶凝材料所需用的减水剂量。每一检验批取样应充分混匀,并应分为两等份:其中一份按照《混凝土外加剂应用技术规范》(GB 50119—2013)第 4.3.2 和 4.3.3 条规定的项目及要求进行检验,每检验批检验不得少于两次;另一份应密封留样保存半年,有疑问时,应进行对比检验
2	普通减水剂进场检验项目应包括 pH 值、密度(或细度)、含固量(或含水率)、减水率,早强型减水剂还应检验 1d 抗压强度比,缓凝型减水剂还应检验凝结时间差
3	普通减水剂进场时,初始或经时坍落度(或扩展度)应按进场检验批次,采用工程实际使用的原材料和配合比与上批留样进行平行对比试验,其允许偏差应符合现行国家标准《混凝土质量控制标准》(GB 50164—2011)的有关规定

第三节　普通减水剂主要品种及性能

我国生产的普通减水剂的品种主要有:木质素磺酸盐类、羟基羟酸盐类、多元醇类、聚氯乙烯烷基醚类、腐殖酸类减水剂等。普通减水剂在混凝土中的技术指标应符合表 2-1 与表 2-2 中的规定。

26

一、木质素磺酸盐减水剂

木质素磺酸盐减水剂主要包括木质素磺酸钙、木质素磺酸钠、木质素磺酸镁减水剂，最常用的是前两种。木质素磺酸钙、木质素磺酸钠和木质素磺酸镁，分别简称为木钙、木钠和木镁，是由木材生产纤维浆或纸浆后的副产品。

（一）木质素磺酸盐减水剂质量指标

（1）木质素磺酸钙。木质素磺酸钙由亚硫酸盐法生产纸浆的废液，用石灰中和后浓缩的溶液经干燥所得产品即木质素磺酸钙。木质素磺酸钙是一种多组分高分子聚合物阴离子表面活性剂，外观为浅黄色至深棕色粉末，略有芳香气味，相对分子质量一般在2000～100000之间，具有很强的分散性和黏结性。木质素磺酸钙减水剂的质量指标见表2-4。

木质素磺酸钙减水剂的质量指标　　表2-4

项目	木质素磺酸钙（%）	还原物（%）	水不溶物（%）	pH值	水分含量（%）	砂浆含气量（%）	砂浆流动度（mm）
指标	>55	<12	<2.5	4～6	<9.0	<15	185±5

（2）木质素磺酸钠。木质素磺酸钠由碱法造纸的废液经浓缩、加亚硫酸钠将其中的碱木素磺化后，用苛性钠和石灰进行中和，将滤去沉淀的清液

干燥后所得的干粉即木质素磺酸钠。木质素磺酸钠系粉状低引气性缓凝减水剂，属于阴离子表面活性物质，对水泥有吸附及分散作用，能改善混凝土各种物理性能，减少混凝土拌合用水13%以上，改善混凝土的和易性，并能大幅度降低水泥水化初期水化热。木质素磺酸钠减水剂的质量指标见表2-5。

木质素磺酸钠减水剂的质量指标　　　　表2-5

项目	木质素磺酸钠（%）	还原物（%）	水不溶物（%）	pH值	水分含量（%）	硫酸盐（%）	钙镁含量（%）
指标	>55	≤4	≤0.4	9～9.5	≤7	≤7	≤0.6

（3）木质素磺酸镁。木质素磺酸镁是以酸性亚硫酸氢镁药液蒸煮甘蔗渣等禾本科植物的制浆废液中主要组分，它是一种木质素分子结构中含有醇羟基和双键的碳-碳键受磺酸基磺化后，形成的木质素磺酸盐化合物。木质素磺酸镁属阴离子表面活性物质，具有引气减水作用。保持混凝土配比不变，可提高混凝土拌合物的和易性；保持水泥用量及和易性不变，可提高混凝土强度和耐久性；保持和易性和混凝土28d强度基本相同，可降低水灰比，节约水泥。木质素磺酸镁减水剂的质量指标见表2-6。

28

木质素磺酸镁减水剂的质量指标　　表 2-6

项目	木质素磺酸镁（%）	还原物（%）	水不溶物（%）	pH 值	水分含量（%）	表面张力（mN/m）	砂浆流动度
指标	>50	≤10	≤1.0	6	≤3	52.16	较空白大 60mm

（二）木质素磺酸盐减水剂性能特点

木质素磺酸盐减水剂在掺入混凝土后，表现出一系列优良的性能，成为混凝土改性的主要外加剂。木质素磺酸盐减水剂性能特点见表 2-7。

木质素磺酸盐减水剂性能特点　　表 2-7

序号	项目	性能特点
1	改善混凝土性能	掺加木质素磺酸盐减水剂后，当水泥用量相同时，坍落度与空白混凝土相近，可以减少用水量 10% 左右，28d 的抗压强度可提高 10%~20%，365d 的抗压强度可提高 10% 左右，同时混凝土的抗渗性、抗冻性和耐久性等性能也明显提高
2	节约水泥用量	掺加木质素磺酸盐减水剂后，当混凝土的强度和坍落度基本相同时，可节省水泥 5%~10%，降低了工程造价
3	改善和易性	材料试验证明，当混凝土的水泥用量和用水量不变时，低塑性混凝土的坍落度可增加两倍左右，其早期强度比不掺减水剂的低些，其他各龄期的抗压强度与未掺者接近

序号	项目	性能特点
4	具有缓凝作用	材料试验证明,掺入水泥用量的 0.25% 的木钙减水剂后,在保持混凝土坍落度基本一致时,混凝土的初凝时间延缓 1~2h(普通硅酸盐水泥)及 2~3h(矿渣硅酸盐水泥);终凝时间延缓 2h(普通硅酸盐水泥)及 2~3h(矿渣硅酸盐水泥)。如果不减少用水量而增大坍落度时,或保持相同坍落度而用以节省水泥用量时,则凝结时间延缓程度比减水更大
5	降低早期水化热	在混凝土中掺加木质素磺酸盐减水剂后,放热峰出现的时间比未掺者有所推迟,普通硅酸盐水泥可推迟 3h,矿渣硅酸盐水泥可推迟 8h。放热峰的最高温度与未掺者比较,普通硅酸盐水泥略低,矿渣硅酸盐水泥可降低 3℃以上
6	增加含气量	空白混凝土的含气量约为 2%~2.5%,掺加水泥用量的 0.25% 的木质素磺酸钙减水剂后,混凝土的含气量为 4%,含气量增加 1~2 倍
7	减小泌水率	材料试验证明,在混凝土坍落度基本一致的情况下,掺加木钙减水剂的混凝土泌水率比不掺者可降低 30% 以上。在保持水灰比不变、增大坍落度的情况下,也因为木钙减水剂具有亲水性和引入适量的空气等原因,泌水率也有所下降

序号	项目	性能特点
8	干缩性能	混凝土的干缩性在初期(1～7d)与未掺减水剂者相比,基本上接近或略有减小;28d及后期(除节约水泥者)略有增加,但增大值均未超过0.01%
9	对钢筋锈蚀	材料试验证明,掺加木质素磺酸盐减水剂的混凝土对钢筋基本上无锈蚀危害,这是木质素磺酸盐减水剂的显著优点

（三）木质素磺酸盐减水剂对新拌混凝土性能的影响

材料试验证明,木钙减水剂的掺量为水泥用量的 0.20%～0.30%,最佳掺量一般为 0.25%。在与不掺加减水剂的混凝土保持相同的坍落度的情况下,减水率为 8%～10%。在保持相同用水量时,可使混凝土的坍落度增加 6～8cm。减水作用的效果与水泥品种及用量、骨料的种类、混凝土的配比有关。木质素磺酸盐减水剂对新拌混凝土性能的影响主要表现在以下方面:

（1）减水作用机理。木质素磺酸盐减水剂是阴离子型高分子表面活性剂,具有半胶体性质,能在界面上产生单分子层吸附,因此它能使界面上的分子性质和相间分子相互作用特性发生较大的变化。

由于木质素磺酸盐减水剂同时具有分散作用、引气作用和初期水化的抑制作用，使其在低掺量（0.25%）时就具有较好的减水作用。这是木质素磺酸盐减水剂的优点，同时也存在显著的缺点。当掺量过大时会产生引气过多和过于缓凝，使混凝土的强度降低，特别是在超剂量掺用条件下，会使混凝土长时间不凝结硬化，甚至造成工程事故。

（2）提高混凝土的流动性。提高混凝土拌合物的流动性是木质素磺酸盐减水剂的重要用途之一，是在不影响混凝土强度的条件下，提高混凝土的工作度或坍落度。掺加木质素磺酸盐减水剂在保持相同水灰比的情况下，可使混凝土拌合物的坍落度有较大增加。随着掺量的增加，坍落度也会增加，但如果超量过大会导致混凝土严重缓凝。木钙减水剂对混凝土凝结时间的影响见表2-8。

木钙减水剂对混凝土凝结时间的影响　表2-8

水泥品种	木钙减水剂掺量（%）	混凝土水灰比	混凝土坍落度（cm）	凝结时间(h)			
				30℃		20℃	
				初凝	终凝	初凝	终凝
42.5级普通硅酸盐水泥	0	0.675	6.7~7.0	4.00	5.30	7.00	11.50
	0.25	0.555	6.2~8.0	5.00	7.00	9.00	13.00

水泥品种	木钙减水剂掺量(%)	混凝土水灰比	混凝土坍落度(cm)	凝结时间(h)			
				30℃		20℃	
				初凝	终凝	初凝	终凝
42.5级矿渣硅酸盐水泥	0	0.695	6.4	5.25	8.50	—	—
	0.25	0.610	6.0	7.70	10.50	—	—

（3）具有一定的引气作用。木质素磺酸盐减水剂水溶液的表面张力小于纯水溶液，在1‰的水溶液中，其表面张力为 $5.7 \times 10^{-2} \text{N/m}$，所以木质素磺酸盐减水剂有引气作用。掺加木质素磺酸盐减水剂可使混凝土含气量达到2%～3%，而达不到引气混凝土的含气量（4%～6%）。因此，木质素磺酸盐减水剂不是典型的引气剂。如果将木质素磺酸盐与引气剂按一定比例配合就会得到引气减水剂。加入适量的消泡剂磷酸三丁酯，可以减小木质素磺酸盐的引气作用。

（4）泌水性和离析性。由于掺加木质素磺酸盐减水剂能减少单位用水量，并能引入少量的气泡，所以能提高混凝土拌合物的均匀性和稳定性，从而减少泌水和离析，防止初期收缩和龟裂等缺点。

（5）对水泥水化放热影响。掺加木质素磺酸盐减水剂后，能使水泥水化放热速率降低，能有效控制水化放热量。试验结果证明，在 12h 内，将不掺减水剂、掺木钙减水剂和掺木钠减水剂三者对比，掺加木质素磺酸钠减水剂的混凝土水化放热速率最低，这样可防止混凝土产生温度应力裂缝，对大体积混凝土施工是十分有利的。

（6）木质素磺酸盐减水剂类型与凝结时间。在减水剂工业化产品的生产中，为了满足不同工程的要求和不同条件下使用，通常以一种减水剂为主要成分，经复合其他外加剂配制成标准化、系列化的产品。我国生产的以木钙为主要成分的各类减水剂对混凝土的初凝时间影响是不同的。标准型减水剂使混凝土初凝略有延缓或与普通混凝土相当；掺早强型减水剂的混凝土，初凝速率在常温下比普通混凝土快 1h 以上；缓凝型减水剂在标准剂量时，比普通混凝土延缓 1～3h，而且不会影响混凝土 28d 的强度。如果将这类减水剂超量掺加 1.5～2 倍，会使混凝土的初凝时间大大延缓，并降低混凝土的早期强度。

（四）木质素磺酸盐减水剂对硬化混凝土性能的影响

工程实践充分证明，掺加木质素磺酸盐减水剂能改善硬化混凝土的物理力学性能。

（1）对混凝土强度的影响。木钙的适宜掺量为水泥用量的 0.25%，在与基准混凝土保持相同坍落度的条件下，其减水率可达到 10% 左右，可使混凝土的强度提高 10%～20%；在保持相同用水量的条件下，可以增加混凝土的流动性；在保持混凝土强度不变的情况下，可节约水泥 10%，1t 木质素磺酸盐减水剂大约可节约水泥 30～40t。

表 2-9 中列出了木钙减水剂对混凝土性能的影响，充分说明了木钙减水剂对混凝土具有减水、引气和增强的三种应用效果；表 2-10 的数据说明木钙早强减水剂对混凝土的增强效果非常显著；表 2-11 为木钙掺量对混凝土强度的影响。

木钙减水剂对混凝土性能的影响　　表 2-9

试验项目	测定结果	
	未掺木钙	掺加木钙
木钙减水剂掺量(%)	0	0.25
水灰比	0.62	0.52
坍落度(cm)	7.0	8.0
减水率(%)	—	15.0
抗压强度(MPa)	17.20	21.90
抗拉强度(MPa)	2.40	2.50
抗折强度(MPa)	4.35	5.17
弹性模量(MPa)	2.7×10^4	3.0×10^4

木钙早强减水剂对混凝土的增强效果 表 2-10

序号	混凝土配合比 (水泥：砂：石)	木钙掺量 (%)	水灰比	坍落度 (cm)	抗压强度(MPa)		
					28d	90d	1a
1	1：1.83：3.28	0	0.55	7.0	35.5	44.8	53.6
		0.25	0.46	7.0	45.7	54.2	58.7
2	1：2.06：3.80	0	0.59	9.0	32.2	38.5	—
		0.25	0.51	7.5	37.5	41.9	—

木钙掺量对混凝土强度的影响 表 2-11

木钙掺量 (%)	水灰比 (W/C)	减水率 (%)	坍落度 (cm)	抗压强度(MPa)				
				1d	3d	7d	28d	90d
0	0.59	—	9.0	5.10	11.08	16.40	31.60	37.80
0.15	0.55	7.0	10.0	6.00	13.70	19.90	35.70	42.80
0.25	0.51	13.5	14.0	14.90	21.90	36.80	41.10	
0.40	0.49	16.0	8.5	3.70	12.50	20.30	33.30	37.50
0.70	0.48	19.0	8.5	3.70	17.10	27.40	30.00	
1.00	0.47	20.5	9.0	0.14	3.70	9.50	14.80	18.70

　　早强减水剂适用于蒸汽养护的混凝土及其制品，能提高蒸养后的混凝土强度，或缩短蒸养时间。表 2-12 表示木钙早强减水剂对蒸养混凝土强度的影响，说明木钙早强减水剂对蒸养有较好的适应性。

木钙早强减水剂对蒸养混凝土强度的影响

表 2-12

水泥品种	混凝土配合比(水泥:砂:石)	水灰比	外加剂成分及掺量(%)	坍落度(cm)	抗压强度 (MPa)					养护温度(℃)
					2d	3d	7d	28d	90d	
矿渣水泥	1:1.04:2.75	0.475	0	1.7	4.6/100	—	17.1/100	30.4/100	—	3
	1:1.04:2.75	0.425	木钙 0.25 Na₂SO₄ 2.0	2.1	6.9/150	—	26.0/151	40.5/133	—	
普通水泥	1:2.20:4.17	0.620	0	4.0	—	4.7/100	10.3/100	21.0/100	23.7/100	15~20
	1:2.20:4.17	0.560	木钙 0.25 Na₂SO₄ 2.0 三乙醇胺 0.03	4.5	—	13.8/294	20.6/200	30.3/144	31.5/133	

注：表中分子为实测强度值，分母为掺外加剂的混凝土与不掺外加剂的混凝土的抗压强度比。

（2）对混凝土变形性能的影响。混凝土干缩的影响因素比较复杂，主要取决于水泥的组成和用量、水灰比、混凝土配合比及养护条件等。减水剂对混凝土的干缩呈现出不同的影响，甚至有时得到相反的结果。这是由于减水剂的使用情况和成分不同而引起的。对木质素磺酸盐减水剂而言，有三种使用情况：①与不掺加外加剂混凝土保持相同的坍落度时，可减少用水量而提高混凝土强度；②保持相同的用水量和强度时，可改善新拌混凝土的和易性、提高流动性；③保持相同的坍落度和强度时，可减少单位水泥用量和用水量。这三种使用情况的混凝土收缩值排列为②＞①＞③。表 2-13 列出了木钙对混凝土变形性能的影响。

木钙对混凝土变形性能的影响　　　表 2-13

序号	混凝土配合比（水泥∶砂∶石∶水）	外加剂掺量（%）	收缩值（×10⁻³）				抗渗等级（P）
			30d	60d	90d	500d	
1	1∶1.51∶3.28∶0.50	0	0.110	0.270	0.374	0.320	6
	1∶1.54∶3.28∶0.50	木钙0.25	0.160	0.270	0.406	0.290	12
2	1∶1.47∶3.45∶0.54	0	0.150	—	—	0.187	6
	1∶1.47∶3.45∶0.48	木钙0.25	0.190	—	—	0.188	30

38

序号	混凝土配合比（水泥∶砂∶石∶水）	外加剂掺量（%）	收缩值（×10⁻³）				抗渗等级（P）
			30d	60d	90d	500d	
3	1∶2.06∶3.80∶0.62	0	0.126	—	0.264	0.406	—
	1∶2.06∶3.80∶0.52	木钙0.25	0.176	—	0.310	0.388	—

一般认为，掺加木质素磺酸盐减水剂后，由于减少用水量而提高混凝土强度和密实度，与不掺减水剂的混凝土相比，应当降低混凝土的干缩值。其实不然，这种情况反而往往增大干缩性。虽然掺加木质素磺酸盐减水剂使混凝土的干缩性稍大一些，但仍在混凝土正常性能范围之内，不会造成不利的影响。当木质素磺酸盐减水剂用于减少水泥用量和用水量时，其干缩值要比不掺减水剂的混凝土小。

（3）对混凝土徐变性能的影响。混凝土徐变是一个非常复杂的问题，目前有多种关于水泥砂浆徐变的机理。影响徐变的主要因素有：水泥品种、加荷时的龄期及水化程度等。各种硅酸盐水泥在任何龄期，它们的水化速率和水化程度各不相同。一般来说，任何一种水泥，当掺加外加剂时，以上两个参数都可能受到影响。

有关专家研究了掺木质素磺酸钙对 C_3A 含量

不同的水泥制成的砂浆徐变特性的影响。结果表明掺木质素磺酸钙拌合物均大于不掺拌合物的徐变。如果将掺木质素磺酸钙拌合物均大于不掺拌合物，在一定的水化速率下，并且所有拌合物均在同样的水化程度时加荷，且具有同样的应力强度比时，其徐变变形基本相同。这说明加荷龄期只是从水化程度和强度的发展两个方面对徐变产生影响。

(4) 对混凝土抗渗性能的影响。掺加木质素磺酸钙减水剂，由于减水作用和引气作用能提高混凝土的抗渗性，可以制备抗渗等级较高的混凝土。即使在配制流动性混凝土时，由于减水剂的分散和引气作用，提高了均匀性，引入大量微气泡阻塞了连通毛细管通道，将开放孔变为封闭孔，由此提高混凝土的抗渗透性。掺木钙减水剂提高混凝土抗渗透性的试验结果见表 2-14。

(5) 对混凝土抗冻融性能的影响。混凝土抗冻融性与水灰比和含气量两个基本因素密切有关，尽管对混凝土抗冻融性的影响水灰比要比含气量更重要，但这种作用并不是直接的，而是通过水泥石的孔分布表现出来。掺加木钙减水剂，由于具有的减水、引气作用能提高混凝土的抗冻融性，但其效果比典型的引气剂要差一些。掺加木钙减水剂对混凝土抗冻融性的影响见表 2-15。

40

掺木钙减水剂提高混凝土抗渗性的试验结果

表 2-14

| 编号 | 混凝土配合比 | | | | 木钙掺量 (%) | 水灰比 | 坍落度 (cm) | 抗压强度(MPa) | | | 抗渗等级 | 渗透高度 (cm) |
	水泥	水	砂	石				3d	7d	28d		
4-1	350	195	660	1270	—	0.558	0	16.5	22.5	33.8	B_{24}	—
1-2	350	195	660	1270	0.25	0.558	5.7	12.5	20.7	31.5	>B_{40}	5.3
1-3	350	195	660	1270	0.25	0.558	9.0	14.3	21.9	34.2	>B_{36}	3.7
4-4	360	198	660	1250	—	0.550	2.5	6.9	11.6	25.1	—	—
4-5	360	198	660	1250	0.25	0.550	>2	7.0	10.8	24.6	>B_{24}	8.2
1-6	360	190	660	1250	0.25	0.528	7.5	7.6	14.0	30.9	>B_{28}	4.5

注：编号 4-1、1-2、1-3 采用 42.5 级普通硅酸盐水泥；编号 4-4、4-5、1-6 采用 42.5 级矿渣硅酸盐水泥。

41

掺加水钙减水剂对混凝土抗冻融性的影响

表 2-15

编号	混凝土配合比				减水剂		水灰比
	水泥	水	砂	石	品种	掺量(%)	
J-162	350	217	660	1240	—	—	0.620
J-163	350	195	660	1240	工地1号	0.25	0.558
J-164	350	190	660	1240	木钙	0.25	0.543

编号	坍落度(cm)	50次冻融后增减率		75次冻融后增减率		28d强度(MPa)
		质量(%)	强度(%)	质量(%)	强度(%)	
J-162	5.5	-0.0012	-8.3	-0.0012	-13.2	16.8
J-163	5.5	+0.0012	+5.3	-0.0020	-5.5	20.4
J-164	3.5	-0.0020	+2.9	-0.0040	-10.0	21.6

（6）对混凝土弹性模量的影响。当强度相同时，掺加木质素磺酸钙减水剂后，骨料与水泥的比增加，这样就使掺加木质素磺酸钙减水剂混凝土的弹性模量略高于空白混凝土的弹性模量。

（7）对混凝土极限抗拉应变的影响。很多混凝土的重要性能之一是极限拉伸应变，如水坝应具有高极限拉伸应变以提高其抗裂性。大量的工程实践证明，掺加木质素磺酸钙减水剂混凝土的极限拉伸应变略有增大。

（8）对混凝土抗硫酸盐溶液侵蚀性的影响。掺加木质素磺酸钙减水剂的混凝土，也能提高混凝土抗硫酸盐溶液的侵蚀性。浸入硫酸盐溶液中混凝土的膨胀比较见表 2-16。

浸入硫酸盐溶液中混凝土的膨胀比较　表 2-16

外加剂	单位水泥用量（kg/m³）	混凝土坍落度（cm）	单位用水量（kg/m³）	28d 抗压强度（MPa）	混凝土膨胀率（%）		
					2个月	6个月	12个月
不掺外加剂	304	8.0	194	32.5	0.05	0.36	1.70
文沙引气剂	304	7.5	186	31.5	0.07	0.18	0.66
木钙减水剂	304	9.6	178	37.2	0.03	0.16	0.37

二、多元醇系列减水剂

多元醇系列减水剂一般包括高级多元醇减水剂与多元醇减水剂两类，其中高级多元醇减水剂有淀粉部分水解的产物，如糊精、麦芽糖、动物淀粉的水解物等；多元醇减水剂常用的有糖类、糖蜜、糖化钙等。

（一）TF 缓凝减水剂

1. TF 缓凝减水剂的质量指标

TF 缓凝减水剂也称为 QA 减水剂。该产品利用糖厂甘蔗制糖后的废液，经发酵提取酒精后，再经中和、浓缩配制而成。TF 缓凝减水剂的质量指标见表 2-17。

TF 缓凝减水剂的质量指标　　表 2-17

项目名称	外观	$C_{12}H_{22}O_{11}$ 含量（%）	水分（%）	细度	pH 值
质量指标	棕色粉末	45～55	≤5.0	全部通过 0.5mm 筛孔	>12

2. TF 缓凝减水剂的主要性能

（1）能改善新拌混凝土的和易性，在水泥用量和坍落度基本相同的情况下，减水率可达 8%～12%，28d 混凝土抗压强度可提高 15%～30%。

（2）TF 缓凝减水剂掺量为水泥用量的 0.15%～0.25%，可使混凝土的凝结时间延缓 2～8h。

（3）若混凝土的强度保持不变，可节省水泥7%～10%。

（4）能提高混凝土的抗冲磨性，对混凝土的抗冻性、抗渗性、干缩变形以及钢筋锈蚀均无不良影响。

（二）糖蜜缓凝减水剂

1. 糖蜜缓凝减水剂的质量指标

糖蜜缓凝减水剂是在制糖工业将压榨出的甘蔗汁液（或甜菜汁液），经加热、中和、沉淀、过滤、浓缩、结晶等工序后，所剩下的浓稠液体。糖蜜减水剂是一种资源充足、价格低廉、技术效果好的混凝土外加剂。糖蜜缓凝减水剂的质量指标见表 2-18。

糖蜜缓凝减水剂的质量指标　　表 2-18

项目名称	含水量（%）	细度	pH 值（10%水溶液）
质量指标	粉剂：<5.0； 液剂：<55%	全部通过 0.6mm 筛孔	11～12

2. 糖蜜缓凝减水剂的主要性能

（1）糖蜜缓凝减水剂掺入混凝土拌合物中，能吸附在水泥颗粒表面，形成同种电荷的亲水膜，使水泥颗粒相互排斥，并阻碍水泥水化，从而起缓凝作用。

（2）糖蜜缓凝减水剂的适宜掺量（以干粉计）

45

为水泥用量的 0.1%～0.2%，混凝土初凝和终凝时间均可延长 2～4h，掺量过大会使混凝土长期酥松不硬，强度严重下降。

（3）若混凝土的强度保持不变，可节省水泥 6%～10%。减水率可达 6%～10%，28d 混凝土抗压强度可提高 10%～20%。

（4）对混凝土的抗冻性、抗渗性、抗冲磨性也有所改善，对钢筋无锈蚀作用。

（三）ST 缓凝减水剂

1.ST 缓凝减水剂的质量指标

ST 缓凝减水剂是利用糖蜜，经适当的工艺而制成。ST 缓凝减水剂的质量指标见表 2-19。

ST 缓凝减水剂的质量指标 表 2-19

项目名称	外观	表面张力（溶液浓度 0.25%）（N/cm）	固含量（%）	相对密度	pH 值（溶液浓度 5%）
质量指标	褐色黏稠状液体	45～55	43～45	1.2～1.3	12～13

2.ST 缓凝减水剂的主要性能

（1）ST 缓凝减水剂为水泥用量的 0.25%，如果混凝土的强度保持不变，可以节省水泥 5%～10%。

（2）ST 缓凝减水剂可使混凝土的凝结时间延缓 2～6h，并能延缓水泥的初期水化热。

（3）掺加 ST 缓凝减水剂的新拌混凝土，其坍落度可以增大一倍左右；对钢筋也无锈蚀作用。

（四）TG 缓凝减水剂

1. TG 缓凝减水剂的质量指标

TG 缓凝减水剂是以蔗糖及氧化钙为主要原料制成的产品。TG 缓凝减水剂除具有缓凝减水剂应有的特性外，还具有较强的黏结性和其他一些独特性能。近年来，随着人们对 TG 缓凝减水剂认识的进一步深入，TG 系列缓凝减水剂已在国内外建筑、水泥助磨剂、石膏、耐火材料、水煤浆等行业中得到广泛应用，并深受广大用户欢迎。TG 缓凝减水剂的质量指标见表 2-20。

TG 缓凝减水剂的质量指标　　表 2-20

项目名称	外观	$C_{12}H_{22}O_{11}$ 含量（%）	水分（%）	细度	pH 值
质量指标	棕色粉末	45～55	≤5.0	全部通过 0.5mm 筛孔	＞12

2. TG 缓凝减水剂的主要性能

（1）TG 缓凝减水剂的适宜掺量为水泥用量的 0.1%～0.15%，如果混凝土的强度保持不变，可以节省水泥 5%～10%。

（2）TG 缓凝减水剂具有良好的缓凝作用，能降低水泥初始水化热，气温低于 10℃ 后其缓凝作用加剧。

（3）可改善混凝土的性能。当水泥用量相同，坍落度与空白混凝土相近时，可减少单位用水量的 5%～10%，早期强度发展较慢，龄期 28d 时混凝土抗压强度提高 15% 左右。抗拉强度、抗折强度和弹性模量均有不同程度的提高，混凝土的收缩略有减小。

（4）掺加 TG 缓凝减水剂的混凝土，其流动性明显提高，坍落度可由 4cm 增大到 9cm 左右；对钢筋无锈蚀作用。

三、腐殖酸减水剂

腐殖酸是自然界中广泛存在的大分子有机物质，广泛应用于农、林、牧、石油、化工、建材、医药卫生、环保等各个领域。尤其是现在提倡生态农业建设、绿色建筑、无公害农业生产、绿色食品、无污染环保等，更使"腐殖酸"备受推崇。

腐殖酸减水剂是将草炭等为原料烘干粉碎后，用苛性钠溶液进行煮沸，再将混合液分离后，其清液即为腐殖酸钠溶液。以腐殖酸钠溶液为原料，用亚硫酸钠为磺化剂进行磺化，再经烘干、磨细即制成腐殖酸减水剂。也有的腐殖酸减水剂产品以风化煤为原料经粉碎，以硝酸氧解、真空吸滤、水洗，再以烧碱碱解中和，高塔喷雾干燥等工艺制成。

1. 腐殖酸减水剂的质量指标

腐殖酸减水剂的主要成分是磺化腐殖酸钠，液体腐殖酸减水剂（浓度 30％左右）呈深咖啡色黏稠状，粉条呈深咖啡色粉末。腐殖酸减水剂的质量指标见表 2-21。

腐殖酸减水剂的质量指标　　表 2-21

项目名称	木质素磺酸镁(%)	还原物(%)	水分(%)	水不溶物(%)	pH 值	表面张力(mN/m)
质量指标	>35	≤10	≤1.0	≤4.0	9～10	54

2. 腐殖酸减水剂的主要性能

（1）腐殖酸减水剂的适宜掺量为水泥用量的 0.2％～0.3％，如果混凝土的强度保持不变，可以节省水泥 8％～10％。

（2）腐殖酸减水剂的减水率为 8％～13％，34d 和 7d 混凝土强度均有所增长，28d 的抗压强度可提高 10％～20％。

（3）掺加腐殖酸减水剂的新拌混凝土，其坍落度可提高 10cm 左右。

（4）腐殖酸减水剂有一定的引气性，混凝土的含气量增加 1％～2％，抗冻性和抗渗性也得到提高。

（5）可延缓水泥初期的水化速率，水化的放热峰推迟 2～2.5h。放热高峰温度也有所下降，初凝和终凝的时间延长约 1h。

（6）掺加腐殖酸减水剂的混凝土，其泌水性较基准混凝土降低 50%左右，其保水性能也比较好。

第四节　普通减水剂应用技术要点

（1）普通减水剂可以广泛用于普通混凝土、大体积混凝土、大坝混凝土、水土混凝土、泵送混凝土、滑模施工用混凝土及防水混凝土。因其不含有氯盐，可用于现浇混凝土、预制混凝土、钢筋混凝土和预应力混凝土。

（2）普通减水剂的减水率较小，且具有一定的缓凝、引气作用，加上其引气量较大不宜单独用于蒸养混凝土。单独使用普通减水剂适宜掺量 0.2%～0.3%，掺量过大会引起混凝土强度下降，很长时间不凝结。随气温升高可适当增加，但不超过0.3%，计量误差不大于±5%。

（3）混凝土拌合物的凝结时间、硬化速度和早期强度发展等，与养护温度有密切关系。温度较低时缓凝、早期强度低等现象更为突出。因此，普通减水剂适用于日最低气温 5℃以上的混凝土施工，低于 5℃时应与早强剂复合使用。

（4）混凝土拌合物从出机运输到浇筑的时间，与混凝土的坍落度损失及凝结时间有关。混凝土从搅拌出机至浇筑入模的间隔时间宜为：气温 20～30℃，间隔不超过 1h；气温 10～19℃，间隔不超过 1.5h；气温 5～9℃，间隔不超过 2.0h。

（5）在进行混凝土配制时，为保证普通减水剂均匀分布于混凝土中，宜以溶液形式掺入，可与拌合水同时加入搅拌机内。

（6）需经蒸汽养护的预制构件在使用木质素减水剂时，掺量不宜大于 0.05%，并且不宜采用腐殖酸减水剂。

（7）应特别注意普通减水剂与胶结料及其他外加剂的相容性问题，如用硬石膏或氟石膏做调凝剂，在掺用木质素减水剂时会引起假凝。掺加引气剂时不要同时加氯化钙，后者有消泡作用。在复合外加剂中也应注意相容性问题。

（8）混凝土使用普通减水剂时，应注意加强养护工作。因普通减水剂具有一定的缓凝和引气作用，需要防止水分过早蒸发而影响混凝土强度的发展。一般可采用在混凝土表面喷涂养护剂或加盖塑料薄膜的方法。

第三章　混凝土高效减水剂

高效减水剂对水泥有强烈分散作用，能大大提高混凝土拌合物流动性和混凝土坍落度，同时大幅度降低用水量，显著改善混凝土工作性。但有的高效减水剂会加速混凝土坍落度损失，掺量过大则泌水。高效减水剂基本不改变混凝土凝结时间，掺量大时（超剂量掺入）稍有缓凝作用，但并不延缓硬化混凝土早期强度的增长。高效减水剂减水率可达20%以上。

第一节　高效减水剂的选用及适用范围

第一代高效减水剂—萘基高效减水剂和密胺树脂基高效减水剂是 20 世纪 60 年代初开发出来的，由于性能较普通减水剂有明显提高，因而又被称为超塑化剂。第二代高效减水剂是氨基磺酸盐，虽然按时间顺序是在第三代高效减水剂—聚羧酸系之后。聚羧酸系高效减水剂既有磺酸基又有羧酸基的接枝共聚物，则是第三代高效减水剂中最重要的，性能也是最优良的高性能减水剂。

一、高效减水剂的选用方法

根据现行国家标准《混凝土外加剂应用技术规范》（GB 50119—2013）中的规定，在混凝土工程中常用高效减水剂可以按表 3-1 中的规定进行选用。

高效减水剂的选用方法　　　表 3-1

序号	选用方法
1	混凝土工程可采用下列高效减水剂： （1）萘和萘的同系磺化物与甲醛缩合的盐类、氨基磺酸盐等多环芳香族磺酸盐类； （2）磺化三聚氰胺树脂等水溶性树脂磺酸盐类； （3）脂肪族羟烷基磺酸盐高缩聚物等脂肪族类
2	混凝土工程可采用由缓凝剂与高效减水剂复合而成的缓凝型高效减水剂

二、高效减水剂的适用范围

根据现行国家标准《混凝土外加剂应用技术规范》（GB 50119—2013）中的规定，在混凝土工程中高效减水剂的适用范围应符合表 3-2 中的要求。

高效减水剂的适用范围　　　表 3-2

序号	适用范围
1	高效减水剂可以用于素混凝土、钢筋混凝土、预应力混凝土，并也可以用于制备高强混凝土

序号	适用范围
2	缓凝型高效减水剂可用于大体积混凝土、碾压混凝土、热气候条件下施工的混凝土、大面积浇筑的混凝土、避免冷缝产生的混凝土、需长时间停放或长距离运输的混凝土、自密实混凝土、滑模施工或拉模施工的混凝土及其他需要延缓凝结时间且有较高减水率要求的混凝土
3	标准型高效减水剂宜用于日最低气温 0℃以上施工的混凝土，也可用于蒸养混凝土
4	缓凝型高效减水剂宜用于日最低气温 5℃以上施工的混凝土

第二节　高效减水剂的质量检验

为充分发挥高效减水剂减水增强、显著改善混凝土性能的功效，确保其质量符合国家的有关标准，对所选用高效减水剂进场后，应按照现行国家标准《混凝土外加剂应用技术规范》（GB 50119—2013）中的规定进行质量检验。混凝土高效减水剂的质量检验要求见表 3-3。

混凝土高效减水剂的质量检验要求　　表 3-3

序号	质量检验要求
1	高效减水剂应按每 50t 为一检验批，不足 50t 时也应按一个检验批计。每一检验批取样量不应少于 0.2t 胶

序号	质量检验要求
1	凝材料所需用的减水剂量。每一检验批取样应充分混匀，并应分为两等份：其中一份按照《混凝土外加剂应用技术规范》(GB 50119—2013)第5.3.2和5.3.3条规定的项目及要求进行检验，每检验批检验不得少于两次；另一份应密封留样保存半年，有疑问时，应进行对比检验
2	高效减水剂进场检验项目应包括 pH 值、密度(或细度)、含固量(或含水率)、减水率，缓凝型减水剂还应检验凝结时间差
3	高效减水剂进场时，初始或经时坍落度(或扩展度)应按进场检验批次，采用工程实际使用的原材料和配合比与上批留样进行平行对比试验，其允许偏差应符合现行国家标准《混凝土质量控制标准》(GB 50164—2011)的有关规定

第三节 高效减水剂主要品种及性能

高效减水剂是一种新型的化学外加剂，其化学性能不同于普通减水剂，在正常掺量范围内时具有比普通减水剂更高的减水率，但没有严重的缓凝及引气量过多的问题。高效减水剂也称为超塑化剂、超流化剂、高范围减水剂等。

高效减水剂对水泥有强烈分散作用，能大大提高水泥拌合物流动性和混凝土坍落度，同时大幅度降低用水量，显著改善混凝土工作性。但有的高效减水剂会加速混凝土坍落度损失，掺量过大则泌水。高效减水剂基本不改变混凝土凝结时间，掺量大时（超剂量掺入）稍有缓凝作用，但并不延缓硬化混凝土早期强度的增长。

目前我国高效减水剂的品种很多，在混凝土工程中常用的主要品种有：萘系高效减水剂、氨基磺酸盐系减水剂、脂肪族羟基磺酸盐系减水剂、三聚氰胺高效减水剂等。

一、萘系高效减水剂

萘系高效减水剂是以萘及萘系同系物为原料，经浓硫酸磺化、水解、甲醛缩合，用氢氧化钠或部分氢氧化钠和石灰水中和，经干燥而制成的产品。

（一）生产所用主要原料及质量要求

（1）工业萘。萘的分子式为 $C_{10}H_8$，分子量为128。生产实践表明：用工业萘含量高的原料，生产的减水剂性能较好，引气量也较小。我国大多数萘系高效减水剂是采用工业萘为原料，采用精萘的很少。萘由煤焦油蒸馏提取，固体工业萘为白色，允许带微红或微黄色的片状或粉状结晶；液体工业萘颜色无规定。工业萘在 80℃时熔化，218℃时沸腾，不溶于水而易于升华，有特殊气味。工业萘按质量分为一级和二级，其技术指标应符合表 3-4 中规定。

56

工业萘的技术指标		表 3-4
技术指标	一级品	二级品
结晶点(℃)	≥78.0	≥77.5
不挥发物(%)	≤0.04	≤0.06
灰分(%)	≤0.01	≤0.02

（2）硫酸。硫酸是生产萘系减水剂的重要原料之一，一般应用浓度大于 98% 的浓硫酸，其为无色或淡黄色透明的液体，密度为 1.84g/cm³，分子式为 H_2SO_4，分子量为 98。浓硫酸分为优等品、一级品和合格品，其性能指标应符合表 3-5 中的规定。

浓硫酸的性能指标			表 3-5
指标名称	性能指标		
	优等品	一级品	合格品
硫酸(H_2SO_4)含量(%)	≥98.0	≥98.0	≥98.0
灰分(%)	0.03	0.03	0.10
铁含量(%)	0.010	0.010	—
铅含量(%)	0.01	—	—
砷含量(%)	0.0001	0.005	—
透明度(mm)	50	50	—
色度	≤2.0	≤2.0	—

（3）工业甲醛溶液。工业甲醛溶液浓度为35%～37%，无色透明液体，有刺激性气味，15℃时密度为1.10g/cm³，分子式为CH_2O，分子量为30。甲醛分为优等品、一级品和合格品，其性能指标应符合表3-6中的规定。

甲醛的性能指标　　　　表3-6

指标名称	性能指标		
	优等品	一级品	合格品
外观	清晰无悬浮物液体，低温时允许白色浑浊		
色度（铂钴）	≤10	—	—
甲醛含量（%）	37.0～37.4	36.7～37.4	36.5～37.4
甲醇含量（%）	≤12	≤12	≤12
酸度（以甲酸计，%）	≤0.02	≤0.04	≤0.05
铁含量（×10⁻⁶）	≤1（槽装）	≤3（槽装）	≤5（槽装）
	≤5（桶装）	≤10（桶装）	≤10（桶装）
灰分（%）	≤0.005	≤0.005	≤0.005

（4）氢氧化钠。工业用氢氧化钠有液体和固体两种。固体产品应先配制成浓度为30%～40%的溶液后再使用。工业用固体氢氧化钠的性能指标应符合表3-7中的规定。

58

工业用固体氢氧化钠的性能指标（单位:%）　　　　表 3-7

项目	性能指标								
	水银法			苛化法			隔膜法		
	优等品	一级品	合格品	优等品	一级品	合格品	优等品	一级品	合格品
氢氧化钠含量	≥99.5	≥99.5	≥99.0	≥97.0	≥97.0	≥96.0	≥96.0	≥96.0	≥95.0
碳酸钠含量	≤0.40	≤0.45	≤0.90	≤1.5	≤1.7	≤2.5	≤1.3	≤1.4	≤1.6
氯化钠含量	≤0.06	≤0.08	≤0.15	≤1.1	≤1.2	≤1.4	≤2.7	≤2.8	≤3.2
三氧化二铁含量	≤0.003	≤0.004	≤0.005	≤0.008	≤0.01	≤0.01	≤0.008	≤0.01	≤0.02
钙镁总含量（以 Ca 计）	≤0.01	≤0.02	≤0.03	—	—	—	—	—	—
二氧化硅含量	≤0.02	≤0.03	≤0.04	≤0.50	≤0.55	≤0.60	—	—	—
汞含量	≤0.0005	≤0.0005	≤0.0015	—	—	—	—	—	—

表 3-8

工业用液体氢氧化钠的性能指标（单位：%）

项目	性能指标								
	水银法			苛化法			隔膜法		
	优等品	一级品	合格品	优等品	一级品	合格品	优等品	一级品	合格品
氢氧化钠含量	≥45.0	≥45.0	≥42.0	≥45.0	≥45.0	≥42.0	≥42.0	≥42.0	≥42.0
碳酸钠含量	≤0.25	≤0.30	≤0.35	≤1.0	≤1.1	≤1.5	≤0.30	≤0.40	≤0.60
氯化钠含量	≤0.03	≤0.04	≤0.05	≤0.70	≤0.80	≤1.00	≤1.60	≤1.80	≤2.00
三氧化二铁含量	≤0.002	≤0.003	≤0.004	≤0.02	≤0.02	≤0.03	≤0.004	≤0.007	≤0.01
钙镁总含量（以 Ca 计）	≤0.005	≤0.006	≤0.007	—	—	—	—	—	—
二氧化硅含量	≤0.01	≤0.02	≤0.02	≤0.50	≤0.55	≤0.60	—	—	—
汞含量	≤0.001	≤0.002	≤0.003	—	—	—	—	—	—

注：工业用液体氢氧化钠的隔膜法生产分为 I 型和 II 型，表中仅列出 I 型产品的性能指标。

从表 3-7 中可以看出，用不同方法生产的氢氧化钠，其中氯化钠的含量有较大的差异，水银法生产的氢氧化钠中氯化钠的含量最低，隔膜法生产的氢氧化钠中氯化钠的含量最高。根据对高效减水剂中氯离子的要求，可选用不同方法、不同等级的氢氧化钠。

工业用液体氢氧化钠的性能指标应符合表 3-8 中的规定。

（二）萘系高效减水剂的主要性能

工程实践充分证明，萘系高效减水剂具有高减水率，可使水灰比进一步减小，混凝土的强度进一步提高，并发展到高性能混凝土的阶段，极大地推动了建筑业的发展，是现代混凝土技术的重大进步。同时，高效减水剂通过激发钢渣、粉煤灰等的活性，以及高效减水剂与它们之间的协调作用等，使这些工业废渣能部分替代水泥而成为高性能混凝土中优良的掺合料；具有显著的经济和社会效益，也能满足社会的可持续发展战略。

（1）萘系高效减水剂的主要性能。萘系高效减水剂的物理性能见表 3-9。

（2）萘系高效减水剂的性能指标。萘系高效减水剂的性能指标见表 3-10。

萘系高效减水剂的物理性能　　表 3-9

项目	物理性能	项目	物理性能
外观	液体为棕色至深棕色；粉状淡黄色至棕色	pH 值	7～9
Na$_2$SO$_4$	低浓度<25%，中浓度<10%，高浓度<5%	表面张力	65～70mN/m
氯离子含量	一般氯离子含量应<1.0%	总碱量	一般低浓度<16%，高浓度<12%

萘系高效减水剂的性能指标　　表 3-10

项目		性能指标
33 减水率(%)		≥14
泌水率(%)		≤90
含气量(%)		≤3.0
凝结时间之差（min)	初凝	−90～+120
	终凝	
抗压强度比(%)	1d	≥140
	3d	≥130
	7d	≥125
	28d	≥120
收缩率比(%)	28d	≤135

（3）萘系高效减水剂掺量对不同水泥浆体流动性的影响。此试验选用了基准水泥 P142.5、PS32.5 水泥、PP32.5 水泥和 PO32.5 水泥，水泥净浆的水灰比均为 0.29，水泥净浆流动度与萘系高效减水剂掺量关系的试验结果见表 3-11。

水泥净浆流动度与萘系高效

减水剂掺量关系　　　　　表 3-11

萘系高效减水剂掺量(%) / 流动度(mm) / 水泥品种	0.30	0.50	0.75	1.00	1.25	2.00	3.00
基准水泥	172	220	244	260	264	—	—
矿渣水泥	150	220	225	229	231	—	—
普通水泥	75	115	161	184	212	—	—
火山灰质水泥	—	—	74	80	100	111	110

从表 3-11 中可以看出，随着萘系高效减水剂掺量的增加，各种水泥净浆流动度均有不同程度的提高。但火山灰质水泥，在同等掺量的情况下水泥净浆的流动度低于其他水泥。当萘系高效减水剂掺量在 0.50%～0.75% 时，水泥净浆的流动度增长较快。

（4）萘系高效减水剂对水泥水化热的影响。减水剂对水泥水化热的影响按现行标准规定方法进行，试验结果见表 3-12。试验结果显示：PO42.5 水泥在掺加萘系高效减水剂后，水泥水化热有所降低，放热峰出现时间延迟，有利于大体积混凝土工程施工。

萘系高效减水剂对水泥水化热
的影响试验结果 表 3-12

序号	水泥品种	减水剂掺量（%）	水灰比（%）	水化热（cal/g）		放热峰	
				3d	7d	出现时间（h）	温度（℃）
1		0	29.0	54.0	59.6	13	34.5
2	PO42.5	0.50	29.0	50.4	56.6	14	33.2
3		0.50	23.6	45.7	51.3	14	33.6

注：1cal=4.18J。

（5）萘系高效减水剂对新拌混凝土性能的影响。萘系高效减水剂对新拌混凝土性能的影响包括：对含气量和泌水率的影响、对混凝土凝结时间的影响和对混凝土坍落度损失的影响。

①对含气量和泌水率的影响。用配合比为 1：2.3：3.77（水泥：砂：石子）、水泥用量 310kg/m³ 的混凝土，以不同的萘系高效减水剂掺量进行含气量和泌水率的影响试验，试验结果见表 3-13。从表

中可以看出，对于上述水泥掺加萘系高效减水剂后，混凝土中的含气量略有增加，但泌水率大大下降。

萘系高效减水剂对含气量和
泌水率的影响　　　　　表 3-13

减水剂掺量（%）	水灰比	减水率（%）	坍落度（cm）	含气量（%）	泌水率（%）	泌水率比（%）
0	0.600	0	6.0	1.40	8.50	100
0.30	0.550	8	5.0	2.65	4.30	51
0.50	0.530	12	5.0	3.40	2.90	34
0.75	0.480	20	5.2	3.95	0.77	9
1.00	0.468	22	4.5	4.55	0.05	0.6

注：水泥为基准水泥。

②对混凝土凝结时间的影响。采用贯入阻力法测定混凝土拌合物筛出砂浆的硬化速率，来确定混凝土的凝结时间。初凝贯入阻力为 3.5MPa，终凝贯入阻力为 28MPa。萘系高效减水剂混凝土拌合物凝结时间的影响见表 3-14。试验结果表明，掺加萘系高效减水剂后，混凝土的凝结时间虽稍有变化，但变化的幅度并不大。在施工过程中不会出现不利影响，可以和未掺加外加剂的混凝土一样作业，无需特殊要求。

③对混凝土坍落度损失的影响。在混凝土中掺加萘系高效减水剂，可以明显改善混凝土拌合物的和易性，但对混凝土的坍落度损失也带来影响，一般来说，掺加萘系高效减水剂后，混凝土早期坍落度损失增大。萘系高效减水剂混凝土拌合物坍落度的影响见表 3-14。

萘系高效减水剂混凝土拌合物

凝结时间和坍落度的影响　　　　表 3-14

水泥品种	减水剂 掺量(%)	减水率 (%)	坍落度 (cm)	初凝 (min)	终凝 (min)
基准水泥	0	0	6.0	308	453
	0.30	8	5.0	300	435
	0.50	12	5.0	306	432
	0.75	20	5.2	288	281
	1.00	22	4.5	278	265
32.5 矿渣水泥	0	0	7.0	467	811
	0.50	15	6.3	351	710
42.5 普通水泥	0	0	7.0	415	635
	0.50	15	7.0	422	638
32.5 火山灰质水泥	0	0	5.6	524	781
	0.75	13	4.6	539	885

（6）萘系高效减水剂对硬化混凝土性能的影响。萘系高效减水剂对硬化混凝土性能的影响包括：混凝土的抗压强度影响、对其他性能的影响。

① 混凝土的抗压强度影响。萘系高效减水剂对硬化混凝土抗压强度的影响见表 3-15。

萘系高效减水剂对硬化混凝土抗压强度的影响　　表 3-15

水泥用量（kg/m³）	减水剂掺量（%）	水灰比（%）	减水率（%）	坍落度（cm）	抗压强度（MPa）	
					7d	28d
400	0	43.8	0	6.0	46.5	54.8
	0.50	38.0	13.2	8.3	55.8	65.2
	0.75	36.0	17.8	8.5	66.9	75.5
	1.00	34.0	22.4	7.8	67.7	77.4
500	0	38.0	0	6.0	52.9	60.1
	0.50	33.0	13.2	7.8	65.2	73.4
	0.75	31.2	17.9	8.0	71.8	84.3
	1.00	29.6	22.1	9.2	73.8	86.2
600	0	34.2	0	8.1	55.2	64.3
	0.50	29.7	13.2	7.5	75.0	85.4
	0.75	28.0	18.1	7.8	83.9	91.0
	1.00	26.7	21.9	8.2	85.8	97.0

② 对其他性能的影响。混凝土试验表明，掺加萘系高效减水剂的混凝土，在混凝土坍落度基本相同时，劈裂强度有所提高，混凝土的弹性模量也有所增大，收缩也有所增加。

（三）萘系高效减水剂的主要用途

萘系高效减水剂是目前在混凝土工程中应用比较

广泛的外加剂，这类高效减水剂的主要用途见表 3-16。

萘系高效减水剂的主要用途 表 3-16

序号	主要用途
1	作为复合高效减水剂的重要组分。萘系减水剂作为一种主要的减水剂品种，它可作为各种复合高效减水剂的重要组分，根据复合外加剂的要求，萘系减水剂在其中的用量是不同的
2	配制流动性混凝土。长期以来，混凝土工程界所期望的目标是在保持水灰比相同时，制备一种施工中可安全自流平的混凝土，在浇筑过程中或浇筑后，混凝土不出现泌水，不离析和不降低强度。 选用初始坍落度为 7.5cm 的基准混凝土，掺入适量的萘系高效减水剂，可以配制坍落度超过 20cm 的流动性混凝土，它与普通混凝土的根本区别在于：既能保持良好的凝聚性，又极易流动而成自流平
3	配制减水高强混凝土。利用萘系高效减水剂可以生产强度等级为 C100 的混凝土。当减水混凝土与基准混凝土的强度相同时，减水混凝土 3d 就能达到基准混凝土 7d 的强度，减水混凝土 7d 就能达到基准混凝土 28d 的强度，这对于提高劳动生产率、加快模板周转非常有利
4	能降低水泥用量。在相同的强度要求下，保持混凝土和易性和水灰比不变，掺加萘系减水剂，可以大幅度促进混凝土强度增长，混凝土的水泥用量随萘系高效减水剂掺量增加而减少

二、氨基磺酸盐系减水剂

氨基磺酸盐高效减水剂是一种单环芳烃型高效

减水剂，主要由对氨基苯磺酸、单环芳烃衍生物苯酚类化合物和甲醛在酸性或碱性条件下加热缩合而成。氨基磺酸盐系减水剂因其具有生产工艺简单，对水泥粒子的分散性好，减水率高，制得的混凝土强度高、耐久性好、坍落度经时损失小等优点，成为目前国内较有发展前途的高效减水剂。

（一）对混凝土坍落度损失的影响

表 3-17 为掺加氨基磺酸盐高效减水剂和萘系高效减水剂混凝土坍落度经时损失值的试验结果。在两种常用掺量的条件下，掺加氨基磺酸盐高效减水剂混凝土的坍落度在 60min 内几乎没有变化，而在 120min 后仅分别降低 2.5cm 和 2.0cm，这说明掺加氨基磺酸盐高效减水剂可有效控制混凝土坍落度经时损失。

掺氨基磺酸盐和萘系混凝土坍落度
经时损失值的试验结果　　　　表 3-17

减水剂品种	减水剂掺量(%)	坍落度值(cm)				
		初始	30min	60min	90min	120min
萘系高效减水剂	0.50	16.5	16.5	15.0	13.0	10.0
	0.75	19.0	18.5	17.0	15.0	11.5
氨基磺酸盐高效减水剂	0.50	18.0	18.0	17.5	16.3	15.5
	0.75	21.5	21.5	21.0	20.5	19.5

（二）对混凝土的缓凝作用比较强

试验测定了掺加氨基磺酸盐高效减水剂和萘系高效减水剂在0.50％掺量条件下，水泥净浆与混凝土的凝结时间，并分别与基准水泥和混凝土的凝结时间进行了对比。由表3-18可知，掺加萘系高效减水剂的水泥初凝时间和基准水泥差不多，而终凝时间延长60min左右；而掺加氨基磺酸盐高效减水剂的水泥净浆，其初凝和终凝时间分别达到400min、875min。由表3-19可知，掺加氨基磺酸盐高效减水剂的混凝土，其初凝和终凝时间分别达到590min、920min。由此可见，氨基磺酸盐高效减水剂对水泥净浆和混凝土的缓凝作用比较强，特别适用于大体积混凝土的施工。

掺氨基磺酸盐和萘系对水泥净浆
凝结时间的影响　　　　　　表3-18

减水剂品种	减水剂掺量（％）	初凝时间（min）	终凝时间（min）
基准(不掺减水剂)	0	135	280
萘系高效减水剂	0.50	175	340
氨基磺酸盐高效减水剂	0.50	400	875

**掺氨基磺酸盐和萘系对混凝土
凝结时间的影响** 表 3-19

减水剂品种	减水剂掺量（%）	初凝时间（min）	终凝时间（min）
基准（不掺减水剂）	0	270	470
萘系高效减水剂	0.50	290	440
氨基磺酸盐高效减水剂	0.50	590	920

（三）对硬化混凝土的影响比较大

抗压强度是混凝土最重要的力学性能之一。表 3-20 中列出了基准混凝土、掺量为 0.50% 时氨基磺酸盐高效减水剂和萘系高效减水剂混凝土 3d、7d、28d 龄期的抗压强度试验结果，由试验数据可知，掺加高效减水剂是提高混凝土强度的有效措施，而掺加氨基磺酸盐高效减水剂对混凝土的减水增强作用更好。

**掺氨基磺酸盐和萘系对混凝土的减水
增强效果** 表 3-20

减水剂品种	减水率（%）	抗压强度（MPa）及抗压强度比（%）		
		3d	7d	28d
基准（不掺减水剂）	—	9.2/100	17.1/100	28.7/100

减水剂品种	减水率（%）	抗压强度（MPa）及抗压强度比（%）		
		3d	7d	28d
萘系高效减水剂	16.9	12.1/131	21.7/127	33.3/116
氨基磺酸盐高效减水剂	26.8	13.6/148	24.3/142	37.2/130

注：表中的分子为抗压强度实测值，分母为与基准混凝土抗压强度比值。

三、脂肪族羟基磺酸盐系减水剂

脂肪族羟基磺酸盐系减水剂，又称为磺化丙酮甲醛树脂、酮醛缩合物，是以羟基化合物为主要原料，经缩合得到的一种脂肪族高分子聚合物。脂肪族羟基磺酸盐高效减水剂，具有减水率高、强度增长快、生产工艺简单、对环境无污染等显著的优点。试验结果表明，脂肪族羟基磺酸盐高效减水剂的减水分散效果，优于传统的萘系高效减水剂，与水泥的适应能力强，可用于制备各种强度等级的泵送混凝土、高强混凝土和自密实免振混凝土，具有广阔的应用前景。

（一）生产所用主要原材料及控制指标

生产脂肪族羟基磺酸盐系减水剂所用主要原材料有：工业用甲醛溶液、工业用丙酮、工业无水亚硫酸钠、工业焦亚硫酸钠、工业用氢氧化钠（片碱）和自来水。为确保脂肪族羟基磺酸盐系减水剂的质量，所用的各种原料均应符合相应现行国家或行业标准的要求。表 3-21 中列出了生产所用主要原材料及控制指标，表 3-22 中列出了生产单吨脂肪族羟基磺酸盐系减水剂所需的原材料消耗数量。

脂肪族羟基磺酸盐系减水剂生产所用
主要原材料及控制指标 表 3-21

原料名称	质量控制项目	控制指标
工业用丙酮 GB/T 6026—2013	外观	透明液体
	色度（铂-钴比色号）	≤10
	相对密度	0.789～0.793
	馏程（0℃,101.325kPa） 温度范围（包括 56.1℃） （℃）	≤2.0
	蒸发后干燥残渣（%）	≤0.005
	高锰酸钾褪色时间 （25℃）(min)	≥35
	含醇量（%）	≤1.0
	含水量（%）	≤0.6
	酸度（以乙酸计）（%）	
工业用甲醛溶液 GB/T 9009—2011	色度（铂-钴比色号）	≤10
	甲醛含量（%）	37.0～37.4
	甲醇含量（%）	≤12
	酸度（以甲酸计）（%）	≤0.02
	铁含量（×10^{-6}）	≤5
	灰分（%）	≤0.005

原料名称	质量控制项目	控制指标
工业无水亚硫酸钠 HG/T 2967—2010	亚硫酸钠含量（%）	≥93.0
	铁含量（%）	≤0.005
	水不溶物含量（%）	≤0.03
	游离碱含量（%）	≤0.40
工业焦亚硫酸钠 HG/T 2826—2008	焦亚硫酸钠含量（%）	≥95.0
	铁含量（%）	≤0.01
	水不溶物含量（%）	≤0.05
工业用氢氧化钠 GB 209—2006	氢氧化钠含量（%）	≥96.0
	碳酸钠含量（%）	≤1.30
	氯化钠含量（%）	≤2.70
	三氧化二铁含量（%）	≤0.01

生产单吨脂肪族羟基磺酸盐系减水剂所需

的原材料消耗数量　　　　　表 3-22

原材料名称	单吨耗量（kg/t）	原材料名称	单吨耗量（kg/t）
工业用甲醛溶液	400～500	工业焦亚硫酸钠	100～150
工业用丙酮	50～100	工业用氢氧化钠	30～50
工业无水亚硫酸钠	50～100	自来水	300～400

（二）脂肪族羟基磺酸盐系减水剂的性能

1. 对水泥净浆性能的影响

用脂肪族羟基磺酸盐系减水剂与萘系高效减水剂、氨基磺酸盐高效减水剂、三聚氰胺高效减水剂和聚羧酸系高性能减水剂进行水泥净浆流动度对比试验，检验其减水塑化的效果，试验结果见表 3-23。水泥为基准水泥，水灰比为 0.29，外加剂掺量以水泥质量分数，按固体有效成分计。脂肪族羟基磺酸盐系减水剂在相同掺量下，流动度高于萘系高效减水剂。

掺不同种类高效减水剂的
水泥净浆流动度　　　　　表 3-23

减水剂品种	掺量（%）	流动度（mm）		流动指数 $F=(D^2-60^2)/60^2$	
		5min	60min	5min	60min
脂肪族羟基磺酸盐系减水剂	0.70	280	265	19.6	17.2
萘系高效减水剂	0.70	250	230	16.4	13.7
氨基磺酸盐高效减水剂	0.70	290	300	24.0	22.4
三聚氰胺高效减水剂	0.70	254	249	16.9	16.2
聚羧酸系高性能减水剂	0.40	309	305	25.7	25.0

注：D 为水泥净浆扩展直径。

2. 对混凝土性能的影响

(1) 对凝结时间与泌水率的影响。试验结果表明，掺加脂肪族羟基磺酸盐系减水剂的混凝土的凝结时间略有缩短，其初凝和终凝时间分别比空白混凝土提前 26min 和 54min，符合高效减水剂标准中规定的凝结时间要求。由于掺加脂肪族羟基磺酸盐系减水剂能大幅度降低水泥浆的黏度，新拌混凝土在水灰比较大时容易出现泌水现象，可以采用适当的黏度调节成分或引气剂复合使用。

(2) 对混凝土性能的影响。按照现行国家标准《混凝土外加剂》（GB 8076—2008）中的试验方法，测定脂肪族羟基磺酸盐系减水剂减水率。由图 3-1 中可以看出，随着脂肪族羟基磺酸盐系减水剂掺量的增加，不仅减水率表现出成比例增加的趋势，而且在低掺量下即具有较强的减水分散效果。在混凝土坍落度保持不变的条件下，强度增长明显。3d、7d 和 28d 的强度随脂肪族羟基磺酸盐系减水剂掺量呈现出线性的增长规律，说明脂肪族羟基磺酸盐系减水剂具有良好的增强效果。

图 3-2 为 3d 混凝土抗压强度统计结果；图 3-3 为 7d 和 28d 混凝土抗压强度统计结果；图 3-4 为混凝土含气量统计结果。

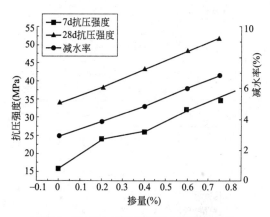

图 3-1 减水率、抗压强度与减水剂掺量的关系

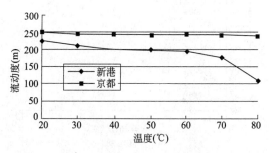

图 3-2 3d 混凝土抗压强度统计结果

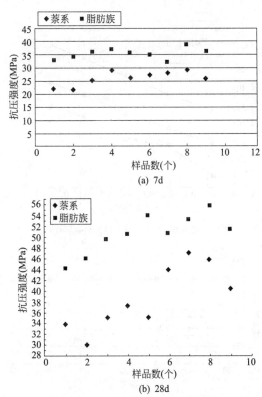

(a) 7d

(b) 28d

图 3-3 7d 和 28d 混凝土抗压强度统计结果

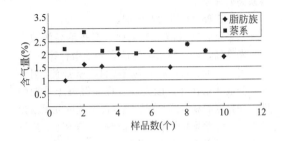

图 3-4　混凝土含气量统计结果

（3）对混凝土含气量的影响。采用同一批水泥、同样的配合比，在控制坍落度相同的条件下，试验测定了基准混凝土、掺脂肪族羟基磺酸盐系减水剂的混凝土和掺萘系高效减水剂的混凝土的含气量与各龄期抗压强度，一共进行 10 批次试验。试验结果表明，掺脂肪族羟基磺酸盐系减水剂的混凝土平均含气量（1.85%），低于掺萘系高效减水剂的混凝土的平均含气量（2.15%）。掺脂肪族羟基磺酸盐系减水剂的混凝土 3d、7d 和 28d 的抗压强度，比基准混凝土分别提高 44.4%、35% 和 28%，分别高于掺萘系高效减水剂的混凝土的 34%、23% 和 21%。由此可见，掺脂肪族羟基磺酸盐系减水剂具有较好的增强效果，引气量低于萘系高效减水剂。

四、三聚氰胺高效减水剂

三聚氰胺高效减水剂也称为蜜胺系高效减水剂、光亮剂，是一种水溶性的高分子聚合物树脂，主要用于水泥、石膏和无机胶凝材料添加剂，对水泥有分散减水作用，能大幅度提高混凝土早期强度。三聚氰胺高效减水剂始终未能在我国混凝土建筑工程中像萘系高效减水剂那样得以普遍地、广泛地使用，原因除了由于其生产成本较高、库存与运输费用高、反应条件严格、质量难以控制外，三聚氰胺高效减水剂的制作工艺不完善和使用单位对三聚氰胺高效减水剂性能特点不了解，也是影响其在工程中应用的重要原因。然而在日本、美国、西欧等发达国家，其已得到广泛应用。

（一）生产所用主要原材料及控制指标

生产三聚氰胺高效减水剂所用主要原材料有：工业用甲醛溶液、工业无水亚硫酸钠、工业三聚氰胺。为确保三聚氰胺高效减水剂的质量，所用原料均应符合相应现行国家或行业标准的要求。

表 3-24 中列出了生产三聚氰胺高效减水剂所用主要原材料及控制指标，表 3-25 中列出了生产单吨三聚氰胺高效减水剂所需的原材料消耗数量。

生产三聚氰胺高效减水剂所用主要原材料及控制指标　表 3-24

原料名称	质量控制项目	控制指标
工业用甲醛溶液 GB/T 9009—2011	色度(铂-钴比色号) 甲醛含量(%) 甲醇含量(%) 酸度(以甲酸计)(%) 铁含量($\times 10^{-6}$) 灰分(%)	$\leqslant 10$ $37.0 \sim 37.4$ $\leqslant 12$ $\leqslant 0.02$ $\leqslant 5$ $\leqslant 0.005$
工业无水亚硫酸钠 HG/T 2967—2010	亚硫酸钠含量(%) 铁含量(%) 水不溶物含量(%) 游离碱含量(%)	$\geqslant 93.0$ $\leqslant 0.005$ $\leqslant 0.03$ $\leqslant 0.40$
工业三聚氰胺(蜜胺) GB/T 9567—1997	含量(%) 水分含量(%) 灰分(%) pH 值 甲醛溶解性试验色度 (铂-钴比色号) 高岭土浊度(°)	$\geqslant 99.0$ $\leqslant 0.20$ $\leqslant 0.05$ $7.5 \sim 9.5$ $\leqslant 30$ $\leqslant 30$

生产单吨三聚氰胺高效减水剂所需的原材料消耗数量　表 3-25

原材料名称	单吨耗量(kg/t)	原材料名称	单吨耗量(kg/t)
工业用甲醛溶液	$250 \sim 340$	液碱	$20 \sim 60$

原材料名称	单吨耗量(kg/t)	原材料名称	单吨耗量(kg/t)
三聚氰胺	150~250	自来水	500~600
工业无水亚硫酸钠	100~160	—	—

（二）对新拌混凝土性能的影响

三聚氰胺高效减水剂对新拌混凝土性能的影响主要包括：减水率和凝结时间。三聚氰胺高效减水剂对新拌混凝土性能的影响见表 3-26。

三聚氰胺高效减水剂对新拌混凝土
性能的影响　　　　　　表 3-26

序号	项目	影响结果
1	减水率	对于普通水泥而言，当三聚氰胺高效减水剂掺量为水泥质量的 1.5%～2.0%时，最大减水率可达到 25%左右
2	凝结时间	混凝土或砂浆的凝结时间，不论是初凝时间还是终凝时间，均以三聚氰胺高效减水剂掺量为水泥质量 1.0%的影响为最小

（三）对硬化混凝土性能的影响

三聚氰胺高效减水剂对硬化混凝土性能的影响主要包括：混凝土的抗压强度、混凝土的水密性、混凝土的干缩性能、混凝土的耐热性能、混凝土的

82

其他性能。三聚氰胺高效减水剂对硬化混凝土性能的影响见表 3-27。

三聚氰胺高效减水剂对硬化混凝土性能的影响　　表 3-27

序号	项目	影响结果
1	混凝土的抗压强度	三聚氰胺高效减水剂的减水作用很大，不仅对混凝土抗压强度有很大改善，同时对混凝土的抗折强度、抗拉强度和弹性模量都有较大的增强效果。 　　材料试验证明，强度增长率以三聚氰胺高效减水剂掺量 1.0%～2.0% 为最大，在初期的强度，特别是 1d 强度比基准混凝土要提高 2～3 倍，远远超过掺加 2%CaCl₂ 的早强剂的效果，所以三聚氰胺高效减水剂作为早强剂也是非常有效的。不同品种减水剂对混凝土抗压强度的影响见表 3-28。 　　在保持水灰比不变时，将三聚氰胺高效减水剂超量掺加，即使加入 10%，强度降低也是微小的，加入到 4% 时强度还有一定的增长，这一点在施工中值得注意
2	混凝土的水密性	在混凝土工作性相同时，掺加 1% 的三聚氰胺高效减水剂，由于混凝土的水灰比降低，混凝土更加密实，水密性得到改善，一般掺三聚氰胺高效减水剂混凝土的渗水高度仅为基准混凝土的 50% 左右

序号	项目	影响结果
3	混凝土的干缩性能	掺入三聚氰胺高效减水剂混凝土的收缩,与掺入木质素磺酸盐减水剂的混凝土相比,收缩性有很大的改善,在一般情况下其收缩约为掺入木质素磺酸盐减水剂混凝土的一半左右
4	混凝土的耐热性能	当混凝土应用矾土水泥,再掺入适量的三聚氰胺高效减水剂,会大大提高混凝土的耐热性能,加热至200℃时,混凝土的强度几乎没有变化
5	混凝土的其他性能	材料试验证明,掺入三聚氰胺高效减水剂的混凝土,对钢筋的粘结力、抗冻融性能、抗碳化性能、抗耐磨性能均有所提高;另外,掺三聚氰胺系减水剂混凝土的抗裂性能优于木质素磺酸盐减水剂混凝土和萘系高效减水剂混凝土

不同品种减水剂对混凝土抗压强度的影响　　　　表 3-28

外加剂品种	外加剂掺量（%）	减水率（%）	混凝土抗压强度（MPa）		
			R3	R7	R28
空白	0	0	13.1	21.3	31.9
萘系高效减水剂	0.75	19.1	24.7	32.9	44.1

外加剂品种	外加剂掺量（%）	减水率（%）	混凝土抗压强度（MPa）		
			R3	R7	R28
脂肪酸盐高效减水剂	0.60	19.6	26.6	35.2	45.9
三聚氰胺高效减水剂	0.60	20.0	28.1	36.9	47.2

（四）三聚氰胺高效减水剂的应用

三聚氰胺系高效减水剂能够明显改善混凝土的工作性能，具有减水率高、早强效果显著、引气性低、生产过程对环境污染少等特点，是一种具有较大发展前景的高效减水剂。三聚氰胺高效减水剂的应用见表 3-29。

三聚氰胺高效减水剂的应用　　表 3-29

序号	具体应用
1	三聚氰胺系高效减水剂用于蒸汽养护混凝土制品时，可以大幅度缩短蒸养时间，节省大量的能源
2	三聚氰胺系高效减水剂用于矾土水泥，在改善混凝土工作性和增强效果方面与普通水泥一样，但矾土水泥用于耐热混凝土时，可以降低矾土水泥混凝土在 300～400℃时的强度损失
3	三聚氰胺系高效减水剂用于清水混凝土，可以改善其外观，减少混凝土的装饰工作量

序号	具体应用
4	三聚氰胺系高效减水剂用于防水砂浆和混凝土,不仅可以防止由于加入防水剂引起的强度降低,而且还可以增加砂浆和混凝土的防水效果
5	三聚氰胺系高效减水剂用于彩色砂浆,不仅可以防止由于加入着色剂而降低强度,而且还可使色彩鲜艳,防止砂浆表面出现"白霜"
6	三聚氰胺系高效减水剂用于石灰砂浆,不但可以增加砂浆的强度,而且还可以改善表面硬度、耐磨和耐热性能
7	三聚氰胺系高效减水剂与其他外加剂有较好的适应性,可用于配制多种复合型外加剂,如泵送剂、防冻剂等

第四节　高效减水剂应用技术要点

根据现行国家标准《混凝土外加剂应用技术规范》(GB 50119—2013)中的规定,高效减水剂在施工的过程中应掌握以下技术要点。

(1)所选用高效减水剂的相容性试验,应按照现行国家标准《混凝土外加剂应用技术规范》(GB 50119—2013)中附录 A 的方法进行。

(2)高效减水剂在混凝土中的掺量,应根据供方的推荐掺量、环境温度、施工要求的混凝土凝结时间、运输距离、停放时间等经试验确定。

（3）难溶和不溶的粉状高效减水剂应采用干掺法。粉状高效减水剂宜与胶凝材料同时加入搅拌机内，并宜延长搅拌时间30s；液体高效减水剂宜与拌合水同时加入搅拌机内，计量应准确。液体高效减水剂中的含水量应从拌合水中扣除。

（4）高效减水剂可根据情况与其他外加剂复合使用，其组成和掺量应经试验确定。配制溶液时，如产生絮凝或沉淀等现象，应分别配制溶液，并应分别加入搅拌机内。

（5）配制混凝土中需二次添加高效减水剂时，应经过试验后确定，并应记录备案。二次添加的高效减水剂不应包括缓凝、引气组分。二次添加后应确保混凝土搅拌均匀，坍落度应符合施工要求后再使用。

（6）掺加高效减水剂的混凝土浇筑和振捣完成后，应及时进行压抹，并应始终保持混凝土表面潮湿，混凝土达到终凝后应浇水养护。

（7）掺加高效减水剂的混凝土采用蒸汽养护时，其养护制度应经试验确定。

第四章　混凝土高性能减水剂

高性能减水剂是国内外近年来开发的新型外加剂品种，目前主要为聚羧酸盐类产品，它具有"梳状"的结构特点，由带有游离的羧酸阴离子团的主链和聚氧乙烯基侧链组成，通过改变单体的种类、比例和反应条件，可以生产具有各种不同性能和特性的高性能减水剂。目前我国开发的高性能减水剂以聚羧酸盐为主。

第一节　高性能减水剂的选用及适用范围

高性能减水剂是比高效减水剂具有更高减水率、更好坍落度保持性能、较少干燥收缩，且具有一定引气性能的减水剂。高性能减水剂主要分为早强型、标准型、缓凝型。早强型高性能减水剂、标准型高性能减水剂和缓凝型高性能减水剂，可由分子设计引入不同功能团而生产，也可掺入不同组分复配而成。

一、高性能减水剂的选用方法

根据现行国家标准《混凝土外加剂应用技术规范》（GB 50119—2013）中的规定，在混凝土工程中

88

高性能减水剂的选用方法应符合表 4-1 中的要求。

高性能减水剂的选用方法　　　　　表 4-1

序号	选 用 方 法
1	混凝土工程可根据工程实际采用标准型聚羧酸系高性能减水剂、早强型聚羧酸系高性能减水剂和缓凝型聚羧酸系高性能减水剂
2	混凝土工程可采用具有其他特殊功能的聚羧酸系高性能减水剂

二、高性能减水剂的适用范围

高性能减水剂的适用范围应当符合表 4-2 中的要求。

高性能减水剂的适用范围　　　　　表 4-2

序号	适 用 范 围
1	聚羧酸系高性能减水剂可用于素混凝土、钢筋混凝土和预应力混凝土
2	聚羧酸系高性能减水剂宜用于高强混凝土、自密实混凝土、泵送混凝土、清水混凝土、预制构件混凝土和钢管混凝土
3	聚羧酸系高性能减水剂宜用于具有高体积稳定性、高耐久性或高工作性要求的混凝土
4	缓凝型聚羧酸系高性能减水剂宜用于大体积混凝土，不宜用于日最低气温 5℃以下施工的混凝土
5	早强型聚羧酸系高性能减水剂宜用于有早强要求或低温季节施工的混凝土，但不宜用于日最低气温－5℃以下施工的混凝土，且不宜用于大体积混凝土

序号	适 用 范 围
6	具有引气性的聚羧酸系高性能减水剂用于蒸养混凝土时,应经试验验证

第二节　高性能减水剂的质量检验

一、《混凝土外加剂应用技术规范》的规定

为充分发挥高性能减水剂高性能减水增强、显著改善混凝土性能的功效,确保其质量符合国家的有关标准,对所选用高性能减水剂进场后,应按照现行国家标准《混凝土外加剂应用技术规范》(GB 50119—2013)中的规定进行质量检验。混凝土高性能减水剂的质量检验要求见表4-3。

混凝土高性能减水剂的质量检验要求　表4-3

序号	质量检验要求
1	聚羧酸系高性能减水剂应按每50t为一检验批,不足50t时也应按一个检验批计。每一检验批取样量不应少于0.2t胶凝材料所需用的减水剂量。每一检验批取样应充分混匀,并应分为两等份:其中一份按照《混凝土外加剂应用技术规范》(GB 50119—2013)第6.3.2和6.3.3条规定的项目及要求进行检验,每检验批检验不得少于两次;另一份应密封留样保存半年,有疑问时,应进行对比检验

90

序号	质量检验要求
2	聚羧酸系高性能减水剂进场检验项目应包括 pH 值、密度(或细度)、含固量(或含水率)、减水率,早强型聚羧酸系高性能减水剂应测 1d 抗压强度比,缓凝型高效减水剂还应检验凝结时间差
3	聚羧酸系高性能减水剂进场时,初始或经时坍落度(或扩展度)应按进场检验批次,采用工程实际使用的原材料和配合比与上批留样进行平行对比试验,其允许偏差应符合现行国家标准《混凝土质量控制标准》(GB 50164—2011)的有关规定

二、《聚羧酸系高性能减水剂》的规定

根据现行的行业标准《聚羧酸系高性能减水剂》(JG/T 223—2007)中的规定,"聚羧酸系"高性能减水剂系指由含有羧基的不饱和单体和其他单体共聚而成,使混凝土在减水、增强、收缩及环保等方面具有优良性能的系列减水剂。

(一)"聚羧酸系"高性能减水剂的分类

"聚羧酸系"高性能减水剂按照产品的类型,可分为非缓凝型(FHN)和缓凝型(HN)两类;"聚羧酸系"高性能减水剂按照产品的形态,可分为液体(Y)和固体(G)两类;"聚羧酸系"高性能减水剂按照产品的级别,可分为一级品(Ⅰ)和

合格品（Ⅱ）。

（二）"聚羧酸系"高性能减水剂的化学性能

（1）"聚羧酸系"高性能减水剂的化学性能，应符合表 4-4 中的要求。

"聚羧酸系"高性能减水剂的化学性能 表 4-4

序号	试验项目	性能指标			
		非缓凝型（FHN）		缓凝型（HN）	
		一级品（Ⅰ）	合格品（Ⅱ）	一级品（Ⅰ）	合格品（Ⅱ）
1	甲醛含量(折合固体含量计,%),不大于	0.05			
2	氯离子含量(折合固体含量计,%),不大于	0.60			
3	总碱量（$Na_2O+0.658K_2O$）（折合固体含量计,%），不大于	15.0			

（2）"聚羧酸系"高性能减水剂的匀质性能。"聚羧酸系"高性能减水剂的匀质性能，应符合表 4-5 中的要求。

"聚羧酸系"高性能减水剂的匀质性能 表 4-5

序号	试验项目	性能指标
1	固体含量	对液体"聚羧酸系"高性能减水剂:$S<$20%时,$0.90S \leqslant X < 1.10S$;$S \geqslant 20\%$时,$0.95S \leqslant X < 1.05S$。$S$ 是生产厂家提供的固体含量(质量分数),%;X 是测试的固体含量(质量分数),%
2	含水率	对固体"聚羧酸系"高性能减水剂:$W \geqslant 5\%$时,$0.90W \leqslant X < 1.10W$;$W < 5\%$时,$0.80W \leqslant X < 1.20W$。$W$ 是生产厂家提供的含水量(质量分数),%;X 是测试的含水量(质量分数),%
3	细度	对固体"聚羧酸系"高性能减水剂,其0.080mm 筛的筛余量应小于 15%
4	pH 值	应在生产厂家控制值的 ± 1.0 之内
5	密度	对液体"聚羧酸系"高性能减水剂,密度测试值波动范围应控制在 ± 0.01g/L 之内
6	水泥净浆流动度	不应小于生产厂家控制值的 95%
7	砂浆减水率	不应小于生产厂家控制值的 95%

注:水泥净浆流动度和砂浆减水率可选其中的一项。

(三)掺加"聚羧酸系"高性能减水剂混凝土的性能

掺加"聚羧酸系"高性能减水剂混凝土的性

93

能，应符合表 4-6 中的要求。

掺加"聚羧酸系"高性能减
水剂混凝土的性能　　　　表 4-6

序号	试验项目		性能指标			
			非缓凝型 （FHN）		缓凝型 （HN）	
			一级品 （Ⅰ）	合格品 （Ⅱ）	一级品 （Ⅰ）	合格品 （Ⅱ）
1	减水率（%），不小于		25	25	25	18
2	"泌水率"比（%），不大于		60	70	60	70
3	含气量（%），不大于		6.0			
4	1h 坍落度保留值（mm）， 不小于		—		150	
5	凝结时间差（min）		−90～+120		＞+120	
6	抗压强度比 （%）不小于	1d	170	150	—	
		3d	160	140	155	135
		7d	150	130	145	125
		28d	130	120	130	120
7	28d 收缩率比（%）， 不大于		100	120	100	120
8	对钢筋的锈蚀作用		对钢筋无锈蚀作用			

三、《高强高性能混凝土用矿物外加剂》的规定

在混凝土搅拌过程中加入的、具有一定细度和活性的、用于改善新拌和硬化混凝土性能（特别是混凝土耐久性）的某些矿物类的产品，称为高强高性能混凝土用矿物外加剂。实际上就是高强高性能混凝土用的矿物掺合料。主要品种有：磨细矿渣、硅灰、磨细粉煤灰、磨细天然沸石及复合矿物外加剂。

根据现行国家标准《高强高性能混凝土用矿物外加剂》（GB/T 18736—2002）中规定，在混凝土搅拌过程中加入的、具有一定细度和活性的、用于改善新拌合硬化混凝土性能（特别是混凝土的耐久性）的某些矿物类的产品，其代号为 MA。

（一）高强高性能混凝土用矿物外加剂的分类

用于配制高强高性能混凝土的矿物外加剂，主要有磨细矿渣、硅灰、磨细粉煤灰、磨细天然沸石等。

（1）磨细矿渣系指粒状高炉矿渣经干燥，粉磨等工艺达到规定细度的产品，磨细时可添加适量的石膏和水泥粉磨工艺用的外加剂。

（2）"硅灰"系指铁合金在冶炼硅铁和工业硅（金属硅）时，矿热电炉内产生出大量挥发性很强的 SiO_2 和 Si 气体，气体排放后与空气迅速氧化冷凝沉淀而成的物质。

（3）磨细粉煤灰系指干燥的粉煤灰经过粉磨后达到规定细度的产品，磨细时可添加适量的水泥粉磨工艺用的外加剂。

（4）磨细天然沸石系指以一定品位纯度的天然沸石为原料，经过粉磨后达到规定细度的产品，磨细时可添加适量的水泥粉磨工艺用的外加剂。

（二）高强高性能混凝土用矿物外加剂的性能

高强高性能混凝土用矿物外加剂的性能，应符合表 4-7 中的要求。

高强高性能混凝土用矿物外加剂的技术性能　　表 4-7

性能类别	试验项目	磨细矿渣			磨细粉煤灰		磨细天然沸石		"硅灰"
		Ⅰ	Ⅱ	Ⅲ	Ⅰ	Ⅱ	Ⅰ	Ⅱ	
化学性能	MgO（%）≤	14			—		—		
	SO_3（%）≤	4			3				
	烧失量（%）≤	3			5	8			
	Cl（%）≤	0.02			0.02		0.02		0.02
	SiO_2（%）≥	—			—		—		85
	"吸铵值"（沸石）（mmol/100g）≥	—			—		130	100	—

96

性能类别	试验项目		磨细矿渣			磨细粉煤灰		磨细天然沸石		"硅灰"
			Ⅰ	Ⅱ	Ⅲ	Ⅰ	Ⅱ	Ⅰ	Ⅱ	
物理性能	比表面积(m²/kg) ≥		750	550	350	600	400	700	500	15000
	含水率(%) ≤		1.0			1.0		—	—	3.0
"胶砂"性能	需水量比(%) ≤		100			95	105	110	115	125
	活性指数(%)	3d	85	70	55	—	—	—	—	—
		7d	100	85	75	80	75	—	—	—
		28d	110	105	100	90	85	90	85	85
总碱量	各种矿物外加剂均应测定其总碱量。根据工程要求,由供需双方商定供货指标									

第三节　高性能减水剂主要品种及性能

生产聚羧酸系高性能减水剂所用的主要原料有:甲氧基聚醚(MPEG)、烯丙基聚醚(APEG)、甲基丁烯基聚醚(TPEG)、甲基烯丙基聚醚(HPEG)、丙烯酸、甲基丙烯酸、顺丁烯二酸酐等。聚羧酸系高性能减水剂主要原材料、主要控制指标及检测方法见表4-8。

聚羧酸系高性能减水剂主要原材料、主
要控制指标及检测方法　　　　表 4-8

原材料名称	控制指标	检测方法	贮存注意事项
MPEG	羟值 (mgKOH/g)	《非离子表面活性剂羟值的测定》GB/T 7383—2007	贮存时远离火种、防止阳光曝晒。遇明火或高热可引起燃烧，避免接触水分
	色度	《液体化学产品颜色测定方法》（Hazen 单位-铂-钴色号）GB 3143—1982	
	pH 值 (25℃)	《表面活性剂　水浴液 pH 值的测定　电位法》GB/T 6368—2008	
	水含量(%)	《表面活性剂　含水量的测定》GB/T 11275—2007	
APEG TPEG HPEG	羟值 (mgKOH/g)	《非离子表面活性剂　羟值的测定》GB/T 7383—2007	贮存时远离火种、高温、高热和氧化剂，防止阳光曝晒
	双键保留率(%)	《塑料　聚醚多元醇　第 6 部分：不饱和度的测定》GB/T 12008.6—2010 《表面活性剂　碘值的测定》GB/T 13892—2012	
	pH 值 (25℃)	《表面活性剂　水浴液 pH 值的测定　电位法》GB/T 6368—2008	
	水含量(%)	《表面活性剂　含水量的测定》GB/T 11275—2007	

原材料名称	控制指标	检测方法	贮存注意事项
丙烯酸	含量(%)	《工业丙烯酸纯度测定气相色谱法》GB/T 17530.1—1998	本品具有较强的腐蚀性和毒性，对皮肤有刺激性。贮存在 15～25℃以下阴凉、通风的库房内，远离火种、热源、氧化剂，防止阳光曝晒。遇明火或高热可引起燃烧爆炸，遇高温容易自聚
	阻聚剂(×10⁻⁶)	《工业丙烯酸及酯中阻聚剂的测定》GB/T 17530.5—1998	
	水含量(%)	《表面活性剂 含水量的测定》GB/T 11275—2007	
甲基丙烯酸	含量(%)	《工业丙烯酸纯度测定 气相色谱法》GB/T 17530.1—1998	
	阻聚剂(×10⁻⁶)	《工业丙烯酸及酯中阻聚剂的测定》GB/T 17530.5—1998	
	水含量(%)	《表面活性剂 含水量的测定》GB/T 11275—2007	
顺丁烯二酸酐	含量(%)	《工业用顺丁烯二酸酐》GB/T 3676—2008	贮存于干燥通风的库房内，防火、防潮、防雨淋、日晒

一、常规聚羧酸系高性能减水剂性能特点

（一）聚羧酸系高性能减水剂分散作用机理

聚羧酸系高性能减水剂是由一定长度的活性聚

醚大单体与含有羧酸、磺酸等官能团的不饱和单体共聚而成的梳形接枝共聚物分散剂，分散作用的机理如图 4-1 所示。在主链上的羧酸、磺酸等极性基团提供吸附点，长聚醚侧链提供空间位阻效应，从而赋予共聚物良好的分散性能。

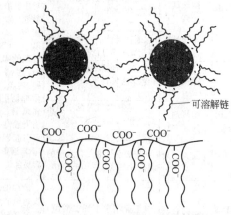

可溶解链

图 4-1　聚羧酸系高性能减水剂分散作用机理

（二）聚羧酸系高性能减水剂主要性能特点

与掺加萘系等第二代高效减水剂的混凝土性能相比，掺加聚羧酸系高性能减水剂的混凝土具有显著的性能特点。从聚羧酸系高性能减水剂和萘系高

100

效减水剂的总体性能比较来看，聚羧酸系高性能减水剂掺量较低、减水率高、保坍性能好、增强效果好，而且能有效降低混凝土的干燥收缩。另外，梳形接枝共聚物分子结构可变性大，可以根据用户不同的性能要求，设计不同功能的产品，满足不同的工程需要。部分性能特点已被许多检验结果和工程实践所证实，有些还需用进一步研究。聚羧酸系高性能减水剂和萘系高效减水剂的总体性能比较见表 4-9；聚羧酸系高性能减水剂的主要性能见表 4-10。

聚羧酸系高性能减水剂和萘系高效
减水剂的总体性能比较　　表 4-9

性能名称	萘系高效减水剂	聚羧酸系高性能减水剂
有效成分掺量	$0.30\% \sim 1.0\%$	$0.10\% \sim 0.40\%$
减水率	$15\% \sim 25\%$	最高可达 50%
保坍落度性能	坍落度损失较大	90min 基本不损失
增强效果	$120\% \sim 135\%$	$140\% \sim 250\%$
混凝土收缩率	$120\% \sim 135\%$	$80\% \sim 115\%$
结构可调性	不可调	结构可变性多,高性能化潜力大
作用机理	静电排斥	空间位阻为主
钾钠离子含量	$5\% \sim 15\%$	$0.2\% \sim 1.5\%$

性能名称	萘系高效减水剂	聚羧酸系高性能减水剂
环保性能及其他有害物质含量少	环保性能差,生产过程使用大量甲醛、萘等有害物质,成品中也还有一定量的有害物质	在生产和使用过程中均不含任何有害物质,环保性能优异,是值得推广应用的高性能减水剂

聚羧酸系高性能减水剂的主要性能 表 4-10

序号	项目	性能特点
1	掺量低、减水率高	按固体掺量计,聚羧酸高性能减水剂的常用掺量为胶凝材料重量的 0.2% 左右,为萘系减水剂用量的 1/3 左右。目前减水剂按照《混凝土外加剂》(GB 8076—2008)测定其减水率,一般均为 25%～30% 之间,在接近极限掺量 0.5% 时,减水率可达 45% 以上。根据最新报道,聚羧酸高性能减水剂的减水率可达到 60%。与萘系减水剂相比,减水率大幅度提高,掺量大大降低,并且带入混凝土中的有害成分大幅度减少,单方混凝土成本明显低于萘系减水剂,从而最大限度地降低水泥用量,提高混凝土强度和改善混凝土耐久性
2	混凝土的和易性好	掺加聚羧酸高性能减水剂的混凝土抗泌水性能和抗离析性能也很好,泵送阻力比较小,便于混凝土的输送;混凝土的表面无泌水线、无大的气泡、色差比较小;特别适合于外观质量要求较高的混凝土

序号	项目	性能特点
3	坍落度损失比较小	尽管混凝土拌合物流动性保持性能好是聚羧酸高性能减水剂的显著特点之一,但由于我国水泥品种繁多,水泥和骨料质量地区差异很大,所以聚羧酸高性能减水剂仍然存在对水泥矿物组成、水泥细度、石膏形态和掺量、外加剂添加量和添加方法、配合比、用水量以及混凝土拌合工艺的适应性问题。许多对比试验和工程实践证明:在同样原材料条件下,掺聚羧酸高性能减水剂混凝土拌合物的流动性和流动保持性要明显好于萘系减水剂。当然对于某些适应性不好的水泥品种,仍然可以通过复配缓凝剂或聚羧酸系保坍组分,甚至可以通过调整分子结构来加以解决
4	混凝土增强效果好	按照《混凝土外加剂》(GB 8076—2008)规定检测了国内外 11 种聚羧酸高性能减水剂产品的抗压强度比,与掺萘系减水剂的混凝土相比,掺聚羧酸高性能减水剂的混凝土各龄期的抗压强度比均有较大幅度提高。以 28d 抗压强度比为例:掺萘系减水剂的混凝土 28d 抗压强度比一般都在 130%左右,而掺聚羧酸高性能减水剂的混凝土抗压强度比一般混凝土都在 150%左右。并且在掺加了粉煤灰、矿渣等矿物掺合料后,其增强效果更佳。另外,由于聚羧酸分子结构的多变性,可以通过分子结构设计开发出超早强型聚羧酸外加剂,其强度性能与基准相比,12h 的抗压强度比达 400%,1d 的混凝土抗压强度可达到 28d 强度的 40%～60%

103

序号	项目	性能特点
5	混凝土的收缩率低	掺聚羧酸高性能减水剂的混凝土体积的稳定性与掺萘系减水剂的混凝土相比有较大提高。按照《混凝土外加剂》(GB 8076—2008)规定检测了国内外 11 种聚羧酸高性能减水剂产品的 28d 收缩率比。11 种样品中掺聚羧酸高性能减水剂的混凝土收缩率的平均值为 102%,最低收缩率为 91%。而对于掺萘系减水剂的混凝土,国家标准规定 28d 收缩率不大于 135%。很显然聚羧酸高性能减水剂有利于混凝土耐久性的提高。如果以原材料和工艺方面进行优化,再加入适当比例的减缩组分,可以开发出具有减缩功能的聚羧酸高性能减水剂,其减缩、抗裂效果甚至可以和减缩剂相当,但掺量仅为减缩剂的 1/10 左右
6	减水剂中总碱量低	检测结果表明:以上国内外 11 种聚羧酸高性能减水剂产品的总碱量平均值为 1.35%,与萘系等第二代高效减水剂相比,单方混凝土中带入的总碱量仅为数十克,大大降低了外加剂引入混凝土中碱含量,从而最大程度上避免发生碱-骨料反应的可能性,提高了混凝土的耐久性

序号	项目	性能特点
7	生产和使用环境好	聚羧酸高性能减水剂合成生产过程中,不使用甲醛和其他任何有害的原材料,生产和长期使用过程中对人体无危害,对环境不造成任何污染。而萘系等第二代高效减水剂是一类对环境污染较大的化工合成材料,并且其污染是持续性的,在生产和使用的过程中均存在,无法避免。在缩合中残余有甲醛,在配制混凝土后产品中残留的甲醛等有害物质会从混凝土中缓慢逸出,对环境造成污染
8	对钢筋无腐蚀性	不含氯离子聚羧酸高性能减水剂中不含氯离子,因此对钢筋无腐蚀性

二、聚羧酸系高性能减水剂对混凝土的影响

在通常情况下,聚羧酸系高性能减水剂常用掺量为水泥用量的 $0.7\%\sim1.3\%$,配制超高强混凝土时,掺量可提高到 $1.5\%\sim1.8\%$,在混凝土配合比固定的情况下,增大聚羧酸系高性能减水剂的掺量,坍落度的保持能力明显增强,但减水率提高比较小,掺量过高甚至会出现严重的离析和泌水现象;此外随着掺量的增加,混凝土凝结时间会延长。当掺量太低时,新拌混凝土坍落度保持能力会下降。聚羧酸系高性能减水剂掺量对混凝土的影响主要包括:掺量对新拌混凝土性能的影响和掺量对

硬化混凝土性能的影响。

（一）掺量对新拌混凝土性能的影响

不同掺量的聚羧酸系高性能减水剂对新拌混凝土性能的影响见表 4-11。按照《混凝土外加剂》（GB 8076—2008）规定的标准，以基准混凝土在坍落度为 21±1cm 为基准，加水量则以控制坍落度为 21±1cm 为准。

不同掺量的聚羧酸系高性能减水剂对新拌混凝土性能的影响 表 4-11

减水剂掺量（%）	减水率（%）	坍落度/扩展度经时变化（cm）		凝结时间（min）		含气量（%）	泌水率（%）
		0min	60min	初凝	终凝		
—		21.1	—	435	555	1.4	8.6
0.15	21.8	20.8/40.0	19.5/38.0	620	790	1.9	1.0
0.18	27.3	21.0/41.0	19.8/39.0	680	830	2.1	1.5
0.20	31.2	21.0/42.0	20.0/41.0	610	810	2.5	0.5
0.25	34.1	21.3/41.0	21.5/44.0	670	880	2.9	0
0.30	36.9	21.0/42.0	21.5/46.0	725	910	2.9	0
0.35	39.8	21.2/42.0	22.5/48.0	805	1002	3.1	1.5
0.40	40.8	21.5/42.0	23.0/49.0	915	1155	3.3	2.3

试验结果表明：当外加剂掺量为水泥用量的 0.15% 时，就具有 20% 的减水率，其减水率超过目

前市场上的一般萘系高效减水剂的水平；当掺量大于水泥用量的 0.30％时，减水率可以达到 30％。当外加剂掺量增加时，减水率也随之增加，但增加的幅度不是很大，而坍落度保持能力更趋稳定，新拌混凝土无论 1h 的坍落度或扩展度都增大；但当外加剂掺量太高时，混凝土会出现一定的泌水。当掺量大于水泥用量的 0.15％时，无论坍落度或扩展度都不损失。在实际应用中，如果胶凝材料增加，实际减水率会增大，尤其是在有矿物掺合料时，其流动性能比掺萘系高效减水剂改变更为明显。

（二）掺量对硬化混凝土性能的影响

聚羧酸系高性能减水剂掺量对硬化混凝土性能的影响主要包括：对混凝土抗压强度的影响、对混凝土其他力学性能的影响、对混凝土收缩性能的影响。

（1）对混凝土抗压强度的影响。不同掺量聚羧酸系高性能减水剂对混凝土抗压强度的影响见表4-12。

不同掺量聚羧酸系高性能减水剂
对混凝土抗压强度的影响 表 4-12

减水剂掺量(%)	混凝土抗压强度(MPa)及抗压强度比(%)			
	3d	7d	28d	90d
—	16.0/100	28.9/100	35.0/100	37.4/100

减水剂掺量(%)	混凝土抗压强度(MPa)及抗压强度比(%)			
	3d	7d	28d	90d
0.15	31.1/194	46.5/161	59.7/171	58.4/156
0.18	39.1/244	60.0/208	71.7/205	78.5/210
0.20	40.5/253	63.0/218	74.7/213	83.9/224
0.25	40.0/250	65.0/225	75.1/214	85.9/230
0.30	40.3/252	67.0/232	73.5/210	80.4/215
0.35	42.1/263	77.0/266	72.6/207	83.0/222
0.40	39.2/245	70.0/242	75.3/215	78.4/210

注：表中除基准混凝土的抗压强度外，其余各栏中的数据，斜线前面的数值表示混凝土的抗压强度，斜线后面的数值表示该混凝土的抗压强度与基准混凝土的抗压强度的比值。

试验结果表明：聚羧酸系高性能减水剂具有很好的增强效果。掺加聚羧酸系高性能减水剂，可使混凝土的抗压强度得到迅速提高，尤其是其早期强度，在掺量为水泥用量的 0.15% 时，3d 的抗压强度增加可达 194%；在其他掺量的情况下，混凝土抗压强度增加幅度均达到 200% 以上。同时，不同龄期混凝土抗压强度的增加幅度也是非常明显的。根据试验结果，混凝土 3d 的抗压强度提高 80%～

150%，7d 的抗压强度提高 50%～150%，28d 的抗压强度提高 50%～100%，90d 的抗压强度提高 50%～150%。由此可见，掺聚羧酸系高性能减水剂的混凝土抗压强度，不仅具有相当高的早期强度，其后期强度也有大幅度的提高，并且在不断稳定增长。这样的增长幅度在混凝土工程应用中是非常突出的。

按照《混凝土外加剂》（GB 8076—2008）规定的标准，检测了我国不同厂家生产的聚羧酸系高性能减水剂与掺加传统的萘系高效减水剂混凝土抗压强度比（见表 4-13）。从表 4-13 可以看出，聚羧酸系高性能减水剂增强效果比较明显，掺加该减水剂后，混凝土无论是早期强度或中后期强度增长都比较明显，这对配制高强高性能混凝土是十分有利的。

（2）对混凝土其他力学性能的影响。按照《混凝土外加剂》（GB 8076—2008）规定的标准，也检测了我国不同厂家生产的聚羧酸系高性能减水剂与掺加传统的萘系高效减水剂对混凝土其他力学性能的影响（见表 4-14）。从表 4-14 可以看出，掺聚羧酸系高性能减水剂的混凝土抗压强度、抗拉强度、抗折强度及静压弹模，与掺萘系高效减水剂的混凝土基本相当，并没有不利的影响。

聚羧酸减水剂与萘系减水剂混凝土抗压强度及抗压强度比　　　　表 4-13

外加剂	掺量(%)	水灰比	减水率(%)	混凝土抗压强度(MPa)及抗压强度比(%)					
				R1	R3	R7	R28	R90	R180
基准	—	0.550	—	8.1/100	19.7/100	27.7/100	37.3/100	44.4/100	48.9/100
PC1	0.20	0.395	25.3	19.6/242	41.4/210	52.1/188	70.0/188	78.2/176	81.6/167
PC2	0.20	0.410	24.6	15.7/194	37.7/191	46.7/169	65.9/177	65.0/146	73.5/150
PC3	0.20	0.390	26.9	12.0/148	32.6/166	43.6/157	53.9/145	64.1/144	68.7/140
FDN	0.50	0.410	25.3	10.4/129	33.9/172	44.6/161	57.3/154	65.5/148	63.7/130

外加剂对混凝土其他力学性能的影响   表 4-14

外加剂	掺量 (%)	水灰比	减水率 (%)	其他力学性能			
				抗压强度 (MPa)	抗拉强度 (MPa)	抗折强度 (MPa)	静压弹模 (GPa)
基准	—	0.550	—	24.2	2.31	2.93	22.3
PC1	0.20	0.395	25.3	43.8	3.43	4.45	48.4
PC2	0.20	0.410	24.6	45.3	3.74	5.02	50.5
PC3	0.20	0.390	26.9	44.7	3.35	4.70	56.8
FDN	0.50	0.410	25.3	36.1	3.60	5.32	44.3

在实际混凝土工程应用中，从使用效果和经济效益两个方面考虑，应选用合适的掺量。对于聚羧酸系高性能减水剂，一般掺量为胶凝材料总用量的 0.12%～0.30%。同时，研究结果表明，如果在混凝土配合比中有大量的矿物掺合料，则掺量可以提高到 0.40%。

（3）对混凝土收缩性能的影响。某省建筑科学研究院对比研究了掺聚羧酸系高性能减水剂和萘系高效减水剂的混凝土干燥收缩和净浆的自收缩，试验结果如图 4-2 所示。图 4-2(a) 的试验结果表明，与萘系高效减水剂增加混凝土干燥收缩不同，掺聚羧酸系高性能减水剂的混凝土的干缩率低于基准混凝土，在通常的掺量下（即水泥用量的 0.20%），掺聚羧酸系高性能减水剂的混凝土的 60d 干缩率，要比掺萘系高效减水剂混凝土低约 40%。

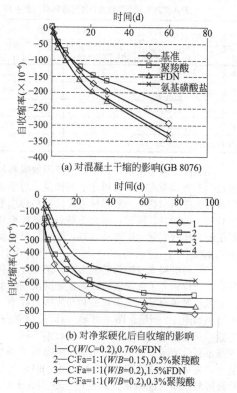

(a) 对混凝土干缩的影响(GB 8076)

(b) 对净浆硬化后自收缩的影响

1—C(W/C=0.2),0.76%FDN
2—C:Fa=1:1(W/B=0.15),0.5%聚羧酸
3—C:Fa=1:1(W/B=0.2),1.5%FDN
4—C:Fa=1:1(W/B=0.2),0.3%聚羧酸

图 4-2 不同种类的外加剂对混凝土收缩性能的影响

图 4-2(b) 的试验结果表明，对于低水胶比的水泥浆体，在掺聚羧酸系高性能减水剂后，其自收缩率要明显低于掺萘系高效减水剂，在相同配比下90d 的自收缩大约可降低 30% 左右，因此，聚羧酸系高性能减水剂在配制高抗裂性高性能混凝土方面，要比传统减水剂具有明显的优势。

第四节 高性能减水剂应用技术要点

根据现行国家标准《混凝土外加剂应用技术规范》（GB 50119—2013）中的规定，聚羧酸系高性能减水剂在施工的过程中应掌握以下技术要点。

（1）聚羧酸系高性能减水剂的相容性试验，应按照现行国家标准《混凝土外加剂应用技术规范》（GB 50119—2013）中附录 A 的方法进行。

（2）聚羧酸系高性能减水剂不应与萘系和氨基磺酸盐高效减水剂复合或混合使用，与其他种类的减水剂复合或混合使用时，应经试验验证，并应满足设计和施工要求后再使用。

（3）聚羧酸系高性能减水剂在运输和贮存时，应采用洁净的塑料、玻璃钢或不锈钢等容器，不宜采用铁质容器。

（4）在高温季节施工时，聚羧酸系高性能减水剂应放置于阴凉处；在低温季节施工时，应对聚羧酸系高性能减水剂采取防冻措施。

（5）聚羧酸系高性能减水剂与引气剂同时使用时，宜分别进行掺加。

（6）含引气剂或消泡剂的聚羧酸系高性能减水剂，在使用前应进行均化处理。

（7）聚羧酸系高性能减水剂应按照混凝土施工配合比规定的掺量进行添加。

（8）使用聚羧酸系高性能减水剂配制混凝土时，应严格控制砂石的含水量、含泥量和泥块含量的变化。

（9）掺加聚羧酸系高性能减水剂的混凝土，宜采用强制式搅拌机均匀搅拌。混凝土搅拌机的最短搅拌时间应符合表 4-15 中的规定。搅拌强度等级 C60 及以上的混凝土时，搅拌时间应适当延长。

混凝土搅拌最短时间（s）　　　　表 4-15

混凝土坍落度（mm）	搅拌机机型	搅拌机出料量(L)		
		＜250	250～500	＞500
≤40	强制式	60	90	120
＞40 且＜100	强制式	60	60	90
≥100	强制式	60		

（10）掺用过其他类型的减水剂的混凝土搅拌

114

机和运输罐车、泵车等设备，应清洗干净后再搅拌合运输掺加聚羧酸系高性能减水剂的混凝土。

（11）使用标准型高性能减水剂或缓凝型高性能减水剂时，当环境温度低于10℃，应采取防止混凝土坍落度的经时增加的措施。

第五章 引气剂及引气减水剂

国内外混凝土实践证明，进入 21 世纪后，混凝土工程发展重点问题之一，就是大力推广引气剂及引气减水剂，以此来改善混凝土的性能和提高混凝土的质量。目前，在日本、北美、欧洲等发达国家，80％以上的混凝土工程都使用引气剂或引气减水剂，而我国混凝土使用引气剂的不足1％。在新的形势下，我国的混凝土工程要与国际接轨，就必须充分重视对混凝土引气剂及引气减水剂的使用。

第一节 引气剂及引气减水剂的选用及适用范围

引气剂是一种能使混凝土在搅拌过程中产生大量均匀、稳定、封闭的微小气泡，从而改善其和易性，并在硬化后仍然能保留微小气泡以改善混凝土抗冻融耐久性的外加剂。优质引气剂还具有改善混凝土抗渗性，以及有利于降低碱-骨料反应产生的危害性膨胀，与减水剂及其他类型的外加剂复合使用，可进一步改善混凝土的性能。

一、引气剂及引气减水剂的选用方法

根据现行国家标准《混凝土外加剂应用技术规范》（GB 50119—2013）中的规定，在混凝土工程中引气剂及引气减水剂的选用方法应符合表 5-1 中的要求。

引气剂及引气减水剂的选用方法　　表 5-1

序号	选 用 方 法
1	混凝土工程可采用下列引气剂：①松香热聚物、松香皂及改性松香皂等松香树脂类；②十二烷基磷酸盐、烷基苯磺酸盐、石油磺酸盐等烷基和烷基芳烃磺酸盐类；③脂肪醇聚氧乙烯磺酸钠、脂肪醇硫酸钠等脂肪醇磺酸盐类；④脂肪醇聚氧乙烯醚、烷基苯酚聚氧乙烯醚等非离子聚醚类；⑤三萜皂甙等皂甙类；⑥不同品种引气剂的复合物
2	混凝土工程中可采用由引气剂与减水剂复合而成的引气减水剂

二、引气剂及引气减水剂的适用范围

混凝土引气剂及引气减水剂的适用范围应符合表 5-2 中的规定。

混凝土引气剂及引气减水剂的适用范围　表 5-2

序号	适 用 范 围
1	引气剂及引气减水剂宜用于有抗冻融要求的混凝土、泵送混凝土和易产生泌水的混凝土

117

序号	适 用 范 围
2	引气剂及引气减水剂可用抗渗混凝土、抗硫酸盐混凝土、贫混凝土、轻骨料混凝土、人工砂混凝土和有饰面要求的混凝土
3	引气剂及引气减水剂不宜用于蒸养混凝土及预应力混凝土。必须使用时,应经试验验证后确定

三、引气剂及引气减水剂的技术要求

(1) 对于抗冻性要求较高的混凝土,必须掺用引气剂或引气减水剂,其掺量应当根据混凝土的含气量要求,通过试验验证加以确定。掺加引气剂及引气减水剂混凝土的含气量,不宜超过表 5-3 的规定。

掺引气剂或引气减水剂混凝土的含气量 表 5-3

粗骨料最大粒径(mm)	混凝土的含气量(%)	粗骨料最大粒径(mm)	混凝土的含气量(%)
10	7.0	40	4.5
15	6.0	50	4.0
20	5.5	80	3.5
25	5.0	100	3.5

注:表中的含气量,混凝土强度等级为 C50 和 C55 时可降低 0.5%,C60 及 C60 以上时可降低 1.0%,但不宜低于 3.5%。

(2) 用于改善新拌混凝土工作性时,新拌混凝土的含气量宜控制在 3%~5%。

（3）混凝土的施工现场含气量和设计要求的含气量允许偏差为±1.0%。

第二节 引气剂及引气减水剂的质量检验

为了充分发挥引气剂及引气减水剂引气抗冻、抗渗、泵送等多功能作用，确保其质量符合国家的有关标准，对所选用混凝土引气剂及引气减水剂进场后，应按照有关规定和标准进行质量检验。

一、引气剂及引气减水剂的质量检验

根据现行国家标准《混凝土外加剂应用技术规范》（GB 50119—2013）中的规定，混凝土引气剂及引气减水剂的质量检验应符合表 5-4 中的要求。

混凝土引气剂及引气减水
剂的质量检验要求   表 5-4

序号	质量检验要求
1	引气剂及引气减水剂应按每 10t 为一检验批，不足 10t 时也应按一个检验批计。每一检验批取样量不应少于 0.2t 胶凝材料所需用的减水剂量。每一检验批取样应充分混匀，并应分为两等份：其中一份按照《混凝土外加剂应用技术规范》（GB 50119—2013）第 7.4.2 和 7.4.3 条规定的项目及要求进行检验，每检验批检验不得少于两次；另一份应密封留样保存半年，有疑问时，应进行对比检验
2	引气剂及引气减水剂进场检验项目应包括 pH 值、密度（或细度）、含固量（或含水率）、含气量、含气量经时损失，引气减水剂还应检验减水率

序号	质量检验要求
3	引气剂及引气减水剂进场时,含气量应按进场检验批次,采用工程实际使用的原材料和配合比与上批留样进行平行对比试验,初始含气量允许偏差应为±1.0%

二、引气剂及引气减水剂的技术要求

根据现行国家标准《混凝土外加剂应用技术规范》(GB 50119—2013)中的规定,混凝土引气剂及引气减水剂在应用过程中应符合以下技术要求:

(1) 混凝土含气量的试验应采用工程实际使用的原材料和配合比,对有抗冻融要求的混凝土含气量应根据混凝土抗冻等级和粗骨料最大公称粒径等确定,但不宜超过表 5-5 中规定的含气量。

掺引气剂及引气减水剂混凝土含气量极限　　表 5-5

粗骨料最大公称粒径(mm)	混凝土含气量极限值(%)	粗骨料最大公称粒径(mm)	混凝土含气量极限值(%)
10	7.0	25	5.0
15	6.0	40	4.5
20	5.5		

注: 表中的含气量,强度等级为 C50、C55 的混凝土可降低 0.5%,强度等级为 C60 及 C60 以上的混凝土可降低 1.0%,但不宜低于 3.5%。

（2）用于改善新拌混凝土工作性时，新拌混凝土的含气量应控制在 3%～5%。

（3）混凝土现场施工含气量和设计要求的含气量允许偏差应为±1.0%。

三、引气剂及引气减水剂的质量要术

根据现行国家标准《混凝土外加剂》（GB 8076—2008）中的规定，用于混凝土的引气剂及引气减水剂，其质量应符合表 5-6 中的要求。引气剂及引气减水剂匀质性应符合表 5-7 中的要求。

引气剂及引气减水剂质量要求　　表 5-6

序号	项　目		质量指标	
			引气剂	引气减水剂
1	减水率(%)		≥6	≥10
2	泌水率(%)		≤70	≤70
3	含气量(%)		—	≥3.0
4	凝结时间之差(min)	初凝	−90～+120	−90～+120
		终凝		
5	1h经时变化量	坍落度(mm)	—	—
		含气量(%)	−1.5～+1.5	−1.5～+1.5

序号	项　目		质量指标	
			引气剂	引气减水剂
6	抗压强度比(%)	3d	95	115
		7d	95	110
		28d	90	100
7	收缩率比(%)	28d	≤135	≤135
8	相对耐久性(200 次,%)		≥80	—

引气剂及引气减水剂匀质性　　表 5-7

试验项目	技术指标
含固量或含水量	①对于液体外加剂,应在生产厂控制值相对量的 3.0%之内;②对于固体外加剂,应在生产厂控制值相对量的 5.0%之内
密度	对于液体外加剂,应在生产厂所控制值的±0.02g/cm³之内
氯离子含量	应在生产厂所控制值相对量的 5.0之内
水泥净浆流动度	应在生产厂控制值的 95%
细度	0.315mm 筛的筛余应小于 15%
pH 值	应在生产厂控制值±1.0 之内
表面张力	应在生产厂控制值±1.5 之内

122

试验项目	技术指标
还原糖	应在生产厂控制值±3.0之内
总碱量 （$Na_2O+0.658K_2O$）	应在生产厂所控制值相对量的5.0之内
硫酸钠	应在生产厂所控制值相对量的5.0之内
泡沫性能	应在生产厂所控制值相对量的5.0之内
砂浆减水率	应在生产厂控制值±1.5之内

第三节　引气剂及引气减水剂主要品种及性能

引气剂是混凝土工程中的常用外加剂，能够有效降低固相、气相和液相界面张力，提高气泡膜的强度，使混凝土中产生细小均匀分布且硬化后仍能保留的微气泡。这些气泡可以改善混凝土混合料的工作性，提高混凝土的抗冻性、抗渗性和抗侵蚀性。

引气剂的使用是混凝土发展史上的一个重要发现，因为掺加了这类外加剂后，不仅可以改善新拌混凝土的和易性，延长混凝土的使用寿命，而且还可大大提高混凝土的耐久性。在水工、港口、公路、铁路等混凝土中必须掺加引气剂，才能达到混凝土的设计要求的性能。随着外加剂技术及其应用的发展，引气减水剂和高效引气减水剂的应用更为普遍。这些新型的引气减水剂不仅可以避免单独使用引气剂降低混凝土强度的缺点，而且还具有较为全面提高混凝土性能的优点，它的应用必将更为全面地提高混凝土工程的综合社会经济效益。

一、引气剂的种类及性能

引气剂属于表面活性剂的范畴，根据其水溶液的电离性质不同，可分阴离子、阳离子、非离子和两性离子四类，但使用较多的是阴离子表面活性剂。

（一）引气剂的种类

常用于混凝土工程的引气剂主要有：香皂类及松香热聚物类引气剂、烷基苯磺酸盐类引气剂、脂肪醇酸盐类引气剂和其他种类的引气剂。

（1）松香皂及松香热聚物类引气剂。松香皂的主要成分是松香酸钠，由松香和氢氧化钠经皂化反应制成；松香热聚物是松香与苯酚在浓硫酸存在及较高温度下发生缩合和聚合作用，变成分子量较大的物质，再经氢氧化钠处理的产物。

124

（2）烷基苯磺酸盐类引气剂。烷基苯磺酸盐类引气剂包括：十二烷基磺酸钠（SDS）、十二烷基苯磺酸钠（LAS）等。

（3）脂肪醇酸盐类引气剂。脂肪醇酸盐类引气剂包括：脂肪醇聚氧乙烯醚、脂肪醇聚氧乙烯磺酸钠等。

（4）其他种类的引气剂。其他种类的引气剂包括：如烷基苯酚聚氧乙烯醚（OP）、平平加O、烷基磺酸盐、皂角苷类引气剂、脂肪酸及其盐类引气剂等。

工业与民用建筑常用混凝土引气剂见表 5-8。常用松香类引气剂的性状见表 5-9。

工业与民用建筑常用混凝土引气剂　　表 5-8

引气剂类别	掺量 （$C \times \%$）	含气量 （%）	抗压强度比（%）		
			7d	28d	90d
松香皂及松香热聚物	0.003～0.02	3.0～7.0	90	90	90
烷基苯磺酸盐	0.005～0.02	2.0～7.0	—	87～92	90～93
脂肪醇酸盐	0.005～0.02	2.0～5.0	95	94	95
OP 乳化剂	0.012～0.07	3.0～6.0		85	
皂角粉	0.005～0.02	1.5～4.0		90～100	

常用松香类引气剂的性状 表 5-9

引气剂名称	匀质性指标	混凝土砂浆性能	主要用途
松香酸钠	黑褐色黏稠体，pH 值 7.7～8.5，消泡时间长	掺量 0.005%～0.001%，减水率大于 10%，可节省砂浆中 50% 的灰料	耐冻融、抗渗及不泌水离析
改性松香酸盐	粉状，0.63mm 方孔筛余小于 10%	掺量 0.4%～0.8%，减水率 10%～15%，引气量 3.5%～6.0%，300 次快冻耐久性指标 80% 以上	耐冻融、抗渗及泵送，轻骨料混凝土，砌筑砂浆
改性松香热聚物	胶状体，pH 值 7.0～9.0	掺量 0.01%，减水率为 8%～10%，引气量 4.0%～6.0%，28d 强度不降低	耐久性要求高的混凝土
松香胺皂	有效成分 78%，pH 值 7.0～9.0，消泡时间大于 7h	掺量 0.005%～0.02%，抗渗等级大于 P10，抗冻性可提高 12 倍	耐久、抗渗、减水、增强
松香酸盐	棕黄色黏稠液	掺量 0.005%～0.02%，引气量 3.5%～8.5%	要求抗冻抗渗水工及道路工程

（二）引气剂对混凝土性能的影响

混凝土外加剂技术的发展虽然只有五六十年的

126

历史，比混凝土历史短了 100 多年，但它的发展速度却非常快，并且在当今的高性能混凝土技术发展中扮演着重要的角色。我国正处于大规模基础建设时期，高层、大跨度建筑及桥梁等混凝土工程日益增多，这些重大工程的使用寿命直接关系到国计民生，其耐久性至关重要。混凝土耐久性的研究已经成为土木工程领域的研究热点。

在混凝土中掺加引气剂，引入大量均匀、稳定的微小气泡，能够有效改善混凝土的孔结构，能大幅提高混凝土的性能。引气混凝土的折压比比普通混凝土提高约 20%，从而提高了混凝土的韧性和抗裂性；另外加入引气剂是减少混凝土裂纹的一个措施。掺加引气剂的同时还能明显减少混凝土泌水。目前，引气剂作为提高混凝土抗冻性的最主要的技术措施已经被广泛应用于工程实践中，其效果也得到了认可。引气剂对混凝土性能的影响见表 5-10。

引气剂对混凝土性能的影响　　　　表 5-10

序号	影响项目	对混凝土性能影响
1	混凝土和易性	新拌混凝土中引入无数微细的气泡后，流动性和可泵性大大提高，保水性得到改善，泌水率显著降低。一般情况下，混凝土的含气量增加 1%，可提高混凝土坍落度 10mm 左右

序号	影响项目	对混凝土性能影响
2	混凝土抗冻性	掺加引气剂混凝土的抗冻融性比不掺加引气剂混凝土高出 1~6 倍,这样大大延长了混凝土工程结构的使用寿命
3	混凝土抗渗性	混凝土在掺入引气剂或引气减水剂后,可使得混凝土的用水量和泌水沉降收缩减少,体系中的大毛细孔减少,从而减少了水分及其他介质迁移的通道。与此同时,微小气泡的引入占据了混凝土的自由空间,减小了体系中孔隙的连通性,最终使得混凝土的抗渗性得到改善,引气剂的掺入可使混凝土的抗渗性提高 50%以上
4	混凝土弹性模量	掺加引气剂混凝土的弹性模量有所降低,这样就增大了大体积混凝土的变形能力,抗裂性能提高。而对预应力混凝土结构,将会加大预应力损失。所以,预应力混凝土中不宜使用引气剂或引气型外加剂
5	混凝土抗压强度	混凝土中含气量的增加,减少了单位面积内的有效受荷面积,因而使得混凝土强度降低。当水灰比和坍落度相同(减少水泥用量)时,强度也有所降低。掺引气剂混凝土中含气量每增加 1%,其抗压强度约降低 2%~3%,若水灰比保持相同,抗压强度减少 4%~6%,抗折强度降低 2%~3%。各种引气剂对混凝土强度的降低情况不同。在引气量相同的情况下,引入的气泡细小,分布均匀,强度降低就少一些

序号	影响项目	对混凝土性能影响
6	钢筋握裹力	试验结果表明,掺加引气剂的混凝土,对钢筋的握裹力有所降低。当含气量为 4% 时,垂直方向钢筋的握裹力降低 10% ～ 15%
7	混凝土干缩性影响	混凝土收缩的主要影响因素是混凝土的用水量,这方面已被试验结果所证明。在相同配合比的条件下,掺加引气剂的混凝土工程由于引入一定量的气泡,所以干缩性会有所增大,但由于引入气泡后可改善新拌混凝土的和易性,相同坍落度的条件下,可以减少混凝土的用水量,从而减少了由于引气增大干缩的影响。因此,在使用引气剂时又适当减少用水量的场合,对混凝土的干缩影响不会很大

二、引气减水剂的种类及性能

引气减水剂是采用多种表面活性配制而成的缓凝引气高效减水剂。它具有无氯、低碱、缓凝、坍落度损失小,适量掺入引气减水剂可明显地降低混凝土表面张力,改善混凝土的和易性,减少泌水和离析,提高混凝土抗渗性、抗冻融和耐久性等;引气减水剂加入混凝土中可产生均匀稳定并且不易破坏的小气泡,适宜用于港口、码头、水利工程、公路路面、抗冻融、防腐、防渗工程等要求有一定含

129

气量的混凝土。

（一）引气减水剂的特点

引气减水剂是一种兼有引气和减水功能的外加剂。首先，具有引气剂的功能：掺入混凝土后，可以引入无数微细气泡，改善新拌混凝土的和易性，减少混凝土的泌水和沉降，提高混凝土的耐久性和抗侵蚀能力。其次，具有减水剂的功能：掺入混凝土后，可以减水增强，并对混凝土的其他性能普遍改善。

引气减水剂最大的特点是在提高混凝土含气量的同时，不降低混凝土的后期强度。在普遍改善混凝土物理力学性能的基础上，可大大提高混凝土的抗冻融性、抗冻性、抗渗性等耐久性能。具有缓凝作用的引气减水剂，还能有效地控制混凝土的坍落度损失。因此，目前在混凝土中单独使用引气剂的比较少，一般都使用引气减水剂。

（二）引气减水剂的品种与性能

引气减水剂作为一种改善混凝土耐久性的外加剂，也越来越广泛地被使用。我国目前引气减水剂的品种、性能还不能适应我国现代化建设的需要，与国外相比还有相当大的差距。因此，研制开发性能优良、对混凝土强度副作用小、耐久性改善效果好的高性能引气减水剂，已是混凝土工程亟待解决的问题。

目前，在我国的混凝土工程中常用的引气减水剂品种主要有：普通引气减水剂和高效引气减水剂两种。

1. 普通引气减水剂

普通引气减水剂主要是指木钙、木钠、糖钙类减水剂。木质素磺酸盐类减水剂本身就具有减水、引气及缓凝的特点，属于引气减水剂的范畴。如果引气量不够还可以与引气剂复合使用，以增加混凝土的引气量。糖钙减水剂本身只具有缓凝的作用，不具有引气功能，因此可与引气剂或木质素磺酸盐类减水剂复合成引气减水剂。

2. 高效引气减水剂

在混凝土工程中采用的萘系、蒽系、树脂系、氨基磺酸盐系减水剂均属于高效减水剂，它们的减水率都很高。特别是蒽系减水剂（AF）其本身含有引气性，属于高效引气减水剂。其他几种都是非引气性高效减水剂，可与引气剂复合成为高效引气减水剂。

引气减水剂中的引气性随着减水剂掺量的增大而提高，在相同引气量时，则两者分别可减少用量的 $1/3 \sim 1/2$。引气减水剂的效果随着水泥品种、骨料粒径、施工条件不同而改变。使用效果需经过试

131

验来确定。

第四节　引气剂及引气减水剂应用技术要点

(1) 引气减水剂的相容性试验，应按照现行国家标准《混凝土外加剂应用技术规范》 (GB 50119—2013) 中附录 A 的方法进行。

(2) 引气剂及引气减水剂配制溶液时，必须充分溶解，若产生絮凝或沉淀现象，应加热使其溶化后方可使用。

(3) 引气剂宜以溶液掺加，使用时应加入拌合水，引气剂溶液中的水量应当从拌合水中扣除。

(4) 引气剂可与减水剂、早强剂、缓凝剂、防冻剂一起复合使用，配制溶液时如产生絮凝或沉淀现象，应分别配制溶液并分别加入搅拌机内。

(5) 当混凝土的原材料、施工配合比或施工条件发生变化时，引气剂或引气减水剂的掺量应重新进行试验确定。

(6) 检验引气剂和引气减水剂混凝土中的含气量，应在搅拌机出料口进行取样，并应考虑混凝土在运输和振捣过程中含气量的损失。

(7) 掺加引气剂及引气减水剂的混凝土，宜采用强制式搅拌机搅拌，并应确保搅拌均匀，搅拌时间及搅拌量应经试验确定，最少搅拌时间应符合表

4-15 中的规定。出料到浇筑的停放时间不宜过长。采用插入式振捣器振捣时，同一振捣点的振捣时间不宜超过 20s。

（8）检验混凝土的含气量应在施工现场进行。对含气量有设计要求的混凝土，当连续浇筑时，应每隔 4h 现场检验一次；当间歇施工时，应每浇筑 200m³ 检验一次。必要时，可根据实际增加检验的次数。

第六章　混凝土早强剂

混凝土早强剂是指能提高混凝土早期强度，并且对后期强度无显著影响的外加剂。早强剂的主要作用在于加速水泥水化速度，促进混凝土早期强度的发展；既具有早强功能，又具有一定减水增强功能。

第一节　混凝土早强剂的选用及适用范围

混凝土早强剂适用于冬期施工的建筑工程及常温和低温条件下施工有早强要求的混凝土工程。使用混凝土早强剂不仅可以提高混凝土的早期强度，缩短施工工期，而且还可以提高工作效率，提高模板和场地周转率。

工程实践证明，混凝土早强剂是一种专门解决工程中需要尽快或尽早获得水泥混凝土强度问题的专用外加剂，不同品种的早强剂具有不同的性能，适用于不同的范围。

一、混凝土早强剂的选用方法

根据现行国家标准《混凝土外加剂应用技术规范》（GB 50119—2013）中的规定，在混凝土工程中早强剂的选用方法应符合表 6-1 中的要求。

混凝土早强剂的选用方法　　表 6-1

序号	选 用 方 法
1	混凝土工程可采用下列早强剂：①硫酸盐、硫酸复盐、硝酸盐、碳酸盐、亚硝酸盐、氯盐、硫氰酸盐等无机盐类；②三乙醇胺、甲酸盐、乙酸盐、丙酸盐等有机化合物类
2	混凝土工程可采用两种或两种以上无机盐类早强剂，或有机化合物类早强剂复合而成的早强剂

二、混凝土早强剂的适用范围

混凝土早强剂的适用范围应符合表 6-2 中的规定。

混凝土早强剂的适用范围　　表 6-2

序号	适 用 范 围
1	混凝土早强剂宜用于蒸养、常温、低温和最低温度不低于 −5℃ 环境中施工的有早强要求的混凝土工程。炎热条件以及环境温度低于 −5℃ 环境时不宜使用混凝土早强剂
2	混凝土早强剂不宜用于大体积混凝土；三乙醇胺等有机胺类早强剂不宜用于蒸养混凝土
3	无机盐类早强剂不宜用于下列情况： ①处于水位变化区的混凝土结构； ②露天结构及经常受水淋、受水冲刷的混凝土结构； ③相对湿度大于 80% 环境中使用的混凝土结构； ④直接接触酸、碱或其他侵蚀性介质的混凝土结构； ⑤有装饰要求的混凝土，特别是要求色彩一致或表面有金属装饰的混凝土结构

第二节 混凝土早强剂的质量检验

为了充分发挥早强剂能提高混凝土的早期强度、加快工程施工进度、提高模板和施工机具的周转率等多功能作用，确保其质量符合国家的有关标准，对所选用混凝土早强剂进场后，应按照现行国家标准《混凝土外加剂应用技术规范》（GB 50119—2013）中的规定进行质量检验。混凝土早强剂的质量检验要求见表6-3。

混凝土早强剂的质量检验要求　　　表6-3

序号	质量检验要求
1	混凝土早强剂应按每10t为一检验批，不足10t时也应按一个检验批计。每一检验批取样量不应少于0.2t胶凝材料所需用的减水剂量。每一检验批取样应充分混匀，并应分为两等份：其中一份按照《混凝土外加剂应用技术规范》（GB 50119—2013）第8.3.2和8.3.3条规定的项目及要求进行检验，每检验批检验不得少于两次；另一份应密封留样保存半年，有疑问时，应进行行对比检验
2	混凝土早强剂进场检验项目应包括pH值、密度（或细度）、含固量（或含水率）、碱含量、氯离子含量和1d抗压强度比
3	检验含有硫氰酸盐、甲酸盐等早强剂的氯离子含量时，应采用离子色谱法

第三节 混凝土早强剂主要品种及性能

混凝土早强剂是外加剂发展历史中最早使用的外加剂品种之一。到目前为止，人们已先后开发除氯化物盐类和硫酸盐以外的多种早强型外加剂，如亚硝酸盐，铬酸盐等，以及有机物早强剂，如三乙醇胺、甲酸钙、尿素等，并且在早强剂的基础上，生产应用多种复合型外加剂，如早强型减水剂、早强型防冻剂和早强型泵送剂等。这些种类的早强型外加剂都已经在实际工程中使用，在改善混凝土性能、提高施工效率和节约投资成本方面挥了重要作用。

一、无机类早强剂

（一）氯化物早强剂

氯化物早强剂的种类很多，如氯化钾、氯化钠、氯化锂、氯化铵、氯化钙、氯化锌、氯化锡、氯化铁、三氯化铝等，这些氯化物均有较好的早强作用。在实际混凝土工程中最常用的有氯化钙、氯化钠和三氯化铝，常用氯化物早强剂的技术性能见表 6-4。氯化钙掺量与混凝土强度的关系见表 6-5。

常用氯化物早强剂的技术性能　　表 6-4

氯化物早强剂名称	早强剂的技术性能	混凝土性能	早强剂用量 $C \times \%$
氯化钙 (CaCl₂)	$CaCl_2$ 的含量 ≥96% 氯化钙中的含水量 ≤3% 镁及碱金属含量 ≤1% 氯化钙中的水不溶物 ≤0.5%	由于氯化钙掺入钢筋混凝土后，会加速钢筋的锈蚀，所以在施工中应特别注意加强对混凝土的振捣。保护层应有足够的厚度，并掺入亚硝酸钠作为阻锈剂	钢筋混凝土为<1%；素混凝土为<3%
氯化钠 (NaCl)	外观：氯化钠应为白色晶体 NaCl 的含量 ≥95% 氯化钠的比重=2.165 氯化钠水中最大溶解度为0.3kg/L	氯化钠单掺时早强增长不明显，与氯化钙复合为 1∶2 比例的复盐使用时，其掺量不得超过混凝土用水量的 10%；氯化钠与三乙醇胺复合，早强效果比较明显	≤0.3%

138

氯化物早强剂名称	早强剂的技术性能	混凝土性能	早强剂用量 $C×\%$
六水三氯化铝（$AlCl_3 \cdot 6H_2O$）	外观：黄色晶体、易潮解 含量：1级≥94.5%；2级≥87.5% 氧化铁：1级≤0.5%；2级≤2.6% 水不溶物：1级≤0.1%；2级≤0.1%	六水三氯化铝早期具有较强的促凝作用，但混凝土的后期强度偏低，故多与三乙醇胺复合使用，作为防水剂，可以提高混凝土的密实度	1.5%～5.0%

注：1. 表中 C 为混凝土中的水泥用量；

2. 本表摘自某产品企业标准。

氯化钙掺量与混凝土强度的关系　表 6-5

混凝土龄期（d）	普通硅酸盐水泥			矿渣硅酸盐水泥及火山灰质硅酸盐水泥		
	$CaCl_2$掺量（%）			$CaCl_2$掺量（%）		
	1	2	3	1	2	3
2	140	165	200	150	200	200
3	130	150	165	140	170	185

混凝土龄期 （d）	普通硅酸盐水泥			矿渣硅酸盐水泥及火山灰质硅酸盐水泥		
	CaCl₂掺量（%）			CaCl₂掺量（%）		
	1	2	3	1	2	3
5	120	130	140	130	140	150
7	115	120	125	125	125	135
14	105	115	115	115	120	125
28	100	110	110	110	115	120

（二）硫酸盐及硫代硫酸盐早强剂

在混凝土工程中可应用的硫酸盐及硫代硫酸盐早强剂有：硫酸钠、硫酸钙、硫酸铝、硫代硫酸钠和硫代硫酸钙等，其中最常用的是硫酸钠、硫代硫酸钠。

1. 硫酸钠早强剂

硫酸钠早强剂包括无水硫酸钠和十水硫酸钠，它们都是混凝土的优良早强剂，在低气温环境下24h的早强效果比较突出。无水硫酸钠质量指标见表 6-6，十水硫酸钠的技术指标见表 6-7，硫酸钠在水中的溶解度见表 6-8，掺硫酸钠早强剂砂浆及混凝土增强率见表 6-9。

指标项目	质 量 指 标					
	Ⅰ类		Ⅱ类		Ⅲ类	
	优等品	一等品	一等品	合格品	一等品	合格品
硫酸钠质量分数(%)	≥99.3	≥99.0	≥98.0	≥97.0	≥95.0	≥92.0
水不溶物质量分数(%)	≤0.05	≤0.05	≤0.10	≤0.20	—	—
钙镁(以 Mg 计)总含量质量分数(%)	≤0.10	≤0.15	≤0.30	≤0.40	≤0.60	
氯化物(以 Cl⁻计)质量分数(%)	≤0.12	≤0.35	≤0.70	≤0.90	≤2.00	
铁(以 Fe 计)质量分数(%)	≤0.002	≤0.002	≤0.010	≤0.040		
水分质量分数(%)	≤0.10	≤0.20	≤0.50	≤1.00	≤1.50	
白度(R457)(%)	≥85	≥82	≥82	—	—	—

十水硫酸钠的技术指标 表 6-7

指标项目	质量指标		
	一级	二级	三级
硫酸钠质量分数(%)	90	80	70

141

硫酸钠在水中的溶解度

(g/100gH₂O)   表 6-8

水的温度 硫酸钙种类	0℃	10℃	20℃	30℃	40℃
Na₂SO₄	4.5	8.4	17.0	29.47	32.6
Na₂SO₄·7H₂O	19.5	30.0	44.0	—	48.8
Na₂SO₄·10H₂O	5.0	9.0	19.4	40.8	—

掺硫酸钠早强剂砂浆及混凝土增强率 表 6-9

硫酸钠的 用量(水泥 用量的%)	1:3水泥砂浆强度(%)			混凝土强度(%)		
	3d	7d	28d	3d	7d	28d
0.5	149	122	110	—	—	—
1.0	184	128	97	126	110	113
1.5	219	134	96	135	126	114
2.0	238	134	91	140	127	114
3.0	232	125	96	108	93	95

2. 硫代硫酸钠早强剂

根据现行行业标准《工业硫代硫酸钠》(HG/T 2328—2006)中的规定，硫代硫酸钠的质量指标应符合表 6-10 中的要求，掺硫代硫酸钠早强剂混凝土增长率见表 6-11。

硫代硫酸钠的质量指标　表 6-10

指标项目	质量指标	
	优等品	一等品
硫代硫酸钠($Na_2SO_4 \cdot 5H_2O$)质量分数(%)	≥99.0	≥98.0
水不溶物含量质量分数(%)	≤0.01	≤0.03
硫化物(以 Na_2S 计)的质量分数(%)	≤0.001	≤0.003
铁(以 Fe 计)的质量分数(%)	≤0.002	≤0.003
氯化钠(以 NaCl 计)质量分数(%)	≤0.05	≤0.20
pH 值(200g/L 溶液)	6.5～9.5	6.5～9.5

掺硫代硫酸钠早强剂混凝土增长率　表 6-11

硫代硫酸钠早强剂掺量(C×%)	混凝土强度增长率(%)			
	1d	3d	28d	90d
0.0	100	100	100	100
0.5	111	122	110	105
1.0	112	113	109	100
1.5	113	109	100	96
2.0	105	115	94	95

（三）无机盐对水泥性能的影响

有关资料表明，许多列在元素周期第 1 列和第

143

2 列的元素（包括副族），对于水泥都有不同程度的促凝和早强作用，对水泥凝结时间及其他物理性能的影响见表 6-12。表中所列无机盐的浓度均为 0.9mol/L，液固比为 0.27。

无机盐对水泥凝结时间及其
他物理性能的影响

表 6-12

无机盐名称	分子式	分子量	pH 值	扩散度 (mm)	凝结时间 (min)		抗压强度	
					初凝	终凝	1d	28d
基准	—	—	7.00	126	225	360	22.0	73.0
硫酸钠	Na_2SO_4	142.04	7.00	117	180	330	29.3	70.5
氯化钠	NaCl	58.44	7.30	125	120	275	31.6	73.8
溴化钠	NaBr	102.90	7.85	134	160	315	30.6	70.1
碘化钠	NaI	149.89	8.45	142	165	325	18.0	72.4
亚硝酸钠	$NaNO_2$	69.00	7.50	137	170	315	27.5	61.0
硝酸钠	$NaNO_3$	84.99	7.15	130	150	280	24.5	58.5
氯化钾	KCl	74.56	7.35	142	170	305	34.0	74.0
溴化钾	KBr	119.01	7.90	150	205	340	33.0	68.9
碘化钾	KI	166.01	8.60	159	225	360	20.7	63.5
亚硝酸钾	KNO_2	85.11	7.50	154	210	335	28.1	66.3

无机盐名称	分子式	分子量	pH值	扩散度(mm)	凝结时间(min)		抗压强度	
					初凝	终凝	1d	28d
硝酸钾	KNO_3	101.11	7.25	145	180	320	23.2	60.1
氯化铵	NH_4Cl	53.49	6.40	146	140	270	33.6	82.8
溴化铵	NH_4Br	97.95	6.65	154	155	300	29.0	77.1
碘化铵	NH_4I	144.94	7.35	165	180	325	20.3	70.2
亚硝酸铵	NH_4NO_2	64.00	6.90	159	160	295	22.2	68.7
硝酸铵	NH_4NO_3	80.04	6.25	151	170	300	14.8	56.2
氯化铷	$RbCl$	120.92	7.65	150	150	310	28.4	71.2
氯化铯	$CsCl$	168.37	7.90	157	175	335	28.9	73.1
氯化钙	$CaCl_2$	110.99	7.05	130	110	220	37.2	90.3
溴化钙	$CaBr_2$	199.92	7.10	140	135	235	33.1	81.4
碘化钙	CaI_2	293.89	7.95	148	150	250	18.9	70.5
亚硝酸钙	$Ca(NO_2)_2$	132.08	6.65	144	160	250	20.0	76.0
硝酸钙	$Ca(NO_3)_2$	164.15	6.80	135	120	230	18.2	71.8
氯化铝	$AlCl_3$	133.34	6.90	88	15	60	35.5	84.5
硝酸铝	$Al(NO_3)_3$	210.13	6.50	90	15	60	21.0	66.7
硫酸铬	$Cr_2(SO_4)_3$	392.31	5.05	87	20	70	18.1	71.5

无机盐名称	分子式	分子量	pH值	扩散度(mm)	凝结时间(min) 初凝	凝结时间(min) 终凝	抗压强度 1d	抗压强度 28d
氯化铬	CrCl₃	158.45	5.60	92	15	55	35.0	86.2
硝酸铬	Cr(NO₃)₂	238.15	5.45	95	20	60	20.2	68.5
氯化锰	MnCl₂	125.91	5.85	113	35	75	3.7	78.3
硝酸锰	Mn(NO₃)₂	179.04	5.45	117	30	60	2.1	53.4
硫酸铁	Fe₂(SO₄)₃	399.88	5.10	89	10	45	12.7	62.7
硫酸亚铁	FeSO₄	152.05	5.75	91	10	50	8.5	54.2
氯化铁	FeCl₃	162.21	5.50	96	15	45	35.2	82.9
硝酸铁	Fe(NO₃)₃	242.00	5.35	99	10	45	18.3	64.0
氯化锌	ZnCl₂	136.28	6.90	102	20	60	3.5	65.7

二、有机类早强剂

在混凝土工程实践中，实际使用的有机类早强剂要比无机盐早强剂少得多，常用的有机类早强剂主要有羟胺类和羧酸盐类。

（一）羟胺类早强剂

羟胺类早强剂主要包括二乙醇胺、三乙醇胺、三异丙醇胺等，这些早强剂不仅均可以单独用于混凝土中，而且都具有使水泥缓凝但使早期（特别是

1～3d）强度增长快的性能。羟胺类早强减水剂效果最佳的是三乙醇胺复合减水剂，随后依次是三异丙醇胺、二乙醇胺和三乙醇胺。单独使用三乙醇胺时，它是一种缓凝剂，早强效果很不明显，甚至会使混凝土的强度略有降低，水泥水化放热加快。如果将三乙醇胺与无机盐复合使用，尤其是与氯盐复合，才能发挥其早强和增强的作用。

羟胺类的技术性能标准见表 6-13，三乙醇胺对水泥砂浆强度的影响见表 6-14，硫酸盐与三乙醇胺复合强度增长效果见表 6-15，三乙醇胺与氯盐复合对水泥强度增长的效果见表 6-16 和表 6-17，三乙醇胺与氯盐复合对混凝土长龄期影响见表 6-18。

羟胺类的技术性能标准　　　表 6-13

羟胺类名称	相对密度	沸点（℃）	熔点（℃）	纯度	色度	含水率（%）	产品外观
三乙醇胺	1.120～1.130	360.0	21.2	≥85	≤30（ρ_t/C_0）	≤0.5	略有氨味，吸潮性强，无色液体
二乙醇胺	1.090～1.097	269.1	28.0	≥85	≤10（ρ_t/C_0）	≤0.1	无色透明液体，吸湿、稍有氨味

147

羟胺类名称	相对密度	沸点(℃)	熔点(℃)	纯度	色度	含水率(%)	产品外观
三异丙醇胺	0.992~1.019	248.7	12.0	≥75	≤50 (ρ_t/C_0)	≤0.5	呈碱性,淡黄色稠液体

三乙醇胺对水泥砂浆强度的影响　表 6-14

掺量(%)	抗压强度比(%)			掺量(%)	抗压强度比(%)		
	3d	7d	28d		3d	7d	28d
0	100	100	100	0.06	36	89	112
0.02	140	129	113	0.08	20	96	106
0.04	132	129	120	0.10	16	43	106

三乙醇胺与硫酸盐复合对水泥
强度增长的效果　表 6-15

水泥品种	外加剂掺量(%)			抗压强度比(%)			
	三乙醇胺	硫酸钾	硫酸钠	2d	3d	7d	28d
普通硅酸盐水泥	0	0	0	100	100	100	100
	0.02	2.0	0	161	165	98	88
普通硅酸盐水泥	0	0	0	100	100	100	100
	0.02	1.5	0	134	132	119	101
	0.02	0	1.0	153	145	120	92

水泥品种	外加剂掺量(%)			抗压强度比(%)			
	三乙醇胺	硫酸钾	硫酸钠	2d	3d	7d	28d
普通硅酸盐水泥	0		0	100	100	100	100
	0.05	2.0	0	153	126	102	94
	0.05	0	2.0	153	123	100	82

三乙醇胺与氯盐复合对混凝
土强度增长效果　　　表 6-16

早强剂(C×%)		普通硅酸水泥混凝土				矿渣硅酸盐水泥混凝土			
三乙醇胺	氯化钠	1d	3d	7d	28d	1d	3d	7d	28d
0.03	0.15	—				—	130	112	121
0.03	0.30	180	151	121	104	—	143	107	123

注：1. 表中以不掺早强剂的空白混凝土同龄期强度
为 100；

2. C 为混凝土的水泥用量。

三乙醇胺与氯盐复合对混凝土
强度增长效果比较　　　表 6-17

水泥品种	早强组分掺量(%)			抗压强度比(%)					
	三乙醇胺	氯化钠	亚硝酸钠	2d	3d	5d	7d	10d	28d
哈尔滨 PO 水泥	0	0	0	100	100	100	100	—	100
	0.05	0.5	0	162	153	134	131	—	116
	0.05	0.5	1	167	175			—	116

水泥品种	早强组分掺量(%)			抗压强度比(%)					
	三乙醇胺	氯化钠	亚硝酸钠	2d	3d	5d	7d	10d	28d
北京 PS 水泥	0	0	0	—	100	100	100	100	100
	0.05	0.5	0	—	143	123	134	128	135
	0.05	0.5	1	—	157	130	146	148	135

三乙醇胺与氯盐复合对混凝土长龄期影响　　　　表 6-18

外加剂 (C×%)	抗压强度比(%)					水灰比 (W/C)	坍落度 (mm)	含气量 (%)
	28d	1a	2a	3a	6a			
不掺外加剂	100	197		210	226	0.70	37	1.7
三乙醇胺	109	189	209	223		0.70	52	2.1

注：表 6-14、表 6-15 和表 6-16 均摘自石人俊著《混凝土外加剂性能及应用》。

（二）羧酸盐类早强剂

若干小分子量羧酸盐也是性能较好的早强剂，这类早强剂在国外应用比较多，在我国由于资源较缺乏，国内应用比较少。混凝土工程中采用的羧酸盐类早强剂主要有乙酸钠、甲酸钙等，在实际工程中最常用的是甲酸钙。

甲酸钙化学式为 $Ca(HCOO)_2$，呈白色结晶或粉末，略有吸湿性，味微苦，中性，无毒，溶于水，水溶液呈中性。甲酸钙的溶解度随温度的升高变化不大，在 0℃ 时为 16g/100g 水，100℃ 时 18.4g/100g 水。比重：在20℃时为 2.023，堆密度 900~1000g/L。加热分解温度大于 400℃。甲酸钙的早强作用见表 6-19。

甲酸钙的早强作用
表 6-19

$Ca(HCOO)_2$ 或 NaNO₃ 掺量($C\times\%$)	$Ca(HCOO)_2$		$Ca(HCOO)_2$ 或 NaNO₃ 掺量($C\times\%$)	$Ca(HCOO)_2$	
	3d	28d		3d	28d
0	100	100	1.00	106	108
0.25	107	105	1.50	109	111
0.50	106	104	2.00	113	114

三、复合早强剂

各种早强剂都具有其优点和局限性。如果将不同的早强剂复合使用，可以做到扬长避短、优势互补，不但能显著提高混凝土的早期强度，而且后期强度也得到一定提高。因此使用复合早强剂不但可显著提高混凝土的早期强度，而且可大大拓展早强剂的应用范围。

（1）三乙醇胺-硫酸盐复合早强剂

硫酸盐是目前至今后相当长的时间内仍可能最大量使用的无机早强剂，三乙醇胺是当前使用最为广泛的有机早强剂，将两者复合使用，其早强效果往往大于三乙醇胺和硫酸盐单独使用的算术叠加值。在低温环境下使用，效果更为明显，不仅早期强度有显著增加，而且后期强度基本不降低、三乙醇胺-硫酸盐复合早强剂效果比较见表6-20。

三乙醇胺-硫酸盐复合早强剂效果比较　表 6-20

养护温度（℃）	早强剂掺量（C×%）		终凝时间（min）	相对强度（%）				混凝土外观质量
	硫酸钠	三乙醇胺		12h	1d	7d	28d	
25~30	0	0	435	100	100	100	100	良好
	1.5	0	385	234	172	124	100	良好
	2.0	0	365	241	179	126	102	良好
	0	0.03	360	234	158	121	98	良好
	0	0.05	365	228	156	126	94	良好
5~8	0	0	542	100	100	100	100	良好
	1.5	0	535	109	109	103	95	良好
	2.0	0	525	109	115	106	102	泛霜
	0	0.03	540	100	116	102	100	良好
	0	0.05	545	82	105	104	98	良好
	1.5	0.03	467	500	234	141	102	良好
	2.0	0.03	455	619	235	152	103	良好

三乙醇胺与硫酸钠复合时，其适宜掺量为0.02%～0.05%，硫酸钠的适宜掺量为1%～3%，根据环境温度、水泥品种以及混凝土配合比来确定最佳掺量。试验证明，也可以用三异丙醇胺、二乙醇胺等来代替三乙醇胺来复合，还可以用三乙醇胺的残渣来代替。

（2）三乙醇胺-氯盐复合早强剂

三乙醇胺-氯盐复合早强剂对于大多数水泥都具有较好的适应性，其早期强度的增长值都超过其各单组分增强值的算术叠加，但28d强度略低于算术叠加值或持平，三乙醇胺-氯盐复合早强剂增强效果比较见表6-21。因掺加氯盐会加速钢筋的锈蚀，对于预应力以及潮湿环境中的钢筋混凝土结构往往还复合阻锈剂（$NaNO_2$）同时使用。

三乙醇胺-氯盐复合早强剂
增强效果比较

表 6-21

水泥品种	早强剂组分掺量（$C×\%$）			抗压强度比（%）					
	三乙醇胺	氯化钠	亚硝酸钠	2d	3d	5d	7d	10d	28d
哈尔滨 PO 水泥	0	0	0	100	100	100	100	—	
	0.05	0.05	0	162	153	134	131	—	
	0.05	0.05	1	167	175	—	—	—	

水泥品种	早强剂组分掺量 ($C\times\%$)			抗压强度比(%)					
	三乙醇胺	氯化钠	亚硝酸钠	2d	3d	5d	7d	10d	28d
北京	0	0	0	—	100	100	100	1100	100
PS	0.05	0.05	0	—	143	123	134	128	135
水泥	0.05	0.05	1	—	157	130	146	148	135

（3）无机盐类复合早强剂

常用的无机盐对水泥凝结、混凝土强度和收缩的影响见表 6-22，常用无机盐复合早强剂的掺量见表 6-23。

常用的无机盐对水泥凝结、混凝
土强度和收缩的影响　　　　表 6-22

无机盐早强剂名称	对水泥的促凝作用	对混凝土强度影响	对混凝土收缩影响
氯化钠 NaCl	稍有促凝作用	后期强度降低	对混凝土收缩影响大
氯化钙 $CaCl_2$	具有促凝作用	早期强度提高	对混凝土收缩影响大
氯化铵 NH_4Cl	具有促凝作用	早期强度提高	对混凝土收缩影响大
硫酸钠 Na_2SO_4	促凝作用不大	早期强度提高	对混凝土收缩影响大

无机盐早强剂名称	对水泥的促凝作用	对混凝土强度影响	对混凝土收缩影响
硫酸钙 $CaSO_4$	具有促凝作用	早期强度提高	对混凝土收缩影响大
碳酸钠 Na_2CO_3	显著促凝、假凝	后期强度降低	对混凝土收缩影响小
碳酸钾 K_2CO_3	促凝作用不大	强度提高不大	对混凝土收缩影响大
硝酸钠 $NaNO_3$	促凝作用不大	强度提高大	对混凝土收缩影响大
亚硝酸钠 $NaNO_2$	具有促凝作用	早期强度提高	对混凝土收缩影响大

常用无机盐复合早强剂的掺量　　表 6-23

无机盐类复合早强剂组分	早强剂掺量（$C \times \%$）
三乙醇胺＋氯化钠	$(0.03 \sim 0.05) + 0.5$
三乙醇胺＋氯化钠＋亚硝酸钠	$0.05 + (0.03 \sim 0.05) + (1 \sim 2)$
硫酸钠＋亚硝酸钠＋氯化钠＋氯化钙	$(1.0 \sim 1.5) + (1 \sim 3) + (0.03 \sim 0.05) + (0.03 \sim 0.05)$
硫酸钠＋氯化钠	$(0.5 \sim 1.5) + (0.03 \sim 0.05)$
硫酸钠＋亚硝酸钠	$(0.5 \sim 1.5) + 1.0$
硫酸钠＋三乙醇胺	$(0.5 \sim 1.5) + 0.05$
硫酸钠＋二水石膏＋三乙醇胺	$(1.0 \sim 1.5) + 2.0 + 0.05$

无机盐类复合早强剂组分	早强剂掺量($C\times$%)
亚硝酸钠+二水石膏+三乙醇胺	1.0+2.0+0.05

无机盐类复合早强剂通常在低温下使用效果最好，而其早强效果随着温度的升高有所降低，这主要是因为水泥水化硬化速率受温度的影响比较大，常温下的水化硬化速率要比低温时快得多，而早强剂主要是加速水泥早期（1～7d）的水化反应速率，常温下水泥水化速率已足够快，早强剂的促进作用也就不突出，其早强效果体现的不明显。而在低温时早强剂的促进作用能比较明显地影响水泥水化速率，早期水化程度有较大提高，水化产物的量增多，从而使早期强度达到或高于常温下水平。

四、早强剂对混凝土性能的影响

混凝土工程实践证明：掺入早强剂对新拌混凝土初终凝时间的影响不大，当掺量较小时未能缩短混凝土的凝结时间，只有当掺量达到一定程度，混凝土的凝结时间才会缩短。随着早强剂的增加，混凝土的早期强度会有较大提高，但是龄期越长其强度增长越不明显。具体地讲，早强剂及早强减水剂对混凝土性能的影响见表6-24。

项目		影 响 结 果
对于新拌混凝土性能的影响	流动性	一般无机盐以及有机早强剂只有很小或不具有减水作用,为满足施工要求保证一定的减水率或达到规定的流动性,主要是通过调整减水剂的品种和掺量来满足。三乙醇胺对新拌混凝土稍有塑化作用,同时对新拌混凝土的黏聚性有所改善。 无机盐电解质对扩散层的压缩作用以及离子交换的凝聚作和稀释作用,降低 ξ 电位,影响水泥-水体系的分散,从而会降低新拌混凝土的性能
	含气量	早强剂本身不具有引气性,掺加氯化钙还会使混凝土含气量减少,大气泡增多。早强减水剂的引气性能通常由所使用的减水剂品种决定,若使用木钙等普通减水剂作为减水组分,可使混凝土的含气量提高 2%～4%;若早强剂与高效减水剂复合使用,则不会增加混凝土的含气量
	凝结时间	《混凝土外加剂》(GB 8076—2008)规定,早强剂的凝结时间之差在 −90～+90min 之间,即要求早强剂对混凝土凝结时间无明显影响。实际上早强剂对凝结时间的影响受其掺量、水泥品种及其组成等因素的影响,但无机早强剂在掺量较大时会显著促凝,而三乙醇胺等有机类早强剂对水泥具有选择性,对凝结时间的影响作用不明确

项目		影 响 结 果
对于新拌混凝土性能的影响	泌水	无机早强剂的大量掺入,可以提高液相体系的密度和黏度,一般不会降低泌水率。早强减水剂中减水组分可大大降低拌合用水量,则可减少可泌水数量,同时因其表面活性作用能提高新拌混凝土非均相悬浮体系的稳定性,两者协同作用能有效降低混凝土的泌水能力
对于硬化混凝土性能的影响	强度	早强剂可以加快低温及不低于−5℃环境下水泥硬化速率,因而可大幅度提高水泥浆体、砂浆和混凝土的早期强度。早期强度提高的程度,取决于早强剂掺量、环境温湿度、养护条件、水灰比和水泥品种。因快速形成的水泥石结构不致密,会导致28d及长期强度有所降低。使用早强减水剂可以降低水胶比,可弥补早强剂导致的混凝土后期强度的不足
	弹性模量	弹性模量与混凝土的抗压强度有关。有研究表明,掺入氯化钙的混凝土早期弹性模量增大,但到90d时,弹性模量与未掺的几乎一样
	耐久性	提高混凝土耐久性和延长结构寿命是工程界关注的焦点。早强剂的不当使用,可使混凝土本身结构产生劣化,同时降低其抵御外界侵害的能力。因此,应充分了解早强剂的物理化学性能及结构使用环境,正确选择早强剂的品种及掺量

项 目		影 响 结 果
对于硬化混凝土性能的影响	收缩	掺无机盐类早强剂，因早期大多数形成膨胀性晶体，使混凝土的体积比不掺的略有增大，试验数据表明，混凝土体积增大 0.5% ~ 1.0%，而后期收缩和徐变有所增加。其原因为：早强剂对早期水化的促进作用使水泥浆体在初期有较大的水化产物表面积，产生一定的膨胀作用，使整个混凝土体积略有增加。早期形成的疏松骨架使混凝土内部的孔隙率提高，结构密度降低，造成混凝土后期干缩增大

五、常用早强剂的早强性能

在配制早强混凝土的过程中，最重要的是要求早强剂具有一定的早强性能，以满足对早期强度的要求。工程上常用早强剂的早强性能，如表 6-25 所示。

常用早强剂的早强性能　　表 6-25

早强剂名称	化学式	掺量 (%)	抗压强度			
			1d	3d	7d	28d
不掺早强剂	—	—	3.4	9.2	14.6	23.6
元明粉	Na_2SO_4	2	4.7	13.2	17.8	21.7
氯化钙	$CaCl_2$	2	5.1	12.1	17.2	23.2
硫代硫酸钠	$Na_2S_2O_3$	2	5.0	11.8	14.4	22.6

早强剂名称	化学式	掺量 (%)	抗压强度			
			1d	3d	7d	28d
乙酸钠	CH_3COONa	2	3.6	10.8	17.5	28.0
硝酸钠	$NaNO_3$	2	3.7	11.7	14.9	22.8
硝酸钙	$Ca(NO_3)_2$	2	3.1	9.8	14.8	23.3
亚硝酸钠	$NaNO_2$	2	4.8	11.2	16.7	23.3
碳酸钾	K_2CO_3	2	4.6	10.0	14.7	20.5
碳酸钠	Na_2CO_3	2	5.0	10.7	13.8	17.3
二水石膏	$CaSO_4 \cdot 2H_2O$	2	3.6	10.2	14.7	23.2
氢氧化钠	$NaOH$	2	5.1	9.9	11.9	15.6
三乙醇胺	$N(C_2H_4OH)_3$	0.04	5.0	12.6	18.2	27.1

注：表中掺量为水泥质量的百分率。

第四节 混凝土早强剂应用技术要点

（1）供方应当向需方提供早强剂产品的贮存方式、使用注意事项和产品有效期。对含有亚硝酸盐、硫氰酸盐的早强剂应按有关化学品的管理规定进行贮存和管理。

（2）供方应当向需方提供早强剂产品的主要成分及掺量范围，常用早强剂的掺量限值应符合表

6-26中的规定，其他品种早强剂的掺量应经试验确定。

常用早强剂的掺量限值   表 6-26

混凝土种类	使用环境	早强剂名称	掺量限值（$C×\%$）
预应力混凝土	干燥环境	三乙醇胺	≤0.05
		硫酸钠	≤1.00
钢筋混凝土	干燥环境	氯离子	≤0.60
		硫酸钠	≤2.00
		与缓凝减水剂复合的硫酸钠	≤3.00
		三乙醇胺	≤0.05
	潮湿环境	三乙醇胺	≤0.05
		硫酸钠	≤1.50
有饰面要求的混凝土	—	硫酸钠	≤0.80
素混凝土	—	氯离子	≤1.8

注：预应力混凝土及潮湿环境中使用的钢筋混凝土中均不得掺氯盐早强剂。

（3）早强减水剂进入工地（或混凝土搅拌站）的检验项目应包括密度（或细度）、1d、3d 抗压强度及对钢筋的锈蚀作用。早强减水剂应测减水率，混凝土有饰面要求的还应观测硬化后混凝土表面是否析盐。符合要求，方可入库、使用。

（4）粉剂早强剂和早强减水剂直接掺入混凝土

干料中应延长搅拌时间。

（5）常温及低温下使用早强剂或早强减水剂的混凝土采用自然养护是宜使用塑料薄膜覆盖或喷洒养护液。终凝后应立即浇水潮湿养护。最低气温低于 0℃时除塑料薄膜外还应加盖保温材料。最低气温低于-5℃时应使用防冻剂。

（6）掺早强剂或早强减水剂的混凝土采用蒸汽养护时，其蒸养湿度应通过试验确定。

第七章　混凝土缓凝剂

混凝土缓凝剂是一种能推迟水泥水化反应，从而延长混凝土的凝结时间，使新拌混凝土较长时间保持塑性，方便新拌混凝土浇筑，提高施工效率，减轻施工劳动强度，同时对混凝土后期各项性能不会造成不良影响的外加剂。

第一节　混凝土缓凝剂的选用及适用范围

缓凝剂具有延长混凝土（砂浆）凝结时间的功能，对于提高新拌混凝土的工作性、改善混凝土的泵送性、方便混凝土的长距离运输、适应高温环境下施工等方面均有很大的作用。为充分发挥混凝土缓凝剂以上的功能，应根据混凝土工程的实际，选用适宜的混凝土缓凝剂的品种和适用范围。

一、混凝土缓凝剂的选用方法

根据现行国家标准《混凝土外加剂应用技术规范》（GB 50119—2013）中的规定，在混凝土工程中常用混凝土缓凝剂可以按以下规定进行选用：

（1）混凝土工程可采用下列缓凝剂：①葡萄糖、蔗糖、糖蜜、糖钙等糖类化合物；②柠檬酸

（钠）、酒石酸（钾钠）、葡萄糖酸（钠）、水杨酸及其盐类等羟基羧酸及其盐类；③山梨醇、甘露醇等多元醇及其衍生物；④2-膦酸丁烷-1，1，2，4-三羧酸（PBTC）、氨基三亚甲基膦酸（ATMP）及其盐类等有机磷酸及其盐类；磷酸盐、锌盐、硼酸及其盐类、氟硅酸盐等无机盐类。

（2）混凝土工程可采用由不同缓凝组分复合而成的缓凝剂。

二、混凝土缓凝剂的适用范围

混凝土缓凝剂的适用范围应符合表 7-1 中的规定。

混凝土缓凝剂的适用范围　　　　表 7-1

序号	适 用 范 围
1	缓凝剂宜用于需要延缓混凝土凝结时间的工程
2	缓凝剂宜用于对坍落度保持能力有要求的混凝土、静停时间较长或长距离运输的混凝土、自密实混凝土
3	缓凝剂可用于大体积混凝土工程,如水工混凝土大坝、高层建筑的混凝土基础等
4	缓凝剂宜用于日最低气温 5℃以上施工的混凝土,不能用于低温环境下施工的混凝土
5	柠檬酸（钠）及酒石酸(钾钠)等缓凝剂不宜单独用于贫混凝土

序号	适用范围
6	含有糖类组分的缓凝剂与减水剂复合使用时,应按照《混凝土外加剂应用技术规范》(GB 50119—2013)中附录 A 的方法进行相容性试验

第二节　混凝土缓凝剂的质量检验

为了充分发挥混凝土缓凝剂能延长混凝土凝结时间、提高新拌混凝土的工作性、改善混凝土的泵送性、方便混凝土的长距离运输、适应大体积混凝土施工等方面的功能,确保其质量符合国家的有关标准,对所选用混凝土缓凝剂进场后,应按照现行国家标准《混凝土外加剂应用技术规范》 (GB 50119—2013) 中的规定进行质量检验。混凝土早强剂的质量检验要求见表 7-2。

混凝土早强剂的质量检验要求　　表 7-2

序号	质量检验要求
1	混凝土缓凝剂应按每 20t 为一检验批,不足 20t 时也应按一个检验批计。每一检验批取样量不应少于 0.2t 胶凝材料所需用的减水剂量。每一检验批取样应充分混匀,并应分为两等份:其中一份按照《混凝土外加剂应用技术规范》(GB 50119—2013)第 9.3.2 和 9.3.3 条规定的项目及要求进行检验,每检验批检验不得少于两次;另一份应密封留样保存半年,有疑问时,应进行对比检验

序号	质量检验要求
2	混凝土缓凝剂进场检验项目应包括 pH 值、密度（或细度）、含固量（或含水率）和混凝土凝结时间差
3	混凝土缓凝剂进场时，凝结时间的检测应按进场检验批次采用工程实际使用的原材料和配合比，与上批留样进行对比，初凝和终凝时间允许偏差应为±1h

第三节 混凝土缓凝剂主要品种及性能

混凝土缓凝剂按照其所具有的功能不同，可分为缓凝剂、缓凝型普通减水剂、缓凝型高效减水剂和缓凝型高性能减水剂。掺加缓凝剂、缓凝型普通减水剂、缓凝型高效减水剂和缓凝型高性能减水剂的混凝土技术性能见表 7-3。

掺加各种缓凝剂混凝土技术性能　　　表 7-3

缓凝剂名称	减水率（%）	泌水率比（%）	含气量（%）	凝结时间差(min) 初凝	终凝	1h经时变化量 坍落度(mm)	含气量（%）	抗压强度比（%） 7d	28d	收缩率比（%）
缓凝剂	—	≤100	—	>+90				≥100	≥100	≤135

缓凝剂名称	减水率(%)	泌水率比(%)	含气量(%)	凝结时间差(min)		1h经时变化量		抗压强度比(%)		收缩率比(%)
				初凝	终凝	坍落度(mm)	含气量(%)	7d	28d	
缓凝型普通减水剂	≥8	≤100	≤3.5	>+90	—	—	—	≥110	≥110	≤135
缓凝型高效减水剂	≥14	≤100	≤4.5	>+90	—	—	—	≥125	≥120	≤135
缓凝型高性能减水剂	≥25	≤70	≤6.0	>+90	—	≤60	—	≥140	≥130	≤110

注: 1. 本表引自《混凝土外加剂》(GB 8076—2008);

2. 除含气量外,表中所列数据为掺外加剂混凝土与基准混凝土的差值或比值;

3. 凝结时间指标,"+"表示为延缓。

一、糖类缓凝剂

糖是一种碳水化合物,它们的化学式大多是$(CH_2O)_n$,根据其水解情况又可分为单糖、寡糖(单聚糖)和多糖(多聚糖)三大类。在糖类缓凝

167

剂中主要有蔗糖、葡萄糖、糖蜜、糖钙等。在实际混凝土工程中常用的是蔗糖和葡萄糖缓凝剂。

（1）蔗糖类缓凝剂

蔗糖是最常见的双糖，是无色有甜味的晶体，分子式为 $C_{12}H_{22}O_{11}$，可由一分子葡萄糖（多羟基醛）和一分子果糖（葡萄糖的同分异构体，多羟基酮）脱去一分子水缩合而成。蔗糖是一种最常用缓凝剂，由于其低掺量时即具有强烈的缓凝作用，因此，蔗糖通常与减水剂复合使用，相当于起到浓度稀释作用，使其不易造成超掺事故发生。工程实践证明，蔗糖在混凝土中通常掺量范围为 $0.03\% \sim 0.10\%$。

蔗糖类缓凝剂在低温时缓凝效果过于明显，需要根据施工环境温度进行调整，同时在高温环境下通过提高其掺量，也可以获得比较理想的缓凝效果。蔗糖对水泥凝结时间的影响见表 7-4。

蔗糖对水泥凝结时间的影响　　　　**表 7-4**

蔗糖掺加方法	蔗糖掺量（$C\times\%$）	凝结时间（min）		
		初凝	终凝	初终凝间隔时间
同掺法	0	160	210	50
	0.03	285	345	60
	0.05	440	510	70
	0.10	1260	1380	120

168

蔗糖掺加方法	蔗糖掺量（C×%）	凝结时间（min）		
		初凝	终凝	初终凝间隔时间
后掺法	0.10	2220	2280	60
	0.15	8640	11520	2880

有的研究结果也表明，如果掺入蔗糖过多可具有促凝作用。国外有关专家的试验证明，在水泥中掺入 0.2%～0.3% 的蔗糖，水泥浆会迅速发生稠化，经分析认为这是因为糖加速了水泥中铝酸盐的水化，从而出现了促凝作用。试验还证明，蔗糖采用同掺法和后掺法对基准水泥净浆凝结时间的影响是不同的，如表 7-5 所示。

同掺法和后掺法蔗糖对基准水泥净浆凝结时间的影响　　　　表 7-5

蔗糖掺量（C×%）	同掺法凝结时间（min）		后掺法凝结时间（min）	
	初凝	终凝	初凝	终凝
0	150	260	150	260
0.03	385	460	420	540
0.05	865	1070	970	1090
0.08	1420	1600	1510	1640
0.10	1830	2080	1890	2170

蔗糖掺量 ($C\times\%$)	同掺法凝结时间(min)		后掺法凝结时间(min)	
	初凝	终凝	初凝	终凝
0.12	1580	1845	2290	2585
0.15	1260	1560	1765	2155
0.20	570	880	1265	1420

注：后掺法是指滞水 2min 后再掺入。

从表 7-5 中可以看出，对于基准水泥，蔗糖掺量在 0.1％以上时即出现促凝现象，随着掺量的增加，促凝越明显。研究结果也表明，通过改变掺入方法，即采用滞水后掺法，可以获得正常的缓凝效果，这无疑为实际工程中采用超缓凝措施提供了有效解决途径。

（2）葡萄糖缓凝剂

葡萄糖也是一种常用的缓凝剂，分子式为 $C_6H_{12}O_6$，它是常见的单糖，属于醇醛类。常温下葡萄糖是无色晶体或白色粉末，密度为 $1.54g/cm^3$，易溶于水。葡萄糖分子含醛基和多个羟基，含有 6 个碳原子，是一种己糖，因含有醛基，是一种还原糖。葡萄糖价格比蔗糖高，而缓凝性能基本相同。由于蔗糖价格低廉、材料易得，因此葡萄糖的应用比蔗糖少得多。

二、羟基羧酸及其盐类缓凝剂

在有机缓凝剂中，羟基羧酸盐是最常用的缓凝剂，尤其是某些 α-羟基羧酸盐与减水剂复合后可以起到协同作用，有效增加和保持水泥浆体的工作性，起到控制新拌混凝土坍落度损失的作用。国内外公认并大量使用的有机缓凝剂，以葡萄糖酸钠效果最为显著，是与减水剂复合使用的主要品种。

羟基羧酸及盐类可以用于混凝土中的缓凝剂品种有：柠檬酸（钠）、酒石酸（钾钠）、葡萄干酸（钠）、苹果酸、水杨酸、乳酸、半乳糖二酸、乙酸、丙酸、己酸、琥珀酸、庚糖酸、马来酸及其盐类等。

（1）柠檬酸及柠檬酸钠

柠檬酸的别名为枸杞酸，化学名为 2-羟基-1，2,3-丙三羧酸，分子式为 $C_6H_8O_7$，相对分子质量为 192.12。柠檬酸分为无水物和一水合物两种，常用的为无水柠檬酸。天然品存在于柠檬等水果中。无水柠檬酸是无色半透明晶体或白色细粉结晶，无臭，有强酸味。柠檬酸溶于水、乙醇和乙醚。1% 水溶液的 pH 值为 2.31。柠檬酸在水中经氧、热、光、细菌以及微生物的作用，很容易发生生物降解。无水柠檬酸在水溶液中的溶解度见表 7-6。

171

无水柠檬酸在水溶液中的溶解度　表 7-6

温度	10	20	30	36.6	40	50	60	70	80	90	100
溶解度 (g/100gH₂O)	54.0	59.2	64.3	67.3	68.6	70.9	73.5	76.2	78.8	81.4	84.0

　　柠檬酸用于混凝土有明显的缓凝作用，在混凝土中的掺量通常为 0.03% ～ 0.10%。当掺量为 0.05% 时，混凝土 28d 的强度仍有所提高，继续增加掺量对强度会有削弱。加入柠檬酸对混凝土的含气量略有改变，对混凝土的抗冻性也有所改善。柠檬酸对混凝土凝结时间和抗压强度的影响见表 7-7，柠檬酸的质量标准应符合表 7-8 中的规定。

柠檬酸对混凝土凝结时间和抗压强度的影响　表 7-7

柠檬酸掺量 (C×%)	凝结时间(min)		缓凝时间(min)		抗压强度(MPa)	
	初凝	终凝	初凝	终凝	7d	28d
0	553	989	—	—	11.87	21.87
0.05	852	1281	＋299	＋292	12.65	24.52
0.10	1409	1977	＋856	＋988	14.92	26.18
0.15	1797	2757	＋1244	＋1768	12.35	23.92
0.25	1717	4390	＋1164	＋3401	4.81	10.98

柠檬酸的质量标准 表 7-8

质量指标名称	技术指标
柠檬酸含量(%)	≥99.5
硫酸盐含量(%)	≤0.03
草酸盐含量(%)	≤0.05
砷的含量(%)	≤0.0001
重金属(以 Pb 计)含量(%)	≤0.0005
氯化物含量(以 Cl⁻ 计)	≤0.01
硫酸盐灰分(%)	≤0.1
—	—

柠檬酸钠也称为枸橼钠，分子式为 $Na_3C_6H_5O_7 \cdot 2H_2O$，相对分子质量为 294.1，是一种无色晶体或白色结晶性粉末产品，无臭、味咸、凉。在湿空气中微有潮解性，在热空气中百风化性，易溶于水，但不溶于乙醇。柠檬酸钠对水泥也具有缓凝作用，但在掺量较低时可能会引起促凝，用于缓凝时则需要的掺量较大，因此在实际工程中应用较少。

(2) 酒石酸及酒石酸钾钠

酒石酸学名为 2,3-二羟基丁二酸，分子式为 $C_4H_6O_6$，相对分子质量为 150.09。酒石酸为无色结晶或白色结晶粉末，无臭、有酸味，在空气中比较稳定。它是等量右旋和左旋酒石酸的混合物，常含有一个或两个结晶水，加热至100℃时会失掉结晶水。其密度为 1.697g/cm³，其水溶解度为 20.6%，乙醚中的溶解度为1%，乙醇中的溶解度为 5.01%。

酒石酸钾钠也称为罗谢尔盐，分子式为 $KNaC_4H_4O_6 \cdot 4H_2O$，相对分子质量为282.23，为白色结晶粉末。密度为 1.79g/cm³，pH 值为6.8～8，熔点为70～80℃，在热空气中稍有风化性。当温度为 60℃时开始失去部分结晶水，100℃时失去 3 个水分子，213℃时变成无水盐，易溶于水，溶液呈微碱性。

酒石酸及酒石酸钾钠对水泥均有强烈的缓凝作用，在普通混凝土中已广泛使用，酒石酸的掺量一般为水泥用量的 0.01%～0.1%。酒石酸由于高温下缓凝作用非常强烈，在油井水泥尤其是深端超深井固井中采用，用量为水泥的 0.15%～0.50%，当用量在 0.10%以下时可能会有促凝作用。在温度为 150℃以上和很高压力下，酒石酸是稳定的高温缓凝剂。不仅能改善水泥浆的流动性能，而且对水泥石的强度没有明显的影响。

如果将酒石酸和硼酸复合作为缓凝剂时，不但具有良好的缓凝效果，并且还能改善水泥石的结构，使水泥石具有细粒、均匀结构，提高水泥石的机械强度。由于掺入酒石酸可以使水泥浆析水和失水量增大，因此往往与降失水剂共同使用。酒石酸的质量指标应符合表 7-9 中的要求。

酒石酸的质量指标　　　　表 7-9

质量指标名称	技术指标
酒石酸含量(%)	≥99.5
硫酸盐(以 SO_4^{-2} 计)(%)	合格
易氧化物(%)	≤0.05
砷的含量(以 As 计)(%)	≤0.0002
熔点范围(℃)	200~206
重金属(以 Pb 计)含量(%)	≤0.001
加热减量(%)	≤0.50
灼烧残渣(%)	≤0.10

(3) 葡萄糖酸钠及葡萄糖酸

葡萄糖酸钠也称为葡酸钠、五羟基己酸钠，其为白色或淡黄色结晶粉末，工业品有芬芳味。分子式为 $C_6H_{11}O_7Na$，相对分子质量为 218.13。在水中的溶解度 20℃时为 60%，50℃时为 85%，80℃时为 133%，100℃时为 160%。葡萄糖酸钠微溶于醇，但不溶于醚。于水中加热至沸，在短时间内不会分解；与钙离子有较好的螯合作用，与金属离子形成的螯合物，其稳定性随着 pH 值的增大而增高。

由于在葡萄糖酸水溶液中存在水合葡萄糖酸、葡萄糖酸、葡萄糖酸-δ-内酯葡萄糖-γ-内酯的动态平衡，所以在工业上一般不生产无水葡萄糖酸，通常生产的是一水葡萄糖酸（$C_6H_{12}O_7 \cdot H_2O$）晶体，其纯度可达 99.9%，熔点约为 85，是具有固定组成、结构均一的物质。葡萄糖酸与柠檬酸一样具有清爽的酸味，并且稍带有甜味。葡萄糖酸对水泥也具有缓凝作用，使用葡萄糖酸会导致混凝土出现较明泌的泌水，因此不如葡萄糖酸钠应用广泛。

葡萄糖酸钠的技术指标应符合表 7-10 中的要求。

葡萄糖酸钠的技术指标 表 7-10

质量指标名称	技术指标
含量(%)	≥95.0
含水量(%)	≤4.0
pH 值(1%水溶液)	8～9
外观	白色或淡黄色结晶粉末

质量指标名称	技术指标
氯化物含量(以 Cl⁻ 计)	≤0.20
还原糖	微小

葡萄糖酸钠用于混凝土中有明显的缓凝作用和辅助塑化效应，在一定范围内提高葡萄糖酸钠的掺量，可以有效减小混凝土坍落度经时损失，在混凝土中的掺量通常为 0.01％～0.10％。当掺量为 0.03％～0.07％时，混凝土的后期强度仍有所提高，继续增加掺量会对混凝土的强度有明显削弱。葡萄糖酸钠对混凝土坍落度及损失的影响见表 7-11，葡萄糖酸钠对混凝土凝结时间和抗压强度的影响见表 7-12。

葡萄糖酸钠对混凝土坍落度及损失的影响　表 7-11

葡萄糖酸钠掺量 (C×％)	坍落度(mm)		
	初始	30min	60min
0	190	160	130
0.03	215	180	130
0.05	220	190	170
0.07	220	230	230
0.10	240	240	230
0.15	230	240	240

葡萄糖酸钠对混凝土凝结时间和
抗压强度的影响　　　表 7-12

掺量	凝结时间(min)		缓凝时间(min)		抗压强度			
(C×%)	初凝	终凝	初凝	终凝	3d	7d	28d	90d
0	670	1010	—	—	21.2	30.6	40.5	44.7
0.03	850	1110	+180	+100	19.8	31.4	35.4	41.8
0.05	1100	1650	+430	+640	22.3	30.9	44.7	47.1
0.07	1510	2260	+840	+1310	20.6	34.2	46.8	52.3
0.10	1710	2470	+1040	+1460	12.1	29.0	36.2	40.9
0.15	2120	4350	+1450	+2810	—	19.5	25.6	26.5

（4）单宁酸及衍生物

单宁酸也称为鞣酸、二倍酸、丹宁酸等，其分子式为 $C_{76}H_{52}O_{46}$，相对分子质量为 1701.23。按照 Bategnt 的定义是指相对分子质量为 500～3000 的能沉淀蛋白质、生物碱的水溶性多酚化合物。单宁酸是淡黄色至浅棕色的无定形粉末或松散、有光泽的鳞片或海绵状固体，是一种由五倍子酸、间苯二酚、间苯三酚、焦橘酚和其他酚衍生物组成的复杂混合物，常与糖类共存。单宁广泛存在于中草药（如五倍子、石榴皮）和植物食品（如葡萄、茶叶）中。

单宁酸微有特殊气味，有强烈的涩味呈酸性；

易溶于水、乙醇和丙酮，难溶于苯、氯仿、醚、二硫化碳和四氯化碳。在 210～215℃下可分解成焦性没食子酸和二氧化碳。

单宁酸在普通混凝土中的使用很少，主要用作油井水泥的缓凝剂，常用的有单宁钠和磺化单宁。它们的性能稳定，水溶性好，适用温度范围大。不仅对水泥流动性有利，而且还有一定的降失水作用，常和适量的分散剂或其他缓凝剂复合使用。磺化单宁主要成分为磺甲基单宁，是油井水泥良好的缓凝剂，并能改善水泥浆体的流动性，稍有降失水性，抗温性好，常用于 4000～5500 井深，掺加量为 0.06%～1.0%，不宜过大，过大会使水泥浆自由水增多。如将磺化单宁与适量的氧化锌缓凝剂复合，可用于 4000m 以上的中深井固井；如与硼酸、酒石酸等复合使用，可以作为深井缓凝剂。单宁酸产品的质量指标应符合《工业单宁酸》（LY/T 1300—2005）中的规定，如表 7-13 所示。

单宁酸产品的质量指标　　表 7-13

指 标 名 称	一级品	二级品	三级品
外观	淡黄色至浅棕色无定形粉末	淡黄色至浅棕色无定形粉末	淡黄色至浅棕色无定形粉末
单宁酸(干基计)含量(%)	≥81.0	≥78.0	≥75.0

指 标 名 称	一级品	二级品	三级品
干燥失重(%)	≤9.0	≤9.0	≤9.0
水不溶物含量(%)	≤0.6	≤0.8	≤1.0
总颜色(0.5%试样溶液用罗维邦比色计测定)	≤2.0	≤3.0	≤4.0

三、多元醇及其衍生物

多元醇及其衍生物类的缓凝剂种类很多,如聚乙烯醇、山梨醇、甘露醇、木糖醇、麦芽糖醇、甲基纤维素、羧甲基纤维素钠、羧甲基羟乙基纤维素等,在混凝土工程中最常用的是聚乙烯醇作为缓凝剂。多元醇及其衍生物类缓凝作用比较稳定,掺量通常为 0.05%～0.2%;纤维素类虽然具有缓凝作用,但其增稠和保水性更好,其掺量通常在 0.1% 以下。

聚乙烯醇是一种白色和微黄色颗粒(或粉末)的水溶性无毒高分子材料,其分子结构中同时拥有亲水基及疏水基两种官能团,具有一定的缓凝作用。将其用作混凝土的缓凝剂时,掺量为水泥用量的 0.05%～0.30%,过大的掺量会出现严重的缓凝现象,使混凝土的强度明显下降。聚乙烯醇对水泥净浆凝结时间和抗压强度的影响见表 7-14。

聚乙烯醇掺量 (C×%)	凝结时间(min)		缓凝时间(min)		28d 抗压强度 (MPa)
	初凝	终凝	初凝	终凝	
0	140	290	—	—	36.0
0.05	145	285	+5	−5	43.0
0.10	155	280	+10	−10	45.0
0.15	165	315	+20	+25	47.8
0.30	170	305	+30	+15	51.0

四、弱无机酸及其盐、无机盐类

弱无机酸及其盐、无机盐类缓凝剂有磷酸盐、偏磷酸盐、硼酸及其盐类、氟硅酸盐、氯化锌、碳酸锌以及铁、铜、锌、镉的硫酸盐等。

无机缓凝剂的缓凝作用不稳定，在实际工程中磷酸盐和偏磷酸盐应用较多，如焦磷酸钠、焦磷酸钾、二聚磷酸钠、三聚磷酸钠、磷酸二氢钠、磷酸二氢钾等，其中最强的缓凝剂是焦磷酸钠，其阴离子和阳离子均会影响水泥的凝结时间。

（1）焦磷酸钠缓凝剂

焦磷酸钠也称为焦磷酸四钠，分子式为 $Na_4P_2O_7$，相对分子量为 265.90。焦磷酸钠可分为无水焦磷酸钠和十水焦磷酸钠。无水焦磷酸钠为无色透明晶体或白色粉末，相对密度为 2.45，熔点为 988℃，可溶于水，水溶液呈碱性，1% 水溶液 pH 值为 9.9～10.7。十水焦磷酸钠为无色单斜结晶或结晶性粉末，相对密度为 1.824，熔点为 880℃，易溶于水，水溶液呈碱性，不溶于乙醇。在空气中易风化，加热至 100℃ 时会失去结晶水。

无水焦磷酸钠在水中的溶解度见表 7-15，焦磷酸钠对水泥净浆（W/C）凝结时间的影响见表 7-16，焦磷酸钠的质量指标见表 7-17。

无水焦磷酸钠在水中的溶解度 表 7-15

温度（℃）	0	10	20	30	40	50	60	80	100
$Na_4P_2O_7$ /(g/100gH_2O)	3.2	4.0	6.2	10.0	13.5	17.4	21.8	30.0	40.3

焦磷酸钠对水泥净浆（W/C）凝结时间的影响 表 7-16

焦磷酸钠掺量（%）	初凝(min)	终凝(min)	初凝延缓(min)	终凝延缓(min)
0	130	195	—	—
0.20	780	1065	+650	+870
0.30	1320	1800	+1190	+1605
0.40	1680	2025	+1550	+1830

182

焦磷酸钠的质量指标 表 7-17

质量指标名称	技术指标			
	无水焦磷酸钠			十水焦磷酸钠
	优等品	一等品	合格品	
无水焦磷酸钠（$Na_4P_2O_7$）含量（%）	97.5	96.5	95.0	—
结晶焦磷酸钠（$Na_4P_2O_7 \cdot 10H_2O$）含量（%）	—	—	—	98.0
水不溶物含量（%）	0.20	0.20	0.20	0.10
pH 值（1%水溶液）	9.9～10.7	9.9～10.7	9.9～10.7	9.9～10.7
正磷酸盐含量	符合检验标准			

（2）三聚磷酸钠缓凝剂

三聚磷酸钠又称为焦偏磷酸钠、三磷酸五钠，分子式为 $Na_5P_3O_{10}$，相对分子质量为 367.86。三聚磷酸钠是一种白色微粒状粉末，表观密度为 0.35～0.90g/cm³，熔点为 622℃，具有吸湿性，易溶于水，水溶液呈碱性，25℃时 1%水溶液的 pH 值为 9.7～9.8。三聚磷酸钠有两种结晶形态：即 $Na_5P_3O_{10}$-I型（α型，高温型）和 $Na_5P_3O_{10}$-II型（β型，低温型）。

三聚磷酸钠与其他无机盐不同，溶于水中时分为瞬时溶解度和最终溶解度之分。如室温下 100 份水可溶解 35 份三聚磷酸钠，经过数日后，溶解度产生下降，达到平衡时有白色沉淀产生，此时的溶解度为最终溶解度，生成的沉淀为六水物晶体。六水物晶体在80℃以下稳定，85～120℃时脱水并分解成磷酸二氢钠和焦磷酸钠，120℃以上又重新生成三聚磷酸钠。三聚磷酸钠在水中的溶解度见表7-18。

三聚磷酸钠在水中的溶解度　　　表 7-18

温度(℃)	10	20	30	40	50	60	70	80
溶解度(g/100gH₂O)	14.5	14.6	15.0	15.7	16.6	18.2	20.6	23.7

三聚磷酸钠用于混凝土中有明显的缓凝作用，其原因在于三聚磷酸钠与溶液中的钙离子形成络盐，从而降低了溶液中钙离子的浓度，阻碍了氢氧化钙的结晶析出，同时形成的络合物吸附在水泥颗粒表面上，抑制了水泥的水化，达到水泥缓凝的目的。

三聚磷酸钠掺量变化对水泥水化热温升的影响见表7-19，三聚磷酸钠的质量指标应符合表7-20中的要求。

三聚磷酸钠掺量变化对水泥水化热温升的影响　　表 7-19

热性能	三聚磷酸钠($Na_5P_3O_{10}$)掺量			
	0	0.05%	0.15%	0.25%
t_{max}(h)	13.5	18.4	23.1	32.4

184

热性能	三聚磷酸钠($Na_5P_3O_{10}$)掺量			
	0	0.05%	0.15%	0.25%
T_{max}(℃)	35.4	34.0	33.6	32.9
$Q(60)$(k/kg)	296	286	279	274

注：t_{max}为最高水化温升出现时间；T_{max}为最高水化温升；$Q(60)$为60h水化放热量。

三聚磷酸钠的质量指标　　表 7-20

质量指标名称		技术指标		
		优级品	一级品	二级品
外观		白色粒状或粉状	白色粒状或粉状	白色粒状或粉状
五氧化二磷(P_2O_5)含量(%)		57.0	56.5	55.0
三聚磷酸钠($Na_5P_3O_{10}$)含量(%)		96	90	85
三聚磷酸钠(Ⅰ型)含量(%)		—	5～40	—
水不溶物含量(%)		0.10	0.10	0.15
白度(%)		90	80	70
pH值(1%水溶液)		—	9.2～10.0	
表观密度（g/cm³）	低密度		0.35～0.50	
	中密度		0.51～0.65	
	高密度		0.66～0.99	
颗粒度(1.0mm试验筛筛余量)		5.0	5.0	5.0

（3）硫酸亚铁缓凝剂

硫酸亚铁也称为绿矾、铁矾，分子式为 $FeSO_4 \cdot 7H_2O$，相对分子质量为 278.05。硫酸亚铁为蓝绿色单斜结晶或颗粒，无臭、无味，相对密度为 1.89，熔点为 64℃，溶于水，微溶于醇，溶于无水甲醇。硫酸亚铁浓度较低时用于混凝土有一定的缓凝作用，也具有较为稳定的后期补强作用。硫酸亚铁在水中的溶解度见表 7-21。

硫酸亚铁在水中的溶解度 表 7-21

温度(℃)	0	10	20	30	40	60	80	90	100
溶解度(g/100gH_2O)	28.8	40.0	48.0	60.0	73.3	100.7	79.9	68.3	57.8

（4）硼砂缓凝剂

硼砂也称为十水四硼酸钠、硼酸钠、焦硼酸钠，分子式为 $Na_2B_4O_7 \cdot 10H_2O$，相对分子质量为 381.37。硼砂是硼酸盐中最具代表性的化合物，为无色半透明结晶体或白色的单斜晶系结晶粉末，无嗅，味咸，相对密度 1.73g/cm³。熔点 75℃，在干燥空气中能风化，溶于水和甘油，而不溶于乙醇和酸。

硼砂在水中的溶解度见表 7-22，硼砂对硫铝酸盐水泥性能的影响见表 7-23，硼砂的质量指标应符合表 7-24 中的要求。

硼砂在水中的溶解度 表 7-22

温度(℃)	0	10	20	30	40	60	80	90	100
溶解度(g/100gH₂O)	1.11	1.60	2.56	3.86	6.67	19.0	31.4	41.0	52.5

硼砂对硫铝酸盐水泥性能的影响 表 7-23

硼砂掺量 (%)	标准稠度 (%)	凝结时间(min)		抗压强度(MPa)			
		初凝	终凝	4h	6h	1d	3d
0	25	42	125	5.0	16.7	45.4	68.8
0.05	25	66	131	4.7	12.4	46.6	68.8
0.10	25	67	136	—	10.4	52.7	68.8
0.20	25	194	228	—	—	47.5	79.0
0.30	25	552	722	—	—	41.0	80.2

硼砂的质量指标 表 7-24

质量指标名称	技 术 指 标	
	优等品	无等品
外观	白色细小的结晶体	白色细小的结晶体
十水四硼酸钠(Na₂B₄O₇·10H₂O)含量(%)	≥99.5	≥95.0
碳酸钠(Na₂CO₃)含量(%)	≤0.10	≤0.20
水不溶物含量(%)	≤0.04	≤0.04

187

质量指标名称	技 术 指 标	
	优等品	无等品
硫酸钠(以硫酸根离子计)含量(%)	≤0.10	≤0.20
氯化钠(以氯离子计)含量(%)	≤0.05	≤0.05
铁(Fe)含量(%)	≤0.002	≤0.005

（5）锌盐缓凝剂

锌盐缓凝剂在混凝土工程中常用的有氯化锌和硫酸锌。

氯化锌的分子式为 $ZnCl_2$，相对分子质量为 136.3，是白色六方晶系结晶粉末或颗粒状、棒状，相对密度（25℃）为 2.907，极易吸收空气中的水分而潮解，易溶于水，水溶液对石蕊呈酸性反应。当有大量水分时，少量的氯化锌形成氧氯化锌。氯化锌在水中的溶解度见表 7-25。

氯化锌在水中的溶解度　　　　表 7-25

温度(℃)	0	10	20	30	40	60	80	90	100
溶解度(g/100gH₂O)	342	363	295	437	452	488	541	—	614

硫酸锌可分为无水硫酸锌（$ZnSO_4$）、一水硫酸锌（$ZnSO_4 \cdot H_2O$）、六水硫酸锌合物（$ZnSO_4 \cdot 6H_2O$）、七水硫酸锌（$ZnSO_4 \cdot 7H_2O$），它们的相

188

对分子量分别为：无水硫酸锌161.46、一水硫酸锌179.47、六水硫酸锌269.54、七水硫酸锌287.56。在混凝土工程中常用无水硫酸锌和七水硫酸锌。

无水硫酸锌为无色正交晶系结晶，相对密度为3.54；一水硫酸锌为白色结晶粉末或颗粒，相对密度为3.28；六水硫酸锌为无色单斜晶系结晶粉末或颗粒，相对密度为2.072；七水硫酸锌为无色斜方晶系结晶粉末或颗粒，相对密度为1.957。六水硫酸锌是在39℃以上由七水硫酸锌脱去一个 H_2O 而得到。硫酸锌在水中的溶解度见表7-26。

硫酸锌在水中的溶解度 表 7-26

温度（℃）	0	10	20	30	40	60	80	90	100
$ZnSO_4$ (g/100gH₂O)	41.6	47.2	53.8	61.3	70.5	75.4	71.7	—	60.5
$ZnSO_4 \cdot 7H_2O$ (g/100gH₂O)	—	54.4	60.0	65.5	—	—	—	—	—

锌盐缓凝剂掺量对水泥凝结时间的影响见表7-27，锌盐缓凝剂掺量对水泥水化热的影响见表7-28。

锌盐缓凝剂掺量对水泥凝结时间的影响 表 7-27

时　间		基准	$ZnCl_2$（%）			$ZnSO_4$（%）		
			0.1	0.2	0.3	0.1	0.2	0.3
凝结时间（min）	初凝	204	284	736	1078	222	433	540
	终凝	321	652	1380	1786	270	488	602

189

时　间		基准	ZnCl₂（%）			ZnSO₄（%）		
			0.1	0.2	0.3	0.1	0.2	0.3
延缓时间 （min）	初凝	—	80	532	874	18	229	336
	终凝	—	331	1059	1465	−51	167	281

锌盐缓凝剂掺量对水泥水化热的影响　表7-28

时间	基准	ZnCl₂（%）			ZnSO₄（%）		
		0.1	0.2	0.3	0.1	0.2	0.3
最高水化温度（℃）	40.0	38.4	33.4	30.6	38.9	39.0	37.3
达到最高水化温 度的时间（h）	12.0	14.0	26.0	35.0	12.0	13.5	15.5
最大水化放热速率 ［kJ/(kg·h)］	28.5	24.6	15.8	11.9	27.8	26.8	23.4
达到最大水化放热 速率时间(h)	9.0	12.3	23.1	30.3	9.5	11.0	13.0
1d 的水化放热量 （kJ/kg）	259	225	155	96	248	251	212
3 d 的水化放热量 （kJ/kg）	335	322	301	284	333	338	309

五、缓凝减水剂

缓凝减水剂主要有木质素磺酸盐类和多元醇类减水剂。木质素磺酸盐类在混凝土减水剂中已经介绍，这里主要介绍羟基多元醇类兼有缓凝和减水功能的糖蜜缓凝减水剂、低聚糖缓凝减水剂。

（一）糖蜜缓凝减水剂

糖蜜缓凝减水剂是甘蔗和甜菜制糖下脚料废蜜与石灰乳反应转化为己糖钙、蔗糖钙溶液，而后喷雾干燥而得到的棕红色糖钙粉末。糖蜜的 pH 值为 6～7，糖钙的 pH 值为 11～12。糖蜜未转化为糖钙的原蜜可用于复合缓凝减水剂，由于糖蜜容易发酵、变质并且性能不容易掌握，在应用时要特别加以注意。

糖蜜缓凝减水剂作为一种廉价、高效、多功能外加剂，具有较强的延缓水化和延迟凝结时间的作用。其掺量为水泥用量的 0.1%～0.3%，混凝土的凝结时间可延长 2～4h；当掺量大于 1%时，混凝土长时间酥松不硬；当掺量大于 4%时，混凝土 28d 的强度仅为不掺的 1/10。

工程实践证明，若通过提高糖蜜缓凝减水剂的掺量达到缓凝目的，应当进行适应性试验确定。另外，糖蜜缓凝减水剂在使用硬石膏及氟石膏为调凝剂时会发生速凝现象，以及不同程度的坍落度损失。

糖蜜缓凝减水剂的匀质性指标见表 7-29，糖蜜缓凝减水剂的混凝土性能见表 7-30。

糖蜜缓凝减水剂的匀质性指标　　表 7-29

种类	固含量（含水量）%	相对密度	氯离子含量	水泥净浆流动度（mm）	pH值	表面张力（mN/m）	还原糖（mg/100mg）
糖蜜	40~50	1.38~1.47	微量	120~130	6~7	—	25~28
糖钙	<5	—	微量	120~140	11~13	69.5	4~6

糖蜜缓凝减水剂的混凝土性能　　表 7-30

掺量（%）	减水率（%）	坍落度增加值（cm）	缓凝时间（min）		抗压强度比（%）			收缩率比（%）	抗渗性
			初凝	终凝	3d	7d	28d		
0.1	6~10	3~8	60~120	120~180	115	120	110	+115~+120	>B15
0.2	6~10	3~8	60~120	150~210	110	110	110	+115~+120	>B15

（二）低聚糖缓凝减水剂

低聚糖是纤维素、糊精等多糖类物质水解的中间产物，是一种近于黑色的水溶性黏稠液体。干燥粉碎后的固体粉末呈棕色，属于多元醇缓凝减水剂。低聚糖缓凝减水剂的性能见表 7-31，低聚糖缓凝减水剂的掺量对新拌混凝土性能和强度的影响见表 7-32。

低聚糖缓凝减水剂的性能标准与实测对比　表 7-31

项目	减水率（%）	泌水率比（%）	收缩率比（%）	凝结时间差（min）		抗压强度比（%）			对钢笔有无锈蚀作用
				初凝	终凝	3d	7d	28d	
缓凝减水剂标准	≥8.0	≤100	≤135	>+90			≥110	≥110	无
实测值（0.25%掺量）	9.0	133	103	+135	+140	118	119	131	无

低聚糖缓凝减水剂的掺量对新拌
混凝土性能和强度的影响　表 7-32

掺量（%）	坍落度（mm）	减水率（%）	抗压强度比（MPa/%）			
			3d	7d	28d	90d
0	64	—	8.0/100	11.6/100	23.0/100	28.0/100
0.10	70	5	8.2/102	13.5/116	24.8/108	33.8/120
0.15	62	6	8.8/110	14.3/123	30.2/131	30.8/109
0.20	50	9	9.9/115	17.5/131	31.1/135	37.0/132

六、缓凝剂对混凝土性能的影响

缓凝剂对混凝土性能的影响主要包括：对混凝土凝结时间的影响、对混凝土力学性能的影响、对混凝土拌合物含气量的影响、对混凝土拌合物流动性的影响、对混凝土干缩和徐变的影响、对混凝土抗渗和抗冻耐久性影响。

（一）对混凝土凝结时间的影响

缓凝剂对混凝土凝结时间的延缓程度，主要取决于所用缓凝剂的类型及掺加量、水泥品种及用量、掺合料、水灰比、环境温度、掺加顺序等因素。性能好的缓凝剂应当在掺量少的情况下具有显著的缓凝作用，而在一定掺量范围内（0.01%～0.2%）凝结时间可调整性强，并且不产生异常凝结。另外，最理想的是使初凝时间延缓较长，而初凝与终凝之间时间，间隔要短。

表7-33和表7-34列举了各种缓凝剂对水泥砂浆的凝结时间影响。结果表明，不同缓凝剂的作用

各种缓凝剂对水泥砂浆的凝结时间影响　表7-33

缓凝剂的种类	掺量（%）	水灰比(W/C=0.29)		$W/C=0.245$（掺1.5%UNF-5型减水剂）	
		初凝(min)	终凝(min)	初凝(min)	终凝(min)
空白	0	125	190	160	210
水杨酸	0.05	170	218	—	—
柠檬酸	0.05 0.10	170 295	265 475	240 415	397 590
蔗糖	0.05 0.10	255 465	288 520	357 —	395 —
三乙醇胺	0.05	205	260	340	375
聚乙烯醇	0.10	225	356	240	475

194

缓凝剂的 种类	掺量 (%)	水灰比($W/C=0.29$)		$W/C=0.245$(掺 1.5%UNF-5型减水剂)	
		初凝(min)	终凝(min)	初凝(min)	终凝(min)
甲基纤 维素	0.05	145	240	200	355
	0.10	170	350	—	—
羧甲基纤 维素钠盐	0.05	125	240	188	345
	0.10	175	265	282	405
磷酸	0.05	262	298	340	410
	0.10	350	430	410	470

不同缓凝剂对水泥砂浆的凝结时间影响　表 7-34

缓凝剂 的种类	掺量 (%)	凝结时间		缓凝剂 的种类	掺量 (%)	凝结时间	
		初凝 (mm)	终凝 (mm)			初凝 (mm)	终凝 (mm)
空白	—	190	320	酒石酸	0.20	460	720
酒石酸	0.30	580	1690	酒石酸钾钠	0.30	630	780
酒石酸钠	0.10	130	630	柠檬酸三胺	0.30	880	—
磷酸二氢钠	0.30	370	490	三聚磷酸钠	0.10	345	700
双酮山梨糖	0.10	250	400	葡萄糖	0.06	260	450
糖蜜缓凝 型减水剂	0.35	360	450	—	—	—	—

注：表中水泥砂浆的水灰比（W/C）为 0.30。

差别比较大。在较低掺量下其作用特点可表现为以下两种：一种为显著延长初凝时间，但初凝和终凝间隔时间缩短，说明它们具有抑制水泥初期水化和促进早期水化的特性；另一种是对初凝的影响较小，显著延长终凝时间，但不影响后期正常水化。前者适于控制流动性，后者适于控制水化热。因此，只有正确掌握缓凝剂的性质和变化规律，才能合理选用缓凝剂，并达到最佳的效果。

（二）对混凝土力学性能的影响

缓凝剂会使混凝土的凝结速率减慢，因而使混凝土的初期强度有所降低，尤其是使 1d 的强度降低比较明显，这是缓凝剂所表现出来的缓凝作用。但其凝结后的水化反应并未明显削弱，因而使混凝土的后期强度增长率与未掺加缓凝剂基本一样，即通常 7d 抗压强度与未掺加缓凝剂的强度差别很小。

工程实践充分证明，在合理的掺量范围内，这种缓凝作用对后期的水泥水化反应及结晶过程还可以成为有利因素，有可能使混凝土的后期强度比不掺的有所提高。这种对强度的影响，主要归结为对水化反应起到推迟的作用，使水化程度降低所致。在水泥水化期间，由于缓凝剂的作用，使扩散及沉降速率降低，使水化物生成减慢，其结果使得在水泥颗粒的空隙间生成的水化物分布更为均匀，使水化物的结合面加大，因而能改善硬化体的强度。掺加缓凝剂砂浆的抗压强度和抗弯强度试验结果见表 7-35。

掺加缓凝剂砂浆的抗压强度和抗弯强度试验结果　　表7-35

缓凝剂的种类	掺量(%)	1d		2d		7d		28d		90d	
		抗压强度(MPa)	抗弯强度(MPa)	抗压强度(MPa)	抗弯强度(MPa)	抗压强度(MPa)	抗弯强度(MPa)	抗压强度(MPa)	抗弯强度(MPa)	抗压强度(MPa)	抗弯强度(MPa)
无	0	11.8	3.5	21.6	4.8	37.8	7.6	45.3	8.6	53.9	8.8
蔗糖	0.5	10.0	2.9	21.6	5.0	47.1	7.8	59.8	8.1	62.8	8.2
蔗糖	1.0	1.3	0.4	11.8	2.8	43.2	7.6	53.2	7.9	60.3	9.4
葡萄糖	1.0	7.1	2.0	23.7	4.9	36.8	6.7	53.4	7.5	58.8	7.9
葡萄糖	2.0	1.0	0.1	8.3	2.5	27.9	5.5	45.6	7.4	51.5	7.9
磷酸	0.5	7.1	1.8	18.1	4.2	48.1	7.6	60.8	8.3	71.1	8.1
磷酸	1.0	2.2	0.5	14.7	3.3	45.1	7.6	64.7	8.5	74.0	8.6
磷酸	2.0	1.2	0.2	12.3	3.2	44.1	7.7	60.3	7.5	69.6	8.0

197

从表 7-35 中可以看出：随着缓凝剂掺量的增加，缓凝作用逐渐增强；在合理的掺量范围内，掺加缓凝剂不会影响混凝土的后期强度，甚至会有所提高。但超剂量使用缓凝剂不但会产生严重缓凝，而且还会使混凝土的后期强度明显降低。

（三）对混凝土其他性能的影响

掺加缓凝剂对混凝土其他性能的影响见表 7-36。

掺加缓凝剂对混凝土其他性能的影响　表 7-36

项　　目	影　响　结　果
拌合物含气量	有一些缓凝剂可能有一定的表面活性作用，但它与引气剂的作用不同。有一些缓凝剂（如羟基羧酸等），它们可以使因外加剂作用而将混凝土中的含气量有所降低。至少这类缓凝剂不会引入更多的含气量。因此，对浆集比参数有较多考虑的高性能混凝土，缓凝剂的应用对含气量的影响应加以注意。 混凝土工程中所用的缓凝剂中，木质素磺酸盐类都有一定的引气性，糖蜜、糖钙、低聚糖、多元醇缓凝减水剂一般不引气
拌合物流动性	工程实践证明，很多混凝土缓凝剂都具有一定的分散作用，能使混凝土拌合物的流动性有不同程度的增大，这在羟基羧酸类缓凝剂中比较常见。如果将缓凝剂与减水剂按一定比例复合使用时，它们对混凝土拌合物流动性的提高往往比单独使用减水剂时要更大一些，因许多缓凝型减水剂比标准型减水剂的减水率往往还要大一些

项　目	影　响　结　果
干缩和徐变	材料试验证明，含有缓凝剂的硬化水泥浆的干缩与不掺加缓凝剂的普通水泥浆基本相同；但在含有缓凝剂的混凝土中，其干缩性会有轻微的减水或增加，收缩随着剂量的增加而增加。 有关专家曾研究了 65 种不同缓凝剂掺入混凝土后的干缩和徐变，发现在有缓凝剂的情况下，塑性收缩（浆体在不同湿度下放置不同时间，而仍处于塑性状态）一般都增加。大部分缓凝剂对混凝土的干缩和徐变没有有害影响，通常只会增加混凝土的干缩及徐变的速率，但不会影响其极限值，其影响取决于混凝土配合比的设计、水化时间、干燥条件及加载时间
抗渗和抗冻性	掺加缓凝剂后的混凝土通过冻融循环试验证明，其耐久性（包括抗渗和抗冻性）与不掺缓凝剂基本相似。掺加缓凝剂的混凝土由于水灰比的降低，后期水化产物的均匀分布、强度的提高，将有利于抗渗和抗冻性的提高。 试验结果也表明，大多数掺羟基羧酸类缓凝剂的混凝土与不掺缓凝剂的混凝土一样耐久，但多数含木质素磺酸盐缓凝剂混凝土的相对耐久性比掺其他缓凝剂的混凝土差些，这说明木质素磺酸盐形成的气泡尺寸及间隔系数不如普通引气剂（如松香皂、树脂）那样有效

第四节 混凝土缓凝剂应用技术要点

根据混凝土工程的实践经验，在具体的施工过程中，对混凝土缓凝剂的应用应掌握以下技术要点。

一、根据在混凝土中使用目的选择缓凝剂

在混凝土工程中选择缓凝剂的目的通常有以下几点：

（1）调节新拌混凝土的初凝和终凝时间，使混凝土按施工要求在较长时间内保持一定的塑性，以利于混凝土浇筑成型。这种目的应选择能显著影响初凝时间，但初凝和终凝时间间隔较短的缓凝剂。

（2）控制新拌混凝土的坍落度经时损失，使混凝土在较长时间内保持良好的流动性与和易性，使其经过长距离运输后能满足泵送施工工艺要求。这种目的应选择与所用胶凝材料相容性好，并能显著影响初凝时间，但初凝和终凝时间间隔较短的缓凝剂。

（3）降低大体积混凝土的水化热，并能推迟放热峰的出现。这种目的应选择显著影响终凝时间或初凝和终凝时间间隔较长，但不影响后期水化和强度增长的缓凝剂。

（4）提高混凝土的密实性，改善混凝土的耐久

性。这种目的可以选择与第（3）中所述的缓凝剂。

（5）缓凝减水剂和缓凝高效减水的选择，通常应考虑混凝土的强度等级和所选择的施工工艺，根据所需要的减水率性能进行选择。缓凝减水剂通常在强度等级不高、水灰比较大时选择使用；缓凝高效减水剂通常在对强度等级较高、水灰比控制较严时选择使用。

二、根据对缓凝时间的要求选择缓凝剂

（1）在缓凝减水剂中，木质素磺酸盐类具有一定的引气性，缓凝时间比较短，因而在一定程度上没有超掺后引起后期强度低的缺陷，但超掺如引起含气量过高则可导致混凝土结构疏松而出现事故。

（2）糖钙缓凝剂不引气，缓凝与掺量的关系视水泥品种而异，超掺后是缓凝还是促凝不确定，这就需要以试验确定，使用中应引起重视。

（3）不同的磷酸盐缓凝剂，其缓凝程度差异非常显著，工程中需要超缓凝时，最好是选择焦磷酸钠，而不应选择磷酸钠。

（4）在应用超缓凝的场合，通常不采用单一品种的缓凝剂，而应采用多组分复合，以防止单一组分缓凝剂剂量过大引起混凝土后期强度增长缓慢。

201

三、根据施工环境温度选用缓凝剂

（1）工程实践和材料试验证明，羟基羧酸类缓凝剂在高温时，对硅酸三钙（C_3S）的抑制程度明显减弱，因此缓凝性能也明显降低，使用时需要加大掺量。而醇、酮、酯类缓凝剂对硅酸三钙（C_3S）的抑制程度受温度变化影响小，在使用中用量调整少。

（2）当气温降低时，羟基羧酸盐及糖类、无机盐类缓凝时间将显著延长，所以缓凝类外加剂不宜用于5℃以下的环境施工，也不宜用于蒸养混凝土。

四、按缓凝剂设计剂量和品种使用

（1）缓凝剂成品出售均有合格证和说明书，在使用中一般不应超出厂家推荐的掺量。工程实践证明，若超量1～2倍使用可使混凝土长时间不凝结；若含气量增加很多，会引起强度明显下降，甚至造成工程事故。

（2）使用某种类缓凝剂（如蔗糖等）的混凝土，如果只是缓凝过度而含气量增加不多，可在混凝土终凝后带模保温保湿养护足够的时间，混凝土的强度有可能得到保证。

（3）缓凝剂与其他外加剂，尤其是早强型外加剂存在相容性的问题，或者存在酸与碱产生中和的问题，或者是溶解度低的盐出现沉淀问题，因此复合使用前必须进行试验。

五、缓凝剂施工应用其他技术要点

根据现行国家标准《混凝土外加剂应用技术规范》（GB 50119—2013）中的规定，在混凝土工程中使用缓凝剂时还应当注意以下技术要点：

（1）缓凝剂的品种、掺量应根据环境温度、施工要求和混凝土凝结时间、运输距离、静停时间、强度等级等经试验确定。

（2）缓凝剂用于连续浇筑的混凝土时，混凝土的初凝时间应当满足设计和施工的要求。

（3）缓凝剂宜配制成溶液掺加，使用时应加入拌合水中，缓凝剂溶液中的含水量应从拌合水中扣除。难溶和不溶的粉状缓凝剂应采用干掺法，并宜延长搅拌时间30s。

（4）缓凝剂可以与减水剂复合使用。在配制溶液时，如产生絮凝或沉淀等现象，宜将它们分别配制溶液，并应分别加入搅拌机内。

（5）为确保混凝土的施工质量，对于掺加缓凝剂的混凝土浇筑和振捣完毕后，应及时按有关规定进行养护。

（6）当混凝土工程的施工环境温度波动超过10℃时，应观察混凝土的性能变化，并应经试验调整缓凝剂的用量。

第八章 混凝土泵送剂

能改善混凝土拌合物泵送性能的外加剂称为泵送剂。所谓泵送性能，就是混凝土拌合物具有能顺利通过输送管道、不阻塞、不离析、黏塑性良好的性能。泵送剂具有高流化、黏聚、润滑、缓凝的功效，适合制作高强型或者流态型的混凝土。按泵送剂的形状不同，可分为液体泵送剂和固体泵送剂两种。

第一节 混凝土泵送剂的选用及适用范围

泵送是一种有效的混凝土运输手段，不仅可以改善工作条件，节约大量的劳动力，提高施工效率，而且尤其适用于工地狭窄和有障碍物的施工现场，以及大体混凝土结构和高层建筑。用泵送浇筑的混凝土数量在我国已日益增多，商品混凝土在大中城市中泵送率已达 60% 以上，有的甚至更高。目前提倡采用的高性能混凝土施工，大多数采用泵送工艺，选择好的泵送剂也是至关重要的因素。

一、混凝土泵送剂的选用方法

根据现行国家标准《混凝土外加剂应用技术规

范》（GB 50119—2013）中的规定，在混凝土工程中常用混凝土缓凝剂可以按以下规定进行选用：

（1）混凝土工程可以采用一种减水剂与缓凝组分、引气组分、保水组分和黏度调节组分复合而成的泵送剂。

（2）混凝土工程可以采用两种或两种以上减水剂与缓凝组分、引气组分、保水组分和黏度调节组分复合而成的泵送剂。

（3）根据混凝土工程的实际情况，也可以采用一种减水剂作为泵送剂。

（4）根据混凝土工程的实际情况，也可以采用两种或两种以上减水剂作为泵送剂。

二、混凝土泵送剂的适用范围

混凝土泵送剂的适用范围应符合表 8-1 中的规定。

混凝土泵送剂的适用范围　　　表 8-1

序号	适 用 范 围
1	泵送剂宜用于需要泵送施工的混凝土工程
2	泵送剂可用于工业与民用建筑结构工程混凝土、道路桥梁混凝土、水下灌注桩混凝土、大坝混凝土、清水混凝土、防辐射混凝土和纤维增强混凝土
3	泵送剂宜用于日平均气温 5℃以上施工环境

序号	适 用 范 围
4	泵送剂不宜用于蒸汽养护混凝土和蒸压养护的预制混凝土
5	使用含糖类或木质素磺酸盐的泵送剂时，应按照《混凝土外加剂应用技术规范》(GB 50119—2013)中附录 A 的方法进行相容性试验，并应满足施工要求后再使用

第二节　混凝土泵送剂的质量检验

泵送剂一般由减水、缓凝、早强和引气等复配而成，主要用来提高和保持混凝土拌合物的流动性。泵送剂配方常随使用季节而变，冬季提高早强组分，夏季提高缓凝组分。泵送剂的主要组分是减水组分，也是最关键组分。泵送剂进场时应具有质量证明文件，进场后应按照有关规范进行质量检验，合格后才可用于工程中。

一、混凝土泵送剂的组成

泵送剂通常不是一种外加剂就能满足性能要求，而是要根据泵送剂的特点由不同的作用的外加剂复合而成。其复配比例应根据不同的使用目的、使用温度和不同的混凝土强度等级、泵送工艺等条件来确定。混凝土泵送剂的主要组分见表 8-2。

组分名称	技 术 性 能
减水剂	木质素磺酸钙、木质素磺酸钠、萘系减水剂、三聚氰胺减水剂、聚羧酸系减水剂等，这些减水剂具有减水率高，能够配置高强、大坍落度、自流平泵送混凝土，但是这些减水剂如萘系、三聚氰胺减水剂坍落度损失较大，而聚羧酸系减水剂则属于低坍落度损失外加剂，而且减水效果更好，更适用于配制低水灰比的高性能混凝土，目前我国正在推广使用聚羧酸系外加剂，相信在不久的将来聚羧酸系减水剂必是泵送剂的最主要的成分
缓凝剂	由于萘系等高效减水剂坍落度损失大的原因，在泵送剂中往往都要复配缓凝剂来解决这个问题。用作缓凝剂的有羟基羧酸类物质、多羟基碳水化合物、木质素磺酸 盐和糖类等。目前我国使用较多的缓凝剂就是糖类缓凝剂，主要是葡萄糖酸钠，其缓凝效果好，在掺量适宜的条件下还有增加混凝土的强度的作用
引气剂	混凝土中具有适当含气量时，微小气泡可以起到滚珠效应改善混凝土的流动性，减小泵送阻力。同时由于气泡的存在可以阻断混凝土中由于泌水形成的毛细管孔，进而降低泌水、离析，又可以提高抗渗、抗冻融性能。不过国内的泵送剂中复合引气剂的还是比较少的，主要原因是由于引气剂的用量很难把握好，掺量过多时，会引起混凝土的强度大幅度的降低

组分名称	技　术　性　能
保水剂	保水剂也称为增稠剂,其作用是增加混凝土聚合物的黏度,主要是纤维素类、聚丙烯酸类、聚乙烯醇类的水溶性高分子化合物。它们的相对分子量都比较高,主要是能够提高混凝土拌合物的黏度。在掺入水泥浆后,能形成保护性胶体,对分散的水泥浆起稳定作用,同时也增加了黏聚性。由于泵送混凝土的施工工艺,要求混凝土离浇筑面有一定的高度,一般为 0.2~0.5m,而且浇筑物如果再具有一定的高度,则混凝土下落的距离更大,就必须让混凝土具有很高的黏聚性

二、混凝土泵送剂的技术要求

(1) 根据不同的施工季节、施工环境、施工要求、混凝土强度要求等,泵送剂的组成都是不同的,选择合适的组成和配比,是保证混凝土顺利进行泵送的关键。在实际混凝土工程中,泵送剂多种多样,对泵送剂的技术要求也各不相同。尤其是减水率变化较大,从 12% 到 40% 不等。

近几年大量的研究和工程实践表明,高性能混凝土不宜采用低减水率的泵送剂,否则无法满足混凝土工作性和强度发展的要求;而中低强度等级的混凝土采用高减水率的泵送剂时,很容易出现泌水和离析问题。根据混凝土的强度等级,泵送剂的减水率选择应符合表 8-3 中的规定。

泵送剂的减水率选择　　表 8-3

序　　号	混凝土强度等级	减水率(%)
1	C30 及 C30 以下	12～20
2	C35～C55	16～28
3	C60 及 C60 以上	≥25

（2）在实际工程中，混凝土的坍落度保持性的控制是根据预拌混凝土运输和等候浇筑的时间所决定的。一般浇筑时混凝土的坍落度不得低于 120mm。按照现行国家标准《混凝土外加剂》（GB 8076—2008）中的规定，泵送剂混凝土的坍落度 1h 经时最大变化量不得大于 80mm。对于运输和等候时间较长的混凝土，应选用坍落度保持性较好的泵送剂。通过大量试验和工程实践证明，泵送剂混凝土的坍落度 1h 经时变化量应符合表 8-4 中的规定。

泵送剂混凝土坍落度 1h 经时变化量的选择　　表 8-4

序号	运输和等候的时间(min)	坍落度 1h 经时变化量(mm)
1	<60	≤80
2	60～120	≤40
3	>120	≤20

（3）用于自密实混凝土泵送剂的减水率不宜小于 20%。

三、混凝土泵送剂的质量检验

泵送混凝土是一种采用特殊施工工艺，要求具有能够顺利通过输送管道、摩擦阻力小、不离析、不阻塞和黏塑性良好的性能，因此不是任何一种混凝土都可以泵送的，在原材料选择方面要特别的慎重，尤其是在选择泵送剂时更要严格。

为了确保泵送剂的质量符合国家的有关标准，对所选用混凝土泵送剂进场后，应按照现行国家标准《混凝土外加剂应用技术规范》（GB 50119—2013）中的规定进行质量检验。混凝土泵送剂的质量检验要求见表 8-5。

混凝土泵送剂的质量检验要求 表 8-5

序号	质量检验要求
1	混凝土泵送剂应按每 50t 为一检验批，不足 50t 时也应按一个检验批计。每一检验批取样量不应少于 0.2t 胶凝材料所需用的减水剂量。每一检验批取样应充分混匀，并应分为两等份：其中一份按照《混凝土外加剂应用技术规范》（GB 50119—2013）第 10.3.2 和 10.3.3 条规定的项目及要求进行检验，每检验批检验不得少于两次；另一份应密封留样保存半年，有疑问时，应进行对比检验

序号	质量检验要求
2	混凝土泵送剂进场检验项目应包括 pH 值、密度（或细度）、减水率和坍落度 1h 经时变化值
3	混凝土泵送剂进场时，减水率及坍落度 1h 经时变化值应按进场检验批次采用工程实际使用的原材料和配合比，与上批留样进行平行对比，减水率允许偏差应为±2%，混凝土坍落度 1h 经时变化值允许偏差应为±20mm

四、混凝土泵送剂生产质量控制

混凝土泵送剂的质量控制应当从提高原材料质量和加强生产控制方面着手，主要是在各组分的生产时要特别注意质量控制，其中任何一组分的质量得不到好的控制，都会影响泵送剂最终的产品质量。根据国内外的生产经验，泵送剂的生产质量控制主要突出在减水率、匀质性、氯离子和碱含量、混凝土性能等方面。

（一）减水率

泵送剂中的最主要成分就是减水剂。目前泵送剂一般都是采用高效减水剂，减水率都在 12% 以上，多数采用萘系高效减水剂、脂肪族高效减水剂，也有的使用聚羧酸系高性能减水剂，这些减水剂的减水率一般都在 25% 以上。泵送剂中的减水组分也可以用高效减水剂和普通减水剂复配而成，这

211

样不仅可以节约成本，而且还可以结合所采用的减水剂的优势，但在复配过程中要特别注意两种减水剂的相容性问题，如聚羧酸系减水剂不能和萘系减水剂混合，这种相容性问题一定要通过试验来验证。

（二）匀质性

目前我国在混凝土工程中使用的泵送剂，大部分是多种成分按一定比例复配而成，有粉剂泵送剂和水剂泵送剂。粉剂泵送剂只要在工厂生产中混合均匀，在运输、贮存和使用过程中都没有问题；水剂泵送剂使用非常方便，但在复配过程中存在离析、沉淀、分层、浑浊和变质等不利情况。如木钙和糖钠复合使用就会产生沉淀，这就要在复配时充分了解各组分之间的性质差异，以及它们之间的相容性好坏，避免产生质量问题，影响混凝土工程的质量。因此，产品的匀质性是泵送剂质量主要的控制指标之一。

（三）氯离子和碱含量

为确保混凝土的施工质量符合设计要求，混凝土外加剂中的氯离子和碱含量都是必须检测项目。氯离子含量高对钢筋有很强的腐蚀作用，所以泵送剂也必须严格控制氯离子的含量，一般应在生产厂所控制值相对量的 5% 之内。碱是引发混凝土碱-骨料反应的主要原因之一，混凝土外加剂对碱含量也有严格控制，也是应在生产厂所控制值相对量的5%之内。

氯离子检测方法应按《混凝土外加剂匀质性试验方法》（GB 8077—2012）中的电位滴定法，以银电极或氯电极为指示电极，其电势随 Ag 浓度而变化。以甘汞电极为参比电极，用电位计或酸度计测定两电极在溶液中组成原电池的电势，银离子与氯离子反应生成溶解度很小的氯化银白色沉淀。在等当点前滴入硝酸银生成氯化银沉淀，两电极间电势变化缓慢，等当点是氯离子反应生成氯化银沉淀，这时滴入少量硝酸银即引起电势急剧变化，指示出滴定终点。碱含量测定可采用火焰光度计进行测量，具体试验步骤可参见《混凝土外加剂匀质性试验方法》（GB 8077—2012）中的规定。

（四）混凝土性能

混凝土的性能试验是测定泵送剂质量的重要环节，应进行坍落度增加值、坍落度保留值、含气量、泌水率比、抗压强度比等项目。凝结时间在一定程度上反映出泵送剂中缓凝组分的含量，它对泵送剂的质量影响很大，在现行标准中虽然未列出凝结时间的指标，但在实际工程中应将凝结时间作为控制指标。受检混凝土的性能指标见表 8-6。

受检混凝土的性能指标　　**表 8-6**

等级	坍落度增加值 (mm)	含气量 (%)	坍落度保留值(mm)		收缩率比 (28d) %	泌水率比 (%)		抗压强度比 (%)			对钢筋的锈蚀作用
			30min	60min		常压	压力	3d	7d	28d	
一等品	≥100	≤4.5	≥150	≥120	<135	≥90	≥90	90	90	90	应说明对钢筋无锈蚀
合格品	≥80	≤5.5	≥120	≥100	<135	≥100	≥95	85	85	85	

泵送剂进场时，减水率及坍落度 1h 经时变化值应按进场检验批次采用工程实际使用的原材料和配合比与上批留样进行平行对比试验，减水率允许偏差应为±2%，坍落度 1h 经时变化值允许偏差应为±20mm。

当掺加泵送剂的混凝土坍落度不能满足施工要求时，泵送剂可以采用二次掺加法。为确保二次添加泵送剂的混凝土满足设计和施工要求，泵送剂中不应包括缓凝和引气组分，以免这两种组分过量掺加，而引起混凝土凝结时间异常和强度下降等问题。二次添加的量应预先经试验确定。如需要采用二次添加法时，建议在泵送剂供方的指导下进行。

五、混凝土泵送剂的质量标准

随着城市化和超高层建筑的快速发展，泵送混凝土已成为城市建设不可缺少的特种混凝土，泵送

214

剂自然就成为商品混凝土中不可缺少的外加剂。为确保泵送剂的质量符合施工和物理力学性能的要求，国家相关部门制订了混凝土泵送剂的质量标准，在生产和使用过程中必须按照现行标准严格执行。

（一）《混凝土泵送剂》中的标准

根据现行的行业标准《混凝土泵送剂》（JC 473—2001）中的规定，对于配制混凝土的泵送剂，应满足匀质性和受检混凝土的有关性能要求。

（1）混凝土泵送剂的匀质性要求

混凝土泵送剂的匀质性要求，应符合表 8-7 中的要求。

混凝土泵送剂的匀质性要求　　表 8-7

序号	试验项目	性 能 指 标
1	固体含量	液体泵送剂:应在生产厂家控制值相对量的 6% 之内
2	含水率	固体泵送剂:应在生产厂家控制值相对量的 10% 之内
3	细度	固体泵送剂:0.315mm 筛的筛余量应小于 15%
4	氯离子含量	应在生产厂家控制值相对量的 5% 之内
5	总碱量(Na_2O+ 0.658K_2O)	不应小于生产厂家控制值的 5%

215

序号	试验项目	性 能 指 标
6	密度	液体泵送剂:应在生产厂家控制值的±0.02g/cm³之内
7	水泥净浆流动度	不应小于生产厂家控制值的95%

（2）受检混凝土的性能指标

受检混凝土系指按照《混凝土泵送剂》（JC 473—2001）中规定的试验方法配制的掺加泵送剂的混凝土。受检混凝土的性能指标，应符合表 8-8 中的要求。

受检混凝土的性能指标　　　　表 8-8

序号	试验项目			性能指标	
				一等品	合格品
1	坍落度增加值(mm)		不小于	100	80
2	常压下"泌水率"比(%)		不大于	90	100
3	压力下"泌水率"比(%)		不大于	90	95
4	含气量(%)		不大于	4.5	5.5
5	坍落度保留值(mm)	不小于	30min	150	120
			60min	120	100
6	抗压强度比(%)	不小于	3d	85	85
			7d	90	85
			28d	90	85

216

序号	试验项目			性能指标	
				一等品	合格品
7	收缩率比(%)	不大于	28d	135	135
8	对钢筋的锈蚀作用			应说明对钢筋 无锈蚀作用	

（二）《混凝土防冻泵送剂》中的标准

《混凝土防冻泵送剂》（JG/T 377—2012）中规定，混凝土防冻泵送剂是指既能使混凝土在负温下硬化，并在规定养护条件下达到预期性能，又能改善混凝土拌合物泵送性能的外加剂。防冻泵送剂的匀质性指标应符合表 8-9 中的要求，混凝土防冻泵送剂配制的受检混凝土性能指标应符合表 8-10 中的要求。

防冻泵送剂的匀质性指标 表 8-9

项 目	技 术 指 标
含固量	液体：$S > 25\%$ 时，应控制在 $0.95S \sim 1.05S$；$S \leqslant 25\%$ 时，应控制在 $0.90S \sim 1.10S$
含水率	粉状：$W > 5\%$ 时，应控制在 $0.90W \sim 1.10W$；$W \leqslant 5\%$ 时，应控制在 $0.80W \sim 1.20W$
密度	液体：$D > 1.1 \text{g/cm}^3$ 时，应控制在 $D \pm 0.03\text{g/cm}$；$D \leqslant 1.1 \text{g/cm}^3$ 时，应控制在 $D \pm 0.02\text{g/cm}$

项 目	技 术 指 标
细度	粉状：应在生产厂控制范围内
总碱量	不超过生产厂控制值

注：1. 生产厂在相关的技术资料中明示产品匀质性指标
的控制值；

2. 对相同和不同批次之间的匀质性和等效性的其他
要求可由买卖双方商定；

3. 表中的 S、W 和 D 分别为含固量、含水率和密度
的生产厂控制值。

受检混凝土性能指标　　　　表 8-10

项　　目		技术指标				
		Ⅰ 型		Ⅱ 型		
减水率(%)		≥14		≥20		
泌水率(%)		≤70				
含气量(%)		2.5～5.5				
凝结时间 之差(mm)	初凝	$-150 \sim +210$				
	终凝					
坍落度 1h 经时变化量(mm)		≤80				
抗压强度比 （%）	规定温度 (℃)	-5	-10	-15	-5	-10	-15
	R_{28}	≥110	≥110	≥110	≥120	≥120	≥120

218

项　　目		技术指标					
		I 型			II 型		
抗压强度比（%）	R_{-7}	≥20	≥14	≥12	≥20	≥14	≥12
	R_{-7+28}	≥100	≥95	≥90	≥100	≥100	≥100
收缩率比（%）		≤135					
50次冻融强度损失比（%）		≤100					

注：1. 除含气量和坍落度 1h 经时变化量外，表中所列
　　　数据为受检混凝土与基准混凝土的差值或比值；

　　2. 凝结时间之差性能指标中的"－"号表示为提
　　　前，"＋"号表示为延缓；

　　3. 当用户有特殊要求时需要进行的补充试验项目、
　　　试验方法及指标，由供需双方协商决定。

第三节　混凝土泵送剂主要品种及性能

　　工程实践证明，在混凝土原材料中掺入适宜的泵送剂，可以配制出不离析不泌水、黏聚性良好、和易性适宜、可泵性优良，具有一定含气量和缓凝性能的大坍落度混凝土，硬化后的混凝土具有足够的强度和满足多项物理力学性能要求。

　　目前，我国对泵送剂的研制和应用非常重视，已经有很多性能优良的泵送剂，如 HZ-2 泵送剂、

219

JM高效流化泵送剂、ZC-1高效复合泵送剂等。

一、HZ-2 泵送剂

HZ-2 泵送剂由木质素磺酸盐减水剂、缓凝高效减水剂和引气剂复合而成，外观为浅黄色粉末，能有效地改善混凝土拌合物的泵送性能，提高混凝土的可泵性，并能使新拌混凝土在 2h 内保持其流动性和稳定性，掺量为 0.7%～1.4%，减水率为10%～20%，1d、3d 和 7d 的强度分别提高 30%～70%、40%～80%和 30%～50%，初凝时间和终凝时间均可延长 1～3h，含气量为 3%～4%。

工程实践证明，HZ-2 泵送剂是一种性能优良、应用广泛的砂浆和混凝土的泵送剂。可以直接以粉剂掺入，也可以配制成溶液使用。适用于配制商品混凝土、泵送混凝土、流态混凝土、高强混凝土、大体积混凝土、道路混凝土、港工混凝土、滑模施工、大模板施工、夏季施工等。HZ-2 泵送剂的技术指标见表 8-11。

HZ-2 泵送剂的技术指标　　　　表 8-11

指标名称	技术指标	
	一等品	合格品
产品外观	浅黄色粉末	
细度(4900 孔标准筛筛余量,%)	≤15	

220

指标名称		技术指标	
		一等品	合格品
pH 值		10～11	
坍落度增加值(cm)		≥10	≥8
常压泌水量(%)		≤10	≤120
含气量(%)		≤4.5	≤5.5
坍落度保留值 (cm)	0.5h	≥12	≥10
	1.0h	≥10	≥8
抗压强度比 (%)	3d	≥85	≥80
	7d	≥85	≥80
	28d	≥85	≥80
	90d	≥85	≥80
收缩率比(90d),%		≤135	≤135
相对耐久性(200次),%		≥80	≥300
含固量(或含水量)		固体泵送剂应在生产厂控制 值相对量的≤5%之内	
密度		液体泵送剂应在生产厂 控制值的±0.02%之内	
氯离子含量		应在生产厂控制值相对量的5%之内	
水泥净浆流动度		应不小于生产厂控制值的95%	

二、JM 高效流化泵送剂

JM 高效流化泵送剂由磺化三聚氰胺甲醛树脂高效减水剂、缓凝剂、引气剂和流化组分复合而成，具有减水率高、泵送性能好等特点。在掺量范围内，减水率可达 15％～25％；由于不含氯盐，不会对钢筋产生锈蚀。JM 高效流化泵送剂具有可泵性好、混凝土不泌水、不离析、坍落度损失小等优点，同时能显著提高混凝土的强度和耐久性。由于减水率高，混凝土的强度增加值可达 15％～25％甚至更高，抗折强度等指标也有明显改善。由于掺有引气组分，使混凝土具有良好的密实性及抗渗、抗冻性能。JM 高效流化泵送剂适用于配制商品混凝土、泵送混凝土、高强混凝土和超高强混凝土。JM 高效流化泵送剂的技术指标见表 8-12。

JM 高效流化泵送剂的技术指标　　表 8-12

指标名称		技术指标	
		一等品	合格品
坍落度增加值(cm)		≥10	≥8
常压泌水量(％)		≤10	≤120
含气量(％)		≤4.5	≤5.5
坍落度保留值 (cm)	0.5h	≥12	≥10
	1.0h	≥10	≥8

指标名称		技术指标	
		一等品	合格品
抗压强度比（%）	3d	≥85	≥80
	7d	≥85	≥80
	28d	≥85	≥80
	90d	≥85	≥80
收缩率比（90d），%		≤135	≤135
相对耐久性（200 次），%		≥80	≥300
含固量（或含水量）		固体泵送剂应在生产厂控制值相对量的≤5%之内 液体泵送剂应在生产厂控制值相对量的 3%之内	
密度		液体泵送剂应在生产厂控制值的±0.02%之内	
氯离子含量		应在生产厂控制值相对量的 5%之内	
细度		应在生产厂控制值的±2%之内	
水泥净浆流动度		应不小于生产厂控制值的 95%	

三、ZC-1 高效复合泵送剂

ZC-1 高效复合泵送剂由萘系高效减水剂、木质素磺酸钙缓凝减水剂、保塑增稠剂和引气剂组成。本产品具有较高的减水率、良好的保塑性和对水泥有较好

223

的适应性，混凝土早期强度高，常温下 14～20h 即可脱模，适合于配制 C10～C60 不同强度的商品混凝土。ZC-1 高效复合泵送剂具有如下技术性能：

（1）ZC-1 高效复合泵送剂对水泥具有较好的适应性和高分散性，可使低塑性混凝土流态化，在保持水灰比相同的条件下，减水率可达到 18%～25%，可使混凝土坍落度由 5～7cm 增大到 18～22cm。

（2）ZC-1 高效复合泵送剂可有效地提高混凝土的抗受压泛水能力，防止管道阻塞。

（3）ZC-1 高效复合泵送剂配制的泵送混凝土，坍落度损失比较小，在正常情况下，如混凝土拌合物初始坍落度为 18～22cm，其水平管道坍落度降低值为 1～2cm/100m。

（4）ZC-1 高效复合泵送剂配制的流态混凝土，其早期强度比较高，14～20h 即可脱模，由于特别适合于配制 C10～C60 不同强度的商品混凝土，因此应用范围比较广泛。

ZC-1 高效复合泵送剂与 HZ-2 泵送剂的技术性能基本相同，其技术指标可参见表 8-11。

四、泵送剂对混凝土性能的影响

泵送剂对混凝土性能的影响，主要包括对新拌混凝土性能的影响和对硬化混凝土的性能的影响，具体影响可参见表 8-13。

泵送剂对混凝土性能的影响　　表 8-13

项　　目		影　响　结　果
对新拌混凝土的性能影响	和易性	(1)泵送剂的主要成分是减水剂,能够显著改善混凝土的和易性,尤其是对低水泥用量的贫混凝土,在不提高水泥用量的情况下大大提高拌合物流动性,使其满足泵送要求。 (2)坍落度在 $12\sim25$cm 都是适宜泵送要求,坍落度过小吸入困难,无润滑层,摩擦阻力大,容易堵泵,泵送效率低。坍落度过大,在泵送压力下弯头处容易产生离析而堵泵。 (3)泵送剂在正确的掺量下能够提高混凝土坍落度 8cm 以上。根据实际混凝土要求,制定适宜掺量,或根据厂家推荐掺量来用。 (4)在泵送剂掺入使用之前,一定要做与水泥的适应性试验,以确保混凝土的正常泵送
	保水性	(1)混凝土的保水性一般是以泌水来表示,保水性好坏可以在做混凝土坍落度试验时看出来,保水性差的混凝土在坍落度筒提起后,有较多的水泥浆从底部淌出。 (2)泌水率关系到泵送混凝土的匀质性和可泵性,泵送混凝土是在一定的泵压下由管道输送到浇筑现场,如果发生泌水,不但影响混凝土的质量而且会堵塞管道,造成堵泵,因此对泵送剂不但有常压泌水率要求,而且有压力作用下泌水率的要求

项　目		影　响　结　果
对新拌混凝土的性能影响	保水性	（3）在常压情况下泵送混凝土在坍落度(18±1)cm时的泌水率称为常压泌水率。泵送剂的泌水率用掺泵送剂与不掺泵送剂的混凝土在相同条件下泌水率的比值来表示，现行国家标准规定，泵送剂一等品的压力泌水率比值不大于100%，合格品不大于120%
	黏聚性	（1）加入好的泵送剂可使混凝土的黏聚性提高。混凝土的黏聚性在试验中尚无衡量指标，一般凭眼睛观察，黏聚性差的混凝土在试验时容易倒塌和离散，坍落度扩展后的混凝土样中心部分不能有骨料堆积，边缘部分不能有明显的浆体和游离水分离出来。 （2）黏聚性好的混凝土砂浆对石子的包裹性能也好，不会在混凝土泵送时出现混凝土泵把砂浆泵出去，而在泵车的进料斗中留下大部分的石子，从而产生堵泵的现象。 （3）砂率是否适宜也是影响泵送混凝土黏聚性的主要因素之一，砂率较小容易产生离散，所以中低强度泵送混凝土的砂率应在40%以上，高强混凝土的砂率在34%～38%，大流动度的混凝土砂率可达45%以上

项目		影 响 结 果
对新拌混凝土的性能影响	含气量	(1)混凝土中具有一定量均匀地分布的无害小气泡,对混凝土的流动性具有很大的提高作用,因为微小的气泡能够减小混凝土内部摩擦,降低泵送的阻力。 (2)混凝土中具有一定的引气量还可以降低混凝土的离析和泌水,对提高混凝土的抗渗性和耐久性也是有利的。 (3)如果混凝土中的含气量过大,会使硬化的混凝土的强度下降很多,所以泵送剂一般的含气量都在 2.5%~4.0%,一般不应大于 5.5%,且要求分布均匀
	坍落度保留值	(1)对于运输距离远、气温较高的季节,对于泵送剂的保坍性要求特别高,在不过分延长凝结时间的同时,要能够保持坍落度损失很小。GB 8076—2008 中规定:加泵送剂的混凝土 1h 坍落度经时变化值≤80mm; (2)混凝土坍落度损失与水泥品种有很大关系,水泥的细度和矿物组成不同,都对坍落度损失有影响。水泥的细度越大,坍落度损失越大;矿物掺合料掺量越高,坍落度损失越小; (3)选择合适的泵送剂组分对坍落度的保留值有很大的影响,缓凝剂的掺量一定要严格控制,因掺量不当会带来一系列的副作用。掺量过高会使混凝土泌水率增加、抗离析能力降低、强度降低和凝结时间延长

项 目		影 响 结 果
对新拌混凝土的性能影响	凝结时间	（1）泵送剂都具有一定的缓凝作用，特别是对初凝时间有一定的延缓性能。这主要是由于泵送混凝土对坍落度的保留值有一定的要求，在运送到工地的过程中，坍落度损失不能过大，到工地后要能够顺利进行泵送； （2）在大体积混凝土工程施工时，泵送剂的加入还可以延缓混凝土的早期水化热，降低混凝土在强度很低时由于内外温差而产生的裂缝； （3）掺加泵送剂的混凝土要特别注意夏季和冬季凝结时间的改变。在加入缓凝剂的时候一定要注意施工温度的改变。在冬期施工时，不少工程希望用泵送剂提高混凝土早期强度，以防止混凝土产生冻害，在泵送剂中掺入特定的组分(如早强剂和防冻剂等)是完全可以做到的
对硬化混凝土的性能影响	强度	（1）泵送剂是一种表面活性剂，能够有效地降低水的表面张力，使水能够很好地润湿水泥颗粒，从而排除吸附在水泥颗粒表面的空气，使水泥颗粒水化更加完全，加速水泥结晶形成过程，产生离子结合； （2）泵送剂中主要成分是减水剂，目前市场上泵送剂的减水率都比较高，所以可大幅度降低混凝土的水灰比，因此硬化后的混凝土空隙率较低

项　目		影　响　结　果
对硬化混凝土的性能影响	强度	（3）泵送剂中的高效减水剂对水泥的分散性能好，可改善水泥的水化程度，就可使混凝土的各个龄期的强度都有显著的提高，1～3d 的抗压强度可提高40％～100％； （4）由于泵送混凝土中都掺入粉煤灰、矿渣或两者合掺，所以掺入泵送剂的混凝土后期强度有一定增长，有利于混凝土综合性能的提高
	收缩	（1）收缩值是取决于混凝土的水灰比和水泥用量，目前市场上的泵送剂的减水率都是比较高，一般都是 15％以上，所以水泥的干燥收缩值是比较小，混凝土的收缩，一般都是由水泥的水化引起的体积减小； （2）低强度的混凝土虽然水泥用量比较的少，但是一般的水灰比较大，所以收缩值也比较大； （3）高强混凝土虽然水灰比比较的低，但是由于水泥的用量较多，其收缩值也是不容忽视的； （4）好的泵送剂应当具有降低混凝土的收缩的功能，现在主要是以掺入减缩剂或膨胀剂来降低混凝土的收缩

项　目		影　响　结　果
对硬化混凝土的性能影响	碳化	（1）碳化混凝土的碳化主要与混凝土的水灰比、矿物掺合料、养护条件等有关系，碳化是由于混凝土表面与空气中CO_2反应，水泥中的$Ca(OH)_2$与CO_2反应生成$CaCO_3$。试验表明：环境中CO_2的浓度越大，混凝土的碳化深度也就越大； （2）泵送剂主要能够降低混凝土的水灰比，并且能够改善混凝土中的孔结构，使混凝土中的孔结构趋于完全封闭的结构，外界的CO_2气体和水不能进入混凝土内部，从而降低混凝土碳化程度。 （3）泵送剂还可以改善混凝土表面的光洁度，使混凝土的表面平整，也是降低碳化的一个方面
	泌水	混凝土泌水就是混凝土在浇筑、振捣后，在硬化的过程中，混凝土中的自由水分通过混凝土内部形成的毛细孔上浮至混凝土表面的现象。混凝土的泌水与混凝土的单位水量有很大关系，泵送剂中的高效减水剂能够大幅度地降低混凝土中的单位用水量，因此掺加泵送剂能够降低混凝土的泌水。另外，混凝土的泌水还与砂率、施工工艺等方面有一定关系

230

项　目		影　响　结　果
对硬化混凝土的性能影响	耐久性	（1）混凝土的耐久性有四大指标，分别是冻融、硫酸盐侵蚀、碱骨料反应和氯离子渗透，混凝土泵送剂具有较高的减水作用，一般在大坍落度的情况下，具有比一般混凝土小的水灰比，还具有提高混凝土的密实度作用，使外界有害物质不能进入混凝土内部，从而提高混凝土的耐久性，混凝土的抗渗性和抗冻融性等也有一定的提高。 （2）泵送混凝土一般都会掺入矿物掺合料，由于矿物掺合料的细度一般都比较大，有助于填补混凝土的微小孔隙，也有助于提高混凝土的密实度，所以对混凝土的耐久性是有利的。 （3）碱-骨料反应，是骨料中的碱活性成分与水泥水化产物的碱反应，是破坏混凝土结构的一种作用，泵送混凝土中由于使用泵送剂后，可以大量使用矿物掺合料，矿物掺合料可以抑制碱-骨料反应和氯离子渗透

第四节　混凝土泵送剂应用技术要点

2010 年以来，我国商品混凝土年总用量超过 7 亿 m^3，商品混凝土在混凝土总产量中所占比例超过了 30%。商品混凝土的发展极大地推动了混凝土的集中化生产供应、泵送施工技术，并保证了混凝土工程质量，提高了水泥的散装率，是建筑业节能降耗的重要环节之一。工程实践也表明，商品混凝土的配制和施工离不开泵送剂，泵送剂的质量好坏决定着商品混凝土的质量优劣，因此在混凝土泵送剂的应用中应注意以下技术要点：

（1）参照产品使用说明书，正确合理选用泵送剂的品种。目前普通型泵送剂逐渐被市场淘汰，主要原因还是有超量不凝的风险。但不能否认，C30及 C30 以下的泵送混凝土，使用普通型泵送剂具有配制方便、成本较低，足够的灰量也利于泵送等优点。

中效泵送剂适用 C40 及 C40 以下的泵送混凝土，使用十分方便，适用范围较广，特别在我国上海以及苏南地区使用以中效泵送剂为主；高效泵送剂主要用于 C45 及 C45 以上的混凝土，或有其他特殊要求以及特殊环境下采用。

新型的聚羧酸高性能减水剂，现在很流行，在高强、高耐久性要求的混凝土中得到广泛的应用，但作为泵送剂在预拌混凝土中使用，还存在应用技术的不成熟，价格因素、掺量过低、对水敏感、多数厂家与水泥适应不佳，甚至减水率太高也是影响大范围推广使用的障碍。

（2）关注泵送剂产品的质量，除关注某些厂家不注意原材料质量控制，粗制滥造，以假乱真，提供伪劣产品外，对质量较好的产品也应注意某些问题，如应详细了解产品实际性能，注意生产厂所提供的技术资料和应用说明。在工程应用前，应做到泵送剂与水泥品种匹配适应，更要注意泵送剂与胶凝材料的适应性。匀质性检测只是质量稳定性的控制的手段，最终的应用效果还要做混凝土性能检验，通过试验确定选用外加剂的掺量范围和最佳掺量。

（3）必须按说明书要求采用正确的掺加方法，也可根据施工混凝土设计对泵送剂性能的要求，选择先掺法、同掺法、后掺法，但必须严格控制泵送剂的掺量。掺量过少效果不显著；掺量过大，不仅经济上不合理，而且还可能造成工程事故。尤其是引气、缓凝作用明显的减水剂，更应引起注意，不可超掺量使用。一般不准两种或两种以上的泵送剂同时掺用，除非有可靠的技术鉴定作依据。

（4）注意存储的环境，防止暴晒、泄漏干涸、受潮、进水，导致泵送剂变质，影响泵送剂的功能。如果存放时间长，受潮结块的泵送剂，应经干燥粉碎，试验合格后方可使用。泵送剂产品如果已

233

超过保质期，应经试验检测合格后可以酌情使用。

（5）注意水泥品种的选择。在原材料中，水泥对外加剂的影响最大，水泥品种不同，将影响泵送剂的减水、增强和泵送效果，其中对减水效果影响更明显。高效减水泵送剂对水泥更有选择性，不同水泥其减水率的相差较大，水泥矿物组成、掺合料、调凝剂、碱含量、细度等都将影响减水剂的使用效果，如掺有硬石膏的水泥，对于某些掺减水剂的混凝土将产生速硬或使混凝土初凝时间大大缩短，其中萘系减水剂影响较小，糖蜜类会引起速硬，木钙类会使初凝时间延长。

因此，同一种泵送剂在相同的掺量下，往往因水泥不同而使用效果明显不同，或同一种泵送剂，在不同水泥中为了达到相同的减水、增强和泵送效果，泵送剂的掺量明显不同。在某些水泥中，有的泵送剂会引起异常凝结现象。为此，当水泥可供选择时，应选用对泵送剂较为适应的水泥，提高泵送剂的使用效果。当泵送剂可供选择时，应选择施工用水泥较为适用的泵送剂，为使泵送剂发挥更好效果，在使用前，应结合工程进行水泥选择试验。

（6）掺用泵送剂的混凝土，均需延长搅拌时间和加强养护。泵送混凝土收缩率较大，大面积混凝土施工早期保湿养护尤为重要，掺加早强防冻型泵送剂的混凝土更要注意早期的保温防护，泵送剂中大都含有引气成分，混凝土浇筑必须进行充分合理的振捣，把混凝土中的气泡引出，但不得过振，也不得漏振。

（7）注意调整混凝土的配合比。一般地说，泵送剂对混凝土配合比没有特殊要求，可按普通方法进行设计。但在减水或节约水泥并掺入定量矿物掺合料的情况下，应对砂率、胶凝材料用量、水胶比❶等作适当调整。施工中对于混凝土配合比主要应注意以下几个方面：

① 使用液体泵送剂，注意将产品中带入的水分从拌合水中扣除，保持设定的水胶比。

② 砂率对混凝土的和易性影响很大。由于掺入泵送剂后和易性能获得较大改善，因此砂率可适当降低，其降低幅度约为1%～4%，如木钙可取下限1%～2%，引气性减水剂可取上限3%～4%，若砂率偏高，则降低幅度可增大，过高的砂率不仅影响混凝土强度，也给成型操作来一定的困难。具体配比均应由试配结果来确定。

③ 注意水泥用量。泵送剂中掺入的减水剂均

---

❶ 水胶比即混凝土配合比中水与水泥加矿物掺合料的百分比例。

235

有不同程度节约水泥的效果，使用普通减水泵送剂可节约 5%～10%，高效减水泵送剂即可节约 10%～15%。用高强度等级水泥配制混凝土，掺减水剂的泵送剂可节约更多的水泥。

④ 注意水胶比变化，掺减水剂混凝土的水胶比应根据所掺品种的减水率确定。原来水胶比大者减水率也较水胶比小者高。在节约水泥后为保持坍落度相同，其水胶比应与未省水泥时相同或增加约 0.01～0.03。现阶段，混凝土原材需水量等品质变化较大，必须加强配合比复核工作，用外加剂来调整坍落度，确保混凝土的工作性能和设计强度。

(8) 注意施工特点。如搅拌过程中要严格控制泵送剂和水的用量，选用合适的掺加方法和搅拌时间，保证泵送剂充分起作用。对于不同的掺加方法应有不同的注意事项，如干掺时注意所用的减水剂要有足够的细度，粉粒太粗，溶解不匀，效果就不好；后掺或干掺的，必须延长搅拌时间 1min 以上。

(9) 掺泵送剂的混凝土坍落度损失一般较快，应缩短运输及停放时间，一般不超过 60min，否则要用后掺法。在运输过程中应注意保持混凝土的匀质性，避免分层，掺缓凝型减水剂要注意初凝时间延缓，掺高效减水剂或复合剂有坍落度损失快等特点。

236

（10）选用质量可靠的泵送剂。混凝土泵送剂是一种特殊产品，在混凝土中通常用量很少，但作用非常明显，因此产品的质量特别重要。不允许有任何质量误差，否则一旦发生混凝土工程事故，后果不堪设想。

（11）施工过程中的技术要点。根据现行国家标准《混凝土外加剂应用技术规范》（GB 50119—2013）中的规定，在泵送混凝土的施工过程中应当注意以下技术要点：

① 泵送剂的相容性试验应当按照现行国家标准《混凝土外加剂应用技术规范》（GB 50119—2013）中附录 A 的方法进行。

② 不同供方、不同品种的泵送剂不得混合使用，以避免产生一些不良化学反应。

③ 泵送剂的品种、掺量应根据工程实际使用的原材料、环境温度、运输距离、泵送高度和泵送距离等经试验确定。

④ 液体泵送剂宜与拌合水预混，溶液中的水量应从拌合水中扣除；粉状泵送剂宜与胶凝材料一起加入搅拌机内，并宜延长混凝土搅拌时间 30s。

⑤ 泵送混凝土的原材料选择、配合比要求，应符合现行行业标准《普通混凝土配合比设计规程》（JGJ 55—2011）中的有关规定。

⑥ 掺加泵送剂的混凝土采用二次掺加法时，二次添加的外加剂品种及掺量应经试验确定，并应记录备案。二次添加的外加剂，不应包括缓凝和引气组分。二次添加后应确保混凝土搅拌均匀，坍落度应符合要求后再使用。

⑦ 掺加泵送剂的混凝土浇筑和振捣后，应及时进行压抹，并应始终保持混凝土表面潮湿，终凝后还应浇水养护。当气温较低时，应加强保温保湿养护。

第九章　混凝土防冻剂

当某地区室外日平均温度连续 5d 稳定低于 5℃时，该地区的混凝土工程施工即进入冬期施工。冬期混凝土施工的实质是在自然负温环境中要创造可能的养护条件，使混凝土得以硬化并增长强度。混凝土冬期施工的特点是：混凝土的凝结时间长，0～4℃温度下的混凝土凝结时间比 15℃时延长 3 倍；温度低到 -0.5～ -0.3℃时，混凝土开始冻结，水化反应基本停止，当温度降至 -10℃时，水泥的水化反应完全停止，混凝土强度不再增长。

第一节　混凝土防冻剂的选用及适用范围

在我国北方地区混凝土的冬期施工是不可避免的，为了保证混凝土的施工质量和工程进度，常在混凝土中掺加适宜的防冻剂。防冻剂是一种能使混凝土在负温下硬化而不需要加热，最终达到与常温养护的混凝土相同质量水平的外加剂。

防冻剂在混凝土中的主要作用是提高其早期强度，防止混凝土受冻破坏。防冻剂中的有效组分之一就是降低冰点的物质，它的主要作用是使混凝土

239

中的水分在可能低的温度下，防止因混凝土中的水分冻结而产生冻胀应力；同时保持了一部分不结冰的水分，以维持水泥水化反应的进行，从而保证在负温环境下混凝土强度的增长。由此可见，了解混凝土防冻剂的适用范围，正确选用防冻剂是冬期混凝土施工成功的关键。

一、混凝土防冻剂的选用方法

根据现行国家标准《混凝土外加剂应用技术规范》（GB 50119—2013）中的规定，在混凝土工程中常用混凝土防冻剂可以按以下规定进行选用：

（1）混凝土工程可以采用以某些醇类、尿素等有机化合物为防冻组分的有机化合物类防冻剂。

（2）混凝土工程可采用下列无机盐类防冻剂：

① 以亚硝酸盐、硝酸盐、磷酸盐等无机盐为防冻组分的无氯盐类；

② 含有阻锈组分，并以氯盐为防冻组分的氯盐阻锈类；

③ 以氯盐为防冻组分的氯盐类。

（3）混凝土工程可以采用防冻组分与早强、引气和减水组分复合而成的防冻剂。

二、混凝土防冻剂的适用范围

混凝土防冻剂的适用范围应符合表 9-1 中的规定。

序号	适 用 范 围
1	混凝土防冻剂可用于冬期施工的混凝土
2	亚硝酸钠防冻剂或亚硝酸钠与碳酸锂复合防冻剂,可用于冬期施工的硫铝酸盐水泥混凝土
3	含氯盐的防冻剂只适用于不含钢筋的素混凝土、砌筑砂浆。含足够量阻锈剂可用于一般钢筋混凝土,但不适用于预应力混凝土
4	不含氯盐的防冻剂适用于各种冬期施工的混凝土,不论是普通钢筋混凝土还是预应力混凝土

第二节　混凝土防冻剂的质量检验

混凝土防冻剂是冬期混凝土施工中不可缺少的外加剂,防冻剂的质量如何对于冬期混凝土的施工质量起着决定性的作用。因此,在防冻剂进场后,应按照有关规范进行质量检验,合格后才可用于工程中。

一、混凝土防冻剂的组成

混凝土防冻剂绝大多数是复合外加剂,由防冻组分、早强组分、减水组分、引气组分、载体等材料组成。

(一)防冻组分

防冻剂都是由防冻组分、减水剂、引气剂等几种功能组分复配成的。各组分的百分含量随使用地

241

区的冬季气温变化特点而不同，因此防冻剂的地方特色较强，但是其中使用的防冻组分却都差不多。

外加剂中的防冻组分有：①亚硝酸盐有亚硝酸钠、亚硝酸钙、亚硝酸钾；②硝酸盐有硝酸钠、硝酸钙；③碳酸盐有碳酸钾；④硫酸盐有硫酸钠、硫酸钙、硫代硫酸钠；⑤氯盐有氯化钠、氯化钙；⑥氨水；⑦尿素；⑧低碳醇有甲醇、乙醇、乙二醇、1,2丙二醇、甘油；⑨小分子量羧酸的盐类有甲酸钙、乙酸钠、乙酸钙、丙酸钠、丙酸钙、一水乙酸钙。

防冻组分的作用是降低水的冰点，使水泥在负温环境下仍能继续水化。几种常用防冻盐的饱和溶液冰点见表9-2；防冻剂常用成分作用见表9-3。

几种常用防冻盐的饱和溶液冰点　　表9-2

名称	析出固相共熔体时		名称	析出固相共熔体时	
	浓度(g/100g 水)	温度(℃)		浓度(g/100g 水)	温度(℃)
氯化钠	30.1	−21.2	碳酸钾	56.5	−36.5
氯化钙	42.7	−55.6	硫酸钠	3.8	−1.2
亚硝酸钠	61.3	−19.6	乙酸钠	—	−17.5
硝酸钙	78.6	−28.0	尿素	78.0	−17.5
硝酸钠	58.4	−18.5	氨水	161.0	−84.0
亚硝酸钙	31.7	−8.5	甲醇	212.0	−96.0

242

防冻剂常用成分作用   表 9-3

防冻剂作用 防冻剂名称	早强	减水	引气	降低冰点	缓凝	冰晶	阻锈
氯化钠	+	−	−	+	−	−	+
氯化钙	+	−	−	+	−	−	−
硫酸钠	+	−	−	+	−	−	−
硫酸钙	+	−	−	−	+	−	−
硝酸钠	+	−	−	+	−	−	+
硝酸钙	+	−	−	+	−	−	−
亚硝酸钠	−	−	−	+	−	−	+
亚硝酸钙	−	−	−	+	−	−	+
碳酸盐	+	−	−	−	−	−	−
尿素	−	−	−	+	+	−	−
氨水	−	−	−	+	+	−	−
三乙醇胺	+	−	−	−	−	−	+
乙二醇	+	−	−	+	−	+	−
木钙	−	+	+	−	+	−	+

防冻剂作用\防冻剂名称	早强	减水	引气	降低冰点	缓凝	冰晶	阻锈
木钠	＋	＋	＋	－	－	－	－
萘系减水剂	＋	＋	－	－	－	－	－
蒽系减水剂	＋	＋	－	－	－	＋	－
氨基磺酸盐	＋	＋	－	－	＋	－	＋
三聚氰胺	＋	＋	－	－	－	－	－
引气剂	－	＋	＋	－	－	－	－
有机硫化物	－	－	－	＋	－	＋	－

注：表中"＋"为具有的作用，"－"为不具有作用。

（二）早强组分

早强组分是冬期混凝土施工中极其重要的组分，它可以促进水泥水化速度，使混凝土获得较高的早期强度，使混凝土尽快达到或超过混凝土的受冻临界强度，促进混凝土早期结构的形成，提高混凝土早期抵抗冻害的能力。混凝土冬期施工中常用的早强组分有：硫代硫酸钠、氯化钙、硝酸钙、亚硝酸钙、三乙醇胺、硫酸钠等。

有关建材科研单位将硫代硫酸钠和三乙醇胺复合，通过成型水泥胶砂试件，在低温试验环境下对

244

比了其在不同组合和不同掺量下的增强效果。在混凝土 28d 强度不降低的前提下，选取合适的早强组分的组成和掺量，按《混凝土外加剂》（GB 8076—2008）的检测方法，验证了该早强组分在不同温度环境下的早强性能。结果表明，在较低和较高的气候条件下，该早强组分可起到一定的早强作用，但在低温环境下增强效果更好。对同时掺加粉煤灰和高效减水剂的 C30 混凝土试验表明，该早强组分在不同温度下同样具有早强效果，且新拌混凝土的工作性保持较好，适合冬期混凝土工程应用。

（三）减水组分

减水组分也是混凝土防冻剂中不可缺少的组分，该组分的作用就在于减少混凝土中的用水量，起到分散水泥和降低混凝土的水灰比的作用。减少了混凝土中的绝对用水量，使冰晶粒细小而均匀分散，从而减轻了对混凝土的破坏应力，提高了混凝土的密实性。实质上是减少了混凝土中可冻水的数量，即减少了受冻混凝土中的含冰率，相应也提高了混凝土防冻性能。另外，防冻剂掺量一般是固定的，由于水灰比的减小，相对地提高了混凝土中减水剂水溶液的浓度，进一步降低了冰点，从而提高了混凝土防早期冻害能力。在冬期混凝土施工中常用的减水组分主要有：木钙、木钠、萘系高效减水剂以及三聚氰胺、氨基磺酸盐、煤焦油系减水剂等。

（四）引气组分

混凝土中的水产生结冰时体积增大 9%，严重时可造成混凝土中骨料与水泥颗粒的相对位移，使混凝土结构受到损伤甚至破坏，形成不可逆转的强度损失。引气组分在搅拌混凝土过程中能引入大量均匀分布、稳定而封闭的微小气泡。这些气泡对混凝土主要有四种作用：①能减少混凝土的用水量，进一步降低水灰比；②引入的气泡对混凝土内冰晶的膨胀力有一个缓冲和消弱作用，减轻冰晶膨胀力的破坏作用；③提高了混凝土的耐久性能；④小气泡起到阻断毛细孔作用，使毛细孔中的可冻结水减少。

试验证明，应用引气减水剂的冰胀应力，仅为单掺无机盐防冻剂的 1/10；混凝土中的含气量以 3%～5% 为宜。当引入的气泡数量少，体积大，一般都是可见气泡时，则起不到上述作用，反而会产生一些不利的影响，并且由于振捣排除不力时，一些气泡还会聚合成更大气泡，因此称这种气泡为有害气泡，所以使用引气原材料要特别谨慎。引气的组分可以使用引气型减水剂如木钙、木钠、蒽系减水剂等；也可以使用引气剂，如松香热聚物等。

（五）载体

混凝土的载体主要是指掺加的粉煤灰、磨细矿渣、砖粉等，它们的作用主要有：①使一些液状或微量的组分掺入，并使各组分均匀分散；②便于防冻剂干粉的掺加使用；③避免防冻剂受潮结块。

二、混凝土防冻剂的质量检验

冬期混凝土是一种在特殊气候施工的工艺，要求掺入混凝土防冻剂后确实能够起到减水、引气、防冻、保强等作用，因此并不是任何一种混凝土防冻剂都可以满足要求的，在防冻剂选择方面要特别的慎重。

为了确保防冻剂的质量符合国家现行的有关标准，对所选用混凝土防冻剂进场后，应按照国家标准《混凝土外加剂应用技术规范》（GB 50119—2013）中的规定进行质量检验。混凝土防冻剂的质量检验要求见表9-4。

混凝土防冻剂的质量检验要求   表9-4

序号	质量检验要求
1	混凝土防冻剂应按每100t为一检验批，不足100t时也应按为一个检验批计。每一检验批取样量不应少于0.2t胶凝材料所需用的减水剂量。每一检验批取样应充分混匀，并应分为两等份:其中一份按照《混凝土外加剂应用技术规范》(GB 50119—2013)第11.3.2和11.3.3条规定的项目及要求进行检验，每检验批检验不得少于两次;另一份应密封留样保存半年，有疑问时,应进行对比检验

序号	质量检验要求
2	混凝土防冻剂进场检验项目应包括氯离子含量、密度(或细度)、含固量(或含水率)、碱含量和含气量,复合类防冻剂还应检测减水率
3	检验含有硫氰酸盐、甲酸盐等防冻剂的氯离子含量时,应采用离子色谱法

三、混凝土防冻剂的质量标准

混凝土防冻剂的质量如何,关系到冬期混凝土施工的成败,也关系到工程施工进度和工程成本。近些年来,随着城市建设的大规模扩展,非常需要在冬季进行混凝土浇筑,防冻剂的标准建设也随之健全。

（一）《混凝土防冻剂》中的规定

根据现行行业标准《混凝土防冻剂》 (JC 475—2004) 中的规定,混凝土防冻剂系指能使混凝土在负温（零度以下）下硬化,并在规定的养护条件下达到预期性能的外加剂。

1. 混凝土防冻剂的分类

混凝土防冻剂按其组成成分不同,可分为强电解质无机盐类（氯盐类、氯盐阻锈类、无氯盐类）、水溶性有机化合物类、有机化合物与无机盐复合类、复合型防冻剂。

2. 混凝土防冻剂的性能

（1）混凝土防冻剂的匀质性。混凝土防冻剂的匀质性应符合表 9-5 中的要求。

混凝土防冻剂的匀质性　　　　表 9-5

序号	项　目	技　术　指　标
1	固体含量（％）	液体防冻剂：$S \leqslant 5\%$ 时，$0.95S \leqslant X < 1.05S$；$S < 5\%$ 时，$0.90S \leqslant X < 1.10S$。$S$ 是生产厂家提供的固体含量（质量分数），％；X 是测试的含水率（质量分数），％
2	含水率（％）	粉状防冻剂：$W \leqslant 5\%$ 时，$0.90W \leqslant X < 1.10W$；$W < 5\%$ 时，$0.80W \leqslant X < 1.20W$。$W$ 是生产厂家提供的含水率（质量分数），％；X 是测试的含水率（质量分数），％
3	密度	液体防冻剂：$D > 1.10$ 时，应控制在 $D \pm 0.03$；$D \leqslant 1.10$ 时，应控制在 $D \pm 0.02$。D 是生产厂家提供的密度数值
4	氯离子含量（％）	无氯盐防冻剂，$\leqslant 0.1\%$（质量分数）
		其他防冻剂，不超过生产厂家控制值
5	碱含量（％）	不超过生产厂家提供的最大值
6	水泥净浆流动度（mm）	应不小于生产厂家控制值的 95％
7	细度（％）	粉状防冻剂的细度应为生产厂家提供的最大值

（2）掺防冻剂混凝土的性能。掺加防冻剂的混凝土性能应符合表 9-6 中的要求。

掺加防冻剂的混凝土性能　　表 9-6

序号	试验项目		技术指标					
			一等品			合格品		
1	减水率(%)		10			—		
2	"泌水"率比(%)		80			100		
3	含气量(%)		2.5			2.0		
4	凝结时间差 (min)	初凝	−150～+150			−210～+210		
		终凝						
5	抗压强度比(%)	规定温度	−5	−10	−15	−5	−10	−15
		R_{-7}	≥20	≥12	≥10	≥20	≥10	≥8
		R_{28}	≥100	≥100	≥95	≥95	≥95	≥90
		R_{-7+28}	≥95	≥90	≥85	≥90	≥85	≥80
		R_{-7+56}	≥100	≥100	≥100	≥100	≥100	≥100
6	28d 收缩率比(%)		≤135					
7	渗透高度比(%)		≤100					
8	50 次冻融强度损失率比(%)		≤100					
9	对钢筋的锈蚀作用		应说明对钢筋无锈蚀作用					

（3）释放氨量。含有氨或氨基类的防冻剂释放量应符合《混凝土外加剂释放氨的限量》（GB 18588—2001）中规定的限值。

（二）《水泥砂浆防冻剂》中的规定

根据现行行业标准《水泥砂浆防冻剂》（JC/T 2031—2010）中的规定，水泥砂浆防冻剂的生产与使用不应对人体、生物与环境造成有害的影响，所涉及的生产与使用的安全与环保要求，应符合我国相关国家标准和规范的要求。

水泥砂浆防冻剂匀质性指标应符合表9-7中的规定，受检水泥砂浆技术性能应符合表9-8中的规定，水泥砂浆防冻剂的其他性能应符合表9-9中的规定。

水泥砂浆防冻剂匀质性指标　　　表 9-7

序号	试 验 项 目	性 能 指 标
1	液体砂浆防冻剂固体含量（%）	$0.95S \sim 1.05S$
2	粉状砂浆防冻剂含水率（%）	$0.95W \sim 1.05W$
3	液体砂浆防冻剂密度（g/cm³）	应在生产厂所控制值的±0.02g/cm³
4	粒状砂浆防冻剂细度（公称粒径300μm 筛余），%	$0.95D \sim 1.05D$
5	碱含量（Na$_2$O+0.658K$_2$O），%	不大于生产厂控制值

注：1. 生产厂控制值在产品说明书或出厂检验报告中明示。

　　2. 表中的 S、W、D 分别为固体含量、含水率和细度的生产厂控制值。

251

受检水泥砂浆技术性能　　　表 9-8

序号	试 验 项 目		性能指标			
			Ⅰ型		Ⅱ型	
1	泌水率比(%)		≤100		≤70	
2	分层度(mm)		≤30			
3	凝结时间差(min)		−150～+90			
4	含气量(%)		≥3.0			
5	抗压强度比 (%)	规定温度(℃)	−5	−10	−5	−10
		R_{-7}	≥10	≥9	≥15	≥12
		R_{28}	≥100	≥95	≥100	≥100
		R_{-7+28}	≥90	≥85	≥100	≥90
6	收缩率比(%)		≤125			
7	抗冻性(25 次 冻融循环)	抗压强度损 失率比(%)	≤85			
		质量损失率比(%)	≤70			

水泥砂浆防冻剂的其他性能　　　表 9-9

序号	项目名称	性 能 指 标
1	产品外观	水泥砂浆干粉防冻剂产品应均匀一致,不应有结块;液状防冻剂产品应呈均匀状态,不应有沉淀现象
2	氯离子含量	用于钢筋配置部位的水泥砂浆防冻剂的氯离子含量不应大于 0.1%

序号	项目名称	性 能 指 标
3	释放氨限量	水泥砂浆防冻剂释放氨应符合《混凝土外加剂释放氨限量》(GB 18588—2001)中规定的限值

（三）《砂浆、混凝土防水剂》的规定

根据现行的行业标准《砂浆、混凝土防水剂》(JC 474—2008) 中的规定，砂浆、混凝土防水剂系指能降低砂浆、混凝土在静水压力下透水性的外加剂。

1. 砂浆、混凝土防水剂的匀质性要求

砂浆、混凝土防水剂的匀质性要求，应符合表9-10 中的要求。

砂浆、混凝土防水剂的匀质性要求　表 9-10

序号	试验项目	技术指标	
		液体防水剂	粉状防水剂
1	密度 (g/cm³)	$D>1.1$ 时，要求为 $D\pm0.03$；$D\leqslant1.1$ 时，要求为 $D\pm0.02$。D 为生产厂商提供的密度值	—
2	氯离子含量(%)	应小于生产厂家的最大控制值	应小于生产厂家的最大控制值

253

序号	试验项目	技术指标	
		液体防水剂	粉状防水剂
3	总碱量（%）	应小于生产厂家的最大控制值	应小于生产厂家的最大控制值
4	含水率（%）	—	$W \geqslant 5\%$时，$0.90W \leqslant X < 1.10W$；$W < 5\%$时，$0.80W \leqslant X < 1.20W$。$W$是生产厂提供的含水率（质量分数），%；$X$是测试的含水率（质量分数），%
5	细度（%）	—	0.315mm 筛的筛余量应小于 15
6	固体含量（%）	$S \geqslant 20\%$时，$0.95S \leqslant X < 1.05S$；$S < 20\%$时，$0.95S \leqslant X < 1.10S$。$S$是生产厂提供的固体含量（质量分数），%；$X$是测试的固体含量（质量分数），%	—

注：生产厂应在产品说明书中明示产品均匀指标的控制值。

2. 受检砂浆的性能指标要求

用砂浆、混凝土防水剂配制的受检砂浆的性能指标要求，应符合表 9-11 中的要求。

受检砂浆的性能指标要求 表 9-11

序号	试 验 项 目		性能指标	
			一等品	合格品
1	安定性		合格	合格
2	凝结时间	初凝(min) ≥	45	45
		终凝(h) ≤	10	10
3	抗压强度比(%)≥	7d	100	85
		28d	90	80
4	进水压力比(%) ≥		300	200
5	吸水率比(48h)% ≤		65	75
6	收缩率比(28d)% ≤		125	135

注：安定性和凝结时间为受检净浆的试验结果，其他项目数据均为受检砂浆与基准砂浆的比值。

3. 受检混凝土砂浆的性能指标要求

用砂浆、混凝土防水剂配制的受检混凝土的性能指标要求，应符合表 9-12 中的要求。

受检混凝土的性能指标要求 表 9-12

序号	试 验 项 目		性能指标	
			一等品	合格品
1	安定性		合格	合格
2	"泌水率"比(%) ≤		50	70
3	凝结时间差(mm) ≥	初凝	—90①	—90①

255

序号	试验项目		性能指标	
			一等品	合格品
4	抗压强度比(%) ≥	3d	100	90
		7d	110	100
		28d	100	90
5	渗透高度比(%) ≤		30	40
6	吸水量比(48h)% ≤		65	75
7	收缩率比(28d)% ≤		125	135

① :"—"表示时间提前;安定性和凝结时间为受检净浆
的试验结果,凝结时间为受检混凝土与基准混凝土
的差值,表中其他项目数据均为受检混凝土与基准
混凝土的比值。

第三节 混凝土防冻剂主要品种及性能

混凝土防冻剂按其组成材料不同,可分为氯盐
类防冻剂、氯盐阻锈类防冻剂和无氯盐类防冻剂;
按掺量及塑化效果不同,可分为高效防冻剂和普通
防冻剂;按负温养护温度不同,可分为 $-5℃$ 、
$-10℃$ 、 $-15℃$ 三类防冻剂,更低负温的防冻剂标
准我国尚未制定。

一、常用盐类防冻剂

（一）亚硝酸钠防冻剂

在各种常用的无机盐防冻组分中，亚硝酸钠的防冻效果较好，其最低共熔点为$-19.8℃$，作为防冻组分可以在不低于$-16.0℃$的环境条件下使用，其掺量为水泥重量的 $5\%\sim10\%$。亚硝酸钠易溶于水，在空气中会发生潮解，与有机物接触易燃烧和爆炸，有较大的毒性，储存和使用中应特别注意。亚硝酸钠的技术指标见表 9-13，亚硝酸钠的水溶性特征见表 9-14，亚硝酸钠对混凝土的强度影响见表 9-15。

亚硝酸钠的技术指标　　　　表 9-13

项　目	技术指标		
	优等品	一等品	合格品
亚硝酸钠($NaNO_2$)质量分数(以干基计)，%	≥99.0	≥98.5	≥98.0
硝酸钠质量分数(以干基计)，%	≤0.80	≤1.00	≤1.00
氯化物(以 NaCl 计)质量分数(以干基计)，%	≤0.10	≤0.17	—
水不溶物质量分数(以干基计)，%	≤0.05	≤0.06	≤0.10
水分的质量分数，%	≤1.4	≤2.0	≤2.5
松散度(以不结块物的质量分数计)，%	≥85		

注：本表引自《工业亚硝酸钠》(GB/T 2367—2006)。

亚硝酸钠的水溶性特征　　　　表 9-14

溶液密度 20℃ (g/cm³)	无水亚硝酸钠含量(kg)		密度的温度系数	冰点(℃)
	1L 溶液中	1kg 溶液中		
1.031	0.051	0.05	0.00028	—2.3
1.052	0.084	0.08	0.00033	—3.9
1.065	0.106	0.10	0.00036	—4.7
1.099	0.164	0.15	0.00043	—7.5
1.137	0.227	0.20	0.00051	—10.8
1.176	0.293	0.25	0.00060	—15.7
1.198	0.336	0.28	0.00065	—19.6

亚硝酸钠对混凝土的强度影响　　　表 9-15

环境温度 (℃)	混凝土强度(与基准混凝土标准养护 28d 强度比)(%)			
	7d	14d	28d	90d
—5	30	50	70	90
—10	20	35	55	70
—15	10	20	35	50

亚硝酸钠中的杂质以硝酸钠为主。亚硝酸钠使水泥中的硅酸三钙水化速度加快，而使硅酸二钙水化速度减慢，因此有早强作用而后期强度增长比较迟缓。亚硝酸钠对钢筋有较好的阻锈作用，但掺量过高会使混凝土中的自由水减少、含碱量增多，混

凝土的强度也不能提高。

（二）亚硝酸钙防冻剂

亚硝酸钙 $Ca(NO_2)_2$ 是一种透明无色或淡黄色单斜晶体系人工矿物，含有两个结晶水。在常温下亚硝酸钙易吸湿潮解，常与吸湿性更大的硝酸钙共生。工业亚硝酸钙通常含有 5％～10％的硝酸钙，硝酸钙通常含有 1 个结晶水或 4 个结晶水，吸潮性比亚硝酸钙更严重。

亚硝酸钙浓水溶液与水同时全部成冰的最低共晶温度为 −28.2℃，但在防冻剂中一般只有不到 2％亚硝酸钙，折成水溶液中的浓度也不超过 5％。从表 9-16 中可查到开始成冰的温度为 −2.6～−1.7℃。因此，亚硝酸钙的防冻作用主要不是水的冰点降低，而是也依靠部分结冰理论和冰晶变形效果的共同作用。表 9-17 为亚硝酸钙不同掺量混凝土强度增长情况。

亚硝酸钙溶液降低冰点作用　　　　表 9-16

20℃下的溶液密度	密度变化温度系数（开始成冰前）	无水亚硝酸钙含量 1L 溶液内	水溶液浓度（％）按重量计	开始成冰的临界温度（℃）
1.04	0.00029	0.058	5.3	−1.7
1.06	0.00032	0.087	8.0	−2.6
1.12	0.00041	0.170	15.0	−5.1

20℃下的溶液密度	密度变化温度系数(开始成冰前)	无水亚硝酸钙含量1L溶液内	水溶液浓度(%)按重量计	开始成冰的临界温度(℃)
1.14	0.00044	0.197	17.3	−6.0
1.18	0.00045	0.253	21.7	−8.7
1.20	0.00046	0.285	23.7	−10.1
1.22	0.00047	0.317	25.7	−11.9
1.24	0.00048	0.347	27.8	−13.6
1.26	0.00050	0.380	30.0	−15.6
1.28	0.00051	0.413	31.8	−16.8
1.30	0.00053	0.443	33.7	−18.0
1.32	0.00054	0.473	35.7	−19.2
1.34	0.00055	0.503	37.7	−20.4
1.36	0.00056	0.536	39.3	−21.6
1.38	0.00057	0.560	40.5	−23.8
1.40	0.00058	0.595	41.6	−26.0
1.42	0.00059	0.620	42.1(共晶)	−28.2(共晶)

亚硝酸钙不同掺量混凝土强度增长 表 9-17

编号	掺量(%)	受检温度(℃)	抗压强度比(%)				
			冻 7d	冻 28d	标 7d	标 28d	冻 7 标 28
ND14	1.5	−10	20.0	—	75.0	100.0	95.8
ND15	2.0	−10	20.0	—	89.0	95.0	105.0

编号	掺量（%）	受检温度（℃）	抗压强度比（%）				
			冻 7d	冻 28d	标 7d	标 28d	冻 7 标 28
ND16	3.0	−10	16.5	—	92.0	86.5	96.0
H0	1.0	−10	12.0	15.0	88.0	—	
H2	2.0	−10	16.0	24.4	89.5	—	
H3	3.0	−10	18.3	26.0	86.0	85.0	
H4	4.0	−10	22.3	26.7	83.0	90.0	

（三）氯化钠防冻剂

氯化钠（NaCl）俗称为食盐，是一种白色立方晶体或细小结晶粉末，相对密度为 2.165，中性。有杂质存在时易产生潮解。溶于水的最大浓度是 0.3kg/L，此时溶液的冰点为−21.2℃。氯化钠的技术指标见表 9-18，氯化钠溶液降低冰点作用见表 9-19。

氯化钠的技术指标　　　　　**表 9-18**

指标项目	技术指标			
	优等品	一级品	二级品	三级品
氯化钠含量（%）	≥94	≥92	≥88	≥83
水不溶物（%）	≤0.4	≤0.4	≤0.6	≤1.0
水溶性杂质（%）	≤1.4	≤2.2	≤4.0	≤5.0
水分（%）	≤4.2	≤5.2	≤7.4	≤11.0

氯化钠溶液降低冰点作用　　　**表 9-19**

| 溶液密度 20℃(g/cm³) | 氯化钠含量(kg) | | 密度的温度系数 | 溶液浓度 (%) | 冰点 (℃) |
	1L 溶液中	1L 水中			
1.013	0.020	0.020	0.00024	2	−1.2
1.027	0.041	0.042	0.00028	4	−2.5
1.041	0.062	0.064	0.00031	6	−3.7
1.056	0.084	0.087	0.00034	8	−5.2
1.071	0.104	0.111	0.00037	10	−6.7
1.079	0.119	0.123	0.00038	11	−7.5
1.086	0.130	0.136	0.00039	12	−8.4
1.094	0.142	0.150	0.00041	13	−9.2
1.101	0.152	0.163	0.00042	14	−10.1
1.109	0.166	0.176	0.00043	15	−11.0
1.116	0.179	0.190	0.00044	16	−12.0
1.124	0.191	0.205	0.00046	17	−13.1
1.132	0.204	0.220	0.00047	18	−14.2
1.140	0.217	0.235	0.00048	19	−15.3
1.148	0.230	0.250	0.00049	20	−16.5
1.156	0.243	0.266	0.00050	21	−17.9
1.164	0.256	0.282	0.00051	22	−19.4
1.172	0.270	0.299	0.00052	23 (共晶)	−21.1 (共晶)

氯化钠的防冻作用比较好，是防冻剂中价格最便宜的组分，但因为对混凝土的其他不良影响十分明显，所以很少单独用作防冻组分。氯化钠有较明显的早强效果，当掺量由 0.3% 增至 1.0% 时，混凝土强度的提高比较显著，掺量再提高混凝土早期强度增长反而不明显提高。当氯化钠掺量为 0.3% 时，对混凝土的早期强度增长虽然开始明显，如果与 0.03%～0.05% 三乙醇胺复合，则可以得到最佳的早强增强率。氯化钠及复合剂的早强性能见表 9-20。

氯化钠及复合剂的早强性能　　　表 9-20

序号	防冻剂掺量(水泥用量的%)			龄期强度/相对强度(%)		
	氯化钠	亚硝酸钠	三乙醇胺	砂浆 R_2	混凝土 R_2	混凝土 R_{28}
1	—	—	—	8.22/100	9.10/100	30.0/100
2	0.3	—	—	10.9/133		
3	0.5	—	—	12.1/147		
4	1.0	—	—	13.2/160		
5	0.3	—	0.05	14.3/175		
6	0.5	—	0.05		14.9/164	35.0/117
7	0.5	1.0	0.05		15.2/167	35.0/117

由于氯化钠很容易使钢筋发生锈蚀，降低混凝

土的耐久性，所以作为防冻组分使用时必须特别注意。

（四）氯化钙防冻剂

氯化钙浓溶液冰点可低到−55.6℃，但是将其掺入混凝土后只凸显其早强性能，而降低冰点的能力比较差。从表9-17中可知，20%浓度的氯化钙溶液（相当于水灰比0.40的混凝土中掺有32kg/m³左右）冰点在−7℃时，而同样浓度的气化钠溶液的冰点是−12.7℃。这是由于氯化钙属于强电解质，溶于水后全部电离成离子，吸附在水泥颗粒的表面，增加水泥的分散度而加速水泥的水化反应。氯化钙还能与水泥中的铝酸三钙作用生成水化氯铝酸钙；氯化钙与氢氧比钙反应，可降低水泥-水系统的碱度，使硅酸三钙的反应易于进行，这些都有助于提高混凝土的早期强度。氯化钙混凝土的相对强度增长率见表9-21。

氯化钙混凝土的相对强度增长率　　表 9-21

混凝土龄期（d）	普通硅酸盐水泥			火山灰质和矿渣水泥		
	CaCl₂掺量（C×%）			CaCl₂掺量（C×%）		
	1%	2%	3%	1%	2%	3%
2	140	165	200	150	200	200
3	130	150	165	140	170	185

混凝土龄期(d)	普通硅酸盐水泥			火山灰质和矿渣水泥		
	CaCl₂掺量(C×％)			CaCl₂掺量(C×％)		
	1％	2％	3％	1％	2％	3％
5	120	130	140	130	140	150
7	115	120	125	125	125	135
14	105	115	115	115	120	125
28	100	110	110	110	115	120

注：1. 本表按硬化时的平均温度为 15～20 编制，当硬化平均温度为 0～5℃时，则表内数值增加 25％，5～10℃时增加 15％，也就是气温越低，其早强效果越好。

2. 表中的数据以空白混凝土同龄期强度为 100％。

工程实践证明，氯化钙与硝酸钙、亚硝酸钙复合的防冻剂，是全无机盐复合防冻剂中最好的复配方剂之一，随着复合剂浓度的增加混凝土冰点可以从 −5℃降到 −50℃，并且其施工性能和硬化增强性能也较亚硝酸钠-氯化钙复合剂为优。其存在的缺点是深度防冻则需掺量很大，且不宜与低浓度萘系减水剂复合。

氯化钙与硝酸钙、亚硝酸钙水溶液冰点见表 9-22。

氯化钙与硝酸钙、亚硝酸钙水溶液冰点　表 9-22

溶液密度 20℃(g/cm³)	无水 HHXK 含量(kg)		密度的温度系数	冰点(℃)
	1L 溶液中	1kg 溶液中		
1.043	0.054	0.05	0.00026	−2.8
1.070	0.087	0.08	0.00029	−4.9
1.087	0.108	0.10	0.00031	−6.6
1.105	0.133	0.12	0.00033	−8.6
1.131	0.170	0.15	0.00036	−12.5
1.157	0.208	0.18	0.00039	−16.6
1.175	0.235	0.20	0.00041	−20.1
1.192	0.262	0.22	0.00043	−24.5
1.218	0.305	0.25	0.00046	−32.0
1.245	0.349	0.28	0.00049	−40.6
1.263	0.379	0.30	0.00052	−48.0

（五）尿素防冻剂

尿素是白色或浅色的晶体，通常加工成颗粒状是在其外层附有包裹膜，以避免其很强的吸湿性对运输和储存带来损失。纯尿素熔点为 132.6℃，超过熔点即分解，易溶于水、乙醇和苯，在水溶液中呈中性。根据现行国家标准《尿素》（GB 2440—2001）中的规定，尿素的质量标准应符合表 9-23 中的要求。

项　　目	工业用			农业用		
	优等品	一等品	合格品	优等品	一等品	合格品
总氮(N)含量(以干基计)	≥46.5	≥46.3	≥46.3	≥46.4	≥46.2	≥46.2
缩二脲含量(%)	≤0.5	≤0.9	≤1.0	≤0.9	≤1.0	≤1.5
水分含量(%)	≤0.3	≤0.5	≤0.7	≤0.4	≤0.5	≤1.0
铁(Fe)含量(%)	≤0.0005	≤0.0005	≤0.0010	—	—	—
碱度(以 NH₃ 计)(%)	≤0.01	≤0.02	≤0.03	—	—	—
硫酸盐(以硫酸根离子计)含量(%)	≤0.005	≤0.010	≤0.020	—	—	—
水不溶物(%)	≤0.005	≤0.010	≤0.040	—	—	—
亚甲基二脲(以 HCHO 计)含量(%)	—	—	—	≤0.60	≤0.60	≤0.60
粒度 0.85mm~2.80mm 1.18mm~3.35mm 2.00mm~4.25mm 4.09mm~8.00mm	≥90	≥90	≥90	≥90	≥90	≥90

注：1. 若尿素生产工艺中不加甲醛，可不进行亚甲基二脲含量的测定；

2. 指标中粒度项只需符合四档中任一档即可，包裹标识中应标明。

浓度为 78% 的尿素溶液冰点为 −17.6℃，可使混凝土在高于−15℃气温下不受冻且强度随龄期增长。单掺尿素的混凝土在正温条件下增长仅高于基准混凝土5%，在负温条件下可以高出4～6倍，但强度发展比较慢。

掺有尿素的混凝土，在自然干燥的过程中，内部所含溶液将通过毛细管析出至结构物表面并结晶成白色粉状物，这种现象称为析盐，严重影响建筑物的美观。因此尿素的掺量不能超过水泥重量的4%。掺有尿素的混凝土，在封闭环境内会散发出刺鼻的臭味，影响人体健康，因此不能用于整体现浇的剪力墙结构或楼盖结构。

（六）其他盐类防冻剂

除了以上所述的盐类防冻剂外，其他常用盐类防冻剂主要有：硝酸钠、硝酸钙琼酸钾、硫代硫酸钠、硫酸钠、乙酸钠及草酸钙等，常用盐类防冻组分水溶液的特性见表9-24。

常用盐类防冻组分水溶液的特性　　表9-24

| 防冻剂名称 | 不同浓度时的冰点值（%） | | | | | | | 最低共溶性 | |
	2	4	6	8	10	15	20	共溶点（℃）	浓度（%）
硝酸钙	−0.6	−1.3	−1.9	−2.5	−3.4	−4.8	−5.8	−28.0	78.6
碳酸钾	—	—	—	—	—	—	—	−37.6	66.7

防冻剂名称	不同浓度时的冰点值（%）							最低共溶性	
	2	4	6	8	10	15	20	共溶点（℃）	浓度（%）
硫酸钠	−0.6	−1.2	—	—	—	—	—	−1.2	3.8
乙酸钠	—	—	—	—	—	—	—	−17.6	—
氨水	—	—	—	—	—	—	—	−84.0	161.0
硫代硫酸钠	—	—	—	—	—	—	—	−11.0	42.8

二、常用有机物防冻剂

试验研究表明，有机醇类物质，如甲醇、乙二醇、三乙醇胺、乙醇、二甘醇、丙三醇等作为防冻组分，应用于配制冬期混凝土施工用防冻剂具有较好的防冻效果，在建筑工程常用的是甲醇、乙二醇和三乙醇胺。

（一）甲醇

甲醇又称为木精，是一种易燃和易挥发的无色刺激性液体，在水中的溶解度很高且不随温度降低而减小，水溶液的低共熔点为−96℃，工业上主要用于制造甲醛、香精、染料、医药、火药、防冻剂等。几种常用有机防冻组分的水溶液特性见表9-25。

研究结果表明：甲醇掺入混凝土中不会产生缓

269

凝；掺甲醇类防冻剂的混凝土虽然在冻结条件下强度增长很慢，但转为正温后混凝土强度增长比较快。有机醇类防冻组分的复合防冻增强效果见表9-26。

几种常用有机防冻组分的水溶液特性 表 9-25

防冻组分名称	不同浓度时水溶液的冰点值(℃)			
	10%	15%	20%	100%
甲醇	−4.9	−7.5	−10.0	−97.8
乙二醇	−4.8	−7.4	−9.9	−13.2
二甘醇	—	—	—	−8.0
乙醇	—	—	—	−114.1

（二）乙二醇

乙二醇又称为甘醇，是一种无色、无臭、有甜味、黏稠的液体，在水中的溶解度很高且不随温度降低而减小，水溶液的低共熔点为−9.9℃，工业上主要用于制造树脂、增塑剂、合成纤维、化妆品和炸药，并用作溶剂、配制发动机的抗冻剂，在混凝土中应用较少，其水溶液特性见表9-25。

研究结果表明，乙二醇作为防冻组分与防冻剂复合使用后具有较好的防冻增强效果，符合标准对混凝土强度发展的要求，其防冻增强效果可参见表9-26。

有机醇类防冻组分的复合防冻增强效果 表 9-26

防冻剂及掺量(%)	养护温度(℃)	水灰比 W/C	坍落度(mm)	受检混凝土抗压强度比(%)			
				R_{-7}	R_{28}	R_{-7+28}	R_{-7+56}
防冻剂：2.50	−15	0.45	80±10	7.03	125.3	100.6	102.8
防冻剂：2.45 甲醇：0.05	−15	0.45	80±10	8.40	136.4	113.3	110.5
防冻剂：2.45 乙二醇：0.05	−15	0.45	80±10	9.75	137.7	116.9	117.9
防冻剂：2.45 三乙醇胺：0.05	−15	0.45	80±10	7.41	130.5	85.8	98.8
防冻剂：2.45 乙醇：0.05	−15	0.45	80±10	6.98	118.2	91.0	98.1
防冻剂：2.45 二甘醇：0.05	−15	0.45	80±10	9.00	119.3	100.3	99.7
防冻剂：2.45 丙三醇：0.05	−15	0.45	80±10	7.10	131.7	104.4	101.8

（三）三乙醇胺

三乙醇胺又称为三（2-羟乙基）胺，是一种无色黏稠的液体，常作为早强剂在混凝土中得到广泛应用。三乙醇胺的早强作用是由于其能促进铝酸三钙的水化，三乙醇胺中的 N 原子有一对共用电子，很容易与金属离子形成共价键，发生络合反应，与金属离子形成较为稳定的络合物，这些络合物在溶液中可形成许多可溶区，从而提高了水化产物的扩散速率。可以缩短水泥水化过程中的潜伏期，提高混凝土的强度。

此外，三乙醇胺对硅酸三钙、硅酸二钙水化过程有一定的抑制作用，这又使得后期的水化产物得以充分的生长、密实，保证了混凝土后期强度的提高。有关试验证明，将三乙醇胺与防冻剂复合使用后，发现三乙醇胺具有一定的早期辅助防冻增强的效果，但后期混凝土强度损失较大。

三、防冻剂对混凝土性能的影响

防冻剂对混凝土性能的影响主要包括对新拌混凝土性能的影响和对硬化混凝土性能的影响两个方面。对新拌混凝土性能的影响包括流动性、泌水性和凝结时间；对硬化混凝土性能的影响包括强度、弹性模量和耐久性。防冻剂对混凝土性能的影响见表 9-27。

防冻剂对混凝土性能的影响　　　表 9-27

项　　目		影　响　结　果
对新拌混凝土影响	流动性	多数防冻剂均有一定的塑化作用，在流动性不变的条件下，可降低水灰比大于 10%，国内防冻剂大多为防冻组分和减水剂复合而成，往往显示出叠加效应，如硝酸盐与萘系减水剂或碳酸盐与木质素磺酸盐复合，就可以明显提高负温混凝土的流动性或降低防冻剂的掺量

项 目		影 响 结 果
对新拌混凝土影响	泌水性	多数防冻剂不会促进负温混凝土泌水而使拌合物离析,因为多数防冻剂都会加速水泥熟料矿物的水化反应而使得液相变得黏稠,可以改善负温混凝土的泌水现象。但尿素、氨水、有机醇类等防冻剂组分具有一定的缓凝作用,在高流动性混凝土中往往会促进泌水,适当增大砂率可以改善泌水现象
	凝结时间	早强型防冻剂(如碳酸钾、氯化钙等)往往会缩短混凝土的凝结时间,因此有利于负温混凝土的凝结硬化。但是在长距离运输的商品混凝土中应慎用,或与其他外加剂复合使用
对硬化混凝土影响	强度	防冻剂对混凝土强度的影响,除与防冻剂的种类、掺量有关外,还与该混凝土受冻时间、受冻温度等因素密切相关。研究表明,掺防冻剂的负温混凝土力学性能明显优于不掺时负温混凝土的力学性能。如掺用乙二醇和减水剂复配的液体防冻剂,掺量为胶凝材料的 2.5% 时,混凝土早期强度能提高 30%~40%,而后期强度增长 20% 左右

273

项　目		影　响　结　果
对硬化混凝土影响	弹性模量	掺防冻剂混凝土的弹性模量与基准混凝土的弹性模量没有明显的差别
	耐久性	研究结果表明，防冻剂可以提高负温混凝土的耐久性，例如掺用盐类复配的防冻剂可明显提高负温混凝土的抗渗性；掺用有机物复配的防冻剂可明显提高负温混凝土的抗冻性和抗碳化性能。掺有机物复配的防冻剂的混凝土就可以提高混凝土的抗硫酸盐侵蚀性、抗碱-骨料反应性、抗盐析性等性能指标

第四节　混凝土防冻剂应用技术要点

我国北方地区，冬期混凝土施工应用防冻剂的目的主要是为了防止混凝土的冻害，使浇注的混凝土能在负温下继续硬化，从而达到设计要求的强度。混凝土在冬期施工中采用负温法掺用防冻剂，与以往冬期施工中通常采用的加热方法相比，具有设备简单、投资较少、节约能源、使用方便等优点。根据现行国家标准《混凝土外加剂应用技术规范》（GB 50119— 2013）中的规定，为充分发挥防冻剂的作用，在其应用过程中应注意以下技术

274

要点：

（1）防冻剂选用量应符合以下规定：在日最低气温为－5℃，混凝土采用一层塑料薄膜和两层草袋或其他代用品覆盖养护时，可采用早强剂或早强减水剂代替；在日最低气温为－10℃、－15℃、－20℃，采用上述保温措施时，可分别采用规定温度为－5℃、－10℃和－15℃的防冻剂。

（2）配制使用防冻剂时应注意：配制复合防冻剂前，应掌握防冻剂各组分的有效成分、水分及不溶物的含量，配制时应按有效固体含量计算。配制复合防冻剂溶液时，应搅拌均匀，如有结冰或沉淀等现象应分别配制溶液并分别加入搅拌器，不能有沉淀存在，不能有悬浮物、絮凝物存在。产生上述现象则说明配方可能不当，当某些组分发生交互作用，必须找到并调换该组分。

（3）含碱水组分的防冻剂相容性的试验，应按照现行国家标准《混凝土外加剂应用技术规范》（GB 50119—2013）中附录 A 的方法进行。

（4）氯化钙与引气剂或引气减水剂复合使用时，应先加入引气剂或引气减水剂，经过搅拌后，再加入氯化钙溶液。

（5）掺防冻剂的混凝土所用原材料，应当符合下列要求：①宜选用硅酸盐水泥和普通硅酸盐水泥；②骨料应清洁，不得含有冰雪、冻块及其他易裂物质。

（6）以粉剂形式供应产品时，生产时应谨慎处理最小组分，使其能均匀分散在最大组分中，粗颗粒原料必须先经粉碎后再混合。最终应能全部通过0.63mm孔径的筛。储存液体防冻剂的容器应有保温或加温设备。

（7）防冻剂与其他外加剂同时使用时，应当经过试验确定，并应满足设计和施工要求后再使用。

（8）掺加防冻剂混凝土拌合物的入模温度不应低于5℃。

（9）掺加防冻剂混凝土的生产、运输、施工及养护，应符合现行行业标准《建筑工程冬期施工规程》（JGJ/T 104—2011）的有关规定。

（10）掺防冻剂混凝土搅拌时间应比不掺防冻剂的延长50%，从而保证防冻剂在混凝土中均匀分布，使混凝土的强度一致。

第十章　混凝土速凝剂

混凝土速凝剂是一种非常重要的混凝土外加剂，它能显著缩短混凝土由浆体变为固态所需时间，在几分钟内就可以使之失去流动性并硬化，十几分钟即可达到终凝，早期强度比较高。这种加速水泥硬化速度的特性，使它在矿山、铁路、水利、工业与民用建筑和国防工程中都有广泛的应用。由于速凝剂的特有性能，使它成了喷射混凝土的组成材料之一，特别是随着地下工程数量的增加和作用的不同，速凝剂作为混凝土的组成材料在某种施工条件下是必不可少的外加剂。

第一节　混凝土速凝剂的选用及适用范围

从目前发展状况看，速凝剂的发展趋势有如下特点：①含碱性高的速凝剂开发并应用所占比重逐渐减少，低碱或无碱速凝剂愈来愈为人们重视；②单一的速凝剂向具有良好性能的复合速凝剂发展，通过添加减水剂、早强剂、增黏性、降尘剂等研制新型复合添加剂；③有机高分子材料和不同类型表面活性剂在开发中更多地被采用，它们为减少喷射混凝土回弹，粉尘含量从理论研究到实际应用开辟了新途径；④新型速凝剂必须具备无毒、无腐蚀、无刺激性，对水泥各龄期强度无较大负面影响，性价比优越等特征。

一、混凝土速凝剂的选用

混凝土速凝剂是使水泥混凝土快速凝结硬化的外加剂。掺用速凝剂的主要目的是使新喷射的物料迅速凝结，增加一次喷射层的厚度，缩短两次喷敷之间的时间间隔，提高喷射混凝土的早期强度，以使其提供支护抗力。因此，选用适宜的速凝剂是喷射混凝土施工能否成功的重要因素。

根据现行国家标准《混凝土外加剂应用技术规范》（GB 50119—2013）中的规定，在混凝土工程中常用混凝土速凝剂可以按照表 10-1 中的规定进行选用。

常用混凝土速凝剂　　　　表 10-1

速凝剂名称	常用速凝剂
粉状速凝剂	喷射混凝土工程可采用下列粉状速凝剂： （1）以铝酸盐、碳酸盐等为主要成分的粉状速凝剂； （2）以硫酸铝、氢氧化钙等为主要成分与其他无机盐、有机物复合而成的低碱粉状速凝剂

速凝剂名称	常用速凝剂
液体速凝剂	喷射混凝土工程可采用下列液体速凝剂： （1）以铝酸盐、硅酸盐等为主要成分与其他无机盐、有机物复合而成的液体速凝剂； （2）以硫酸铝、氢氧化铝等为主要成分与其他无机盐、有机物复合而成的低碱液体速凝剂

二、混凝土速凝剂的适用范围

混凝土速凝剂的适用范围应符合表 10-2 中的规定。

混凝土速凝剂的适用范围　　表 10-2

序号	适 用 范 围
1	混凝土速凝剂可用于喷射法施工的砂浆或混凝土
2	粉状速凝剂宜用于干法施工的喷射混凝土，液体速凝剂宜用于湿法施工的喷射混凝土
3	永久性支护或衬砌施工使用的喷射混凝土、对碱含量有特殊要求的喷射混凝土工程，宜选用碱含量小于 1% 的低碱速凝剂

第二节　混凝土速凝剂的质量检验

混凝土速凝剂是一种满足喷射特殊施工工艺，要求掺入混凝土速凝剂后能够在很短时间内达到初凝，并具有一定增强作用的外加剂，因此并不是任何一种混凝土外加剂都可以满足以上要求的，在混凝土速凝剂的选择方面要特别的慎重，通过质量检验一定要确保速凝剂符合现行国家或行业的标准。

一、混凝土速凝剂的质量检验

为了确保速凝剂的质量符合国家现行的有关标准，对所选用混凝土速凝剂进场后，应按照国家标准《混凝土外加剂应用技术规范》（GB 50119—2013）中的规定进行质量检验。混凝土速凝剂的质量检验要求见表 10-3。

混凝土速凝剂的质量检验要求   表 10-3

序号	质量检验要求
1	混凝土速凝剂应按每 50t 为一检验批，不足 50t 时也应按一个检验批计。每一检验批取样量不应少于 0.2t 胶凝材料所需用的减水剂量。每一检验批取样应充分混匀，并应分为两等份：其中一份应按照《混凝土外加剂应用技术规范》（GB 50119—2013）第 12.3.2 和 12.3.3 条规定的项目及要求进行检验，每检验批检验不得少于两次；另一份应密封留样保存半年，有疑时时，应进行对比检验
2	混凝土速凝剂进场检验项目应包括密度（或细度）、水泥净浆的初凝时间和终凝时间
3	混凝土速凝剂进场时，水泥净浆的初凝时间和终凝时间应按进场检验批次采用工程实际使用的原材料和配合比与上批留样进行平行对比试验，其允许偏差应为±1min

二、混凝土速凝剂的质量标准

根据现行行业标准《喷射混凝土用速凝剂》（JC 477—2005）中的规定，按照产品形态分为：粉状速凝剂和液体速凝剂；按照产品等级分为：一等品与合格品。喷射混凝土用速凝剂匀质性指标见表 10-4；掺速凝剂净浆及硬化砂浆的性能要求见表 10-5。

喷射混凝土用速凝剂匀质性指标　　表 10-4

试验项目	匀质性指标	
	粉　状	液　体
密度	应在生产厂所控制值的 $\pm 0.02 \text{g/cm}^2$	—
氯离子含量	应小于生产厂最大控制值	应小于生产厂最大控制值
总碱量	应小于生产厂最大控制值	应小于生产厂最大控制值
pH 值	应在生产厂控制值 ± 1 之内	—
细度	—	$80 \mu \text{m}$ 筛余应小于 15%
含水率	—	$\leqslant 2.0\%$
含固量	应大于生产厂的最小控制值	

281

产品等级	试验项目			
	净浆		砂浆	
	初凝时间（min∶s）	终凝时间（min∶s）	1d 抗压强度（MPa）	28d 抗压强度比（%）
一等品	3∶00	8∶00	7.0	75
合格品	5∶00	12∶00	6.5	70

第三节　混凝土速凝剂主要品种及性能

混凝土速凝剂是专门为喷射水泥混凝土施工特制的一种超快硬早强的水泥混凝土外加剂，掺配后水泥混凝土的初凝时间不超过 3min，初凝后就具备了抵抗水泥混凝土自重脱落的能力。由于速凝剂具有这些优异特性，使其广泛应用于公路隧道支护、边坡防护、地下洞室、水池、薄壳、水利、港口、修复加固等喷射或喷锚水泥混凝土结构，也可用于需要速凝堵漏的水泥混凝土或砂浆中。随着喷射混凝土应用范围不断扩大，混凝土速凝剂的品种也越来越多，性能也越来越好。

一、混凝土速凝剂的分类

混凝土速凝剂按形态不同划分，主要有粉状

速凝剂和液态速凝剂。按其主要成分划分，有硅酸盐、碳酸盐、铝酸盐、氢氧化物、铝盐以及有机类速凝剂。其他具有速凝作用的无机盐包括氟铝酸钙、氟硅酸镁、氟硅酸钠、氯化物、氟化物等，可作为速凝剂的有机物则有烷基醇胺类和聚丙烯酸、聚甲基丙烯酸、羟基羧酸、丙烯酸盐等。

作为混凝土速凝剂，一般很少采用单一的化合物，多为各种具有速凝作用的化合物复合而成，这些速凝剂按其主要成分，可以分为五类（见表10-6）。由于氯化物速凝剂对钢筋有腐蚀作用，现已不用作喷射混凝土的速凝剂。

喷射混凝土常用的速凝剂　　　　表10-6

速凝剂类型	主　要　性　能
铝氧熟料速凝剂	这类速凝剂以铝氧熟料为主要成分,可分为铝氧熟料、碳酸盐系和复合硫铝酸盐系两种系列。铝氧熟料、碳酸盐系速凝剂主要成分为铝酸钠、碳酸钠或碳酸钾和生石灰。这类速凝剂的主要缺点是含碱量较高,对混凝土后期强度影响比较大。 复合硫铝酸盐系速凝剂,由于成分中加入石膏或矾泥等硫酸盐和硫铝酸盐,使后期强度与不掺的相比损失较小,含碱量较低,因而对人体的腐蚀性较小。 这类速凝剂均为固体粉状产品,含碱量较高

速凝剂类型	主 要 性 能
水玻璃类速凝剂	水玻璃类速凝剂主要成分为水玻璃(硅酸钠)。单一的水玻璃组分因过于黏稠无法喷射,需要加入无机盐(如重铬酸钾降黏、亚硝酸钠降低冰点、三乙醇胺早强)以降低黏性,提高流动性,增加早期强度。其掺量一般为水泥质量的8%~15%。 水玻璃类速凝剂具有水泥适应性好、胶结效果好,与铝酸盐类速凝剂相比,碱含量小得多,对皮肤没有太大腐蚀性等优点。但这类速凝剂会引起喷射混凝土后期强度降低,掺量过大会使混凝土产生较大的干缩变形,同时喷射时的回弹率也较高
铝酸盐液体速凝剂	铝酸盐液体速凝剂在混凝土工程中应用比较广泛,它既可以单独使用,也可以与氢氧化物或碳酸盐联合使用。铝酸盐液体速凝剂有两种:即铝酸钠和铝酸钾。这类速凝剂具有掺量较少、早期强度增长快等优点,但最终强度降低幅度比较大,有的达到30%~50%,且其pH值很高(>13),因而腐蚀性较强。 此外,铝酸盐液体速凝剂对水泥品种非常敏感,因此在使用前应先测试所用水泥的相容性。铝酸钾速凝剂可以与多种类型的水泥相作用,通常可以比铝酸钠速凝剂有更快的凝结速率和更高的早期强度效果

速凝剂类型	主 要 性 能
新型无机低碱速凝剂	新型无机低碱速凝剂均为粉体,具有低碱或无碱、对混凝土的强度无影响、原料易得、生产工艺简单等特点。用于干喷混凝土,适合工程量较小的修补以及输送距离长、不时有中断时间的场合。 新型无机低碱速凝剂按其组成主要有以下几种:①偏铝酸钠、瓦斯灰、硅粉等;②铝氧熟料、煅烧明矾石、硫酸锌、硬石膏、生石灰等;③硫酸铝、氟化钙等;④氧化铝、氧化钙、二氧化硅等;⑤无定形铝化合物等
新型液体无碱速凝剂	新型液体无碱速凝剂按主要成分可分为有机物类速凝剂和无机液体速凝剂。有机物类速凝剂效果较好,但价格昂贵,很少大量应用于混凝土工程中,如德国产的一种由 30%N(CH₂CH₂OH)₃、部分皂化的聚丙烯酸酰胺或 10%聚氮丙啶和 10%水组成的速凝剂。 无机液体速凝剂是以硫酸铝、氢氧化铝等为主要成分,与其他水溶性无机盐或羧酸类有机物、烷基醇胺等混合而成,其碱含量小于 1%

表中的前三种速凝剂产品均以碳酸盐、铝酸盐和硅酸盐等强碱弱酸盐为主要原料制得,具有腐蚀性强、回弹率高、混凝土后期强度降低明显等缺点。此外,因碱含比较高,很有可能引起混凝土产生碱-骨料反应。因此,国内外科学工作者致力于

开发新型低碱或无碱速凝剂，如美国研制了 HPS 型速凝剂、瑞士生产了非碱性速凝剂、德国开发了中性盐类和有机类速凝剂等。这些新型的速凝剂具有含碱量小或无碱、后期强度损失小、对人体无腐蚀或伤害很小等优点。

为提高喷射混凝土的施工性能和工程质量、克服碱-骨料反应、方便施工、减少污染和对人体的伤害，低碱或无碱液体速凝剂将是今后速凝剂的发展方向。表 10-7 对碱性速凝剂和无碱速凝剂进行了详细比较。无碱速凝剂的应用使得喷射混凝土的强度迅速发展、结构密实度大大提高，从而有效地减少了渗漏水。由于淘汰了传统的高碱速凝剂，施工作业环境得到明显改善，因而施工中的工伤事故大大减少。

碱性速凝剂和无碱速凝剂的比较　　表 10-7

项　　目	无碱速凝剂	碱性速凝剂
作业环境	粉尘较少，化学灼伤的危险低	化学灼伤的危险高
喷射混凝土-外加剂渗漏（如山体地下水）	渗漏很少，与普通混凝土的 pH 值相同	渗漏比较严重，混凝土的 pH 值高
隧道排水	沉积很少	大量浸漏，从而有大规模的沉积

项　目	无碱速凝剂	碱性速凝剂
技术特点	回弹低,强度和抗渗性均有增强	极快的凝固,使得回弹高、孔隙率高、结构密实度较低
平均碱含量(%)	<0.20	<25.0
速凝剂的 pH 值	4~6	11~13,有的甚至>13

二、速凝剂对混凝土的影响

速凝剂是一种使混凝土在短时间内快速凝结硬化的外加剂,因此这类外加剂的最突出特点是使混凝土早期强度迅速增加。

速凝剂对混凝土的性能影响主要包括两个方面:一是对新拌混凝土性能的影响,主要包括拌合物稠度和初凝及终凝时间的影响;二是对硬化砂浆和混凝土性能的影响,主要包括抗压强度、粘结强度、收缩值、弹性模量、抗冻性、抗渗性和碱-骨料反应等。速凝剂对混凝土性能的影响见表 10-8。

速凝剂对混凝土性能的影响　　表 10-8

项　目		影　响　结　果
对新拌混凝土影响	拌合物稠度	混凝土拌合物的稠度主要取决于水泥用量和速凝剂的适宜掺量。工程实践证明,速凝剂的掺量高,一般能产生凝聚性的拌合物,并能增加一次喷层的厚度

项 目		影 响 结 果
对新拌混凝土影响	初凝时间和终凝时间	在适宜速凝剂掺量时,初凝时间可缩短到 5min 以内,终凝时间可在 10min 之内。较高掺量的速凝剂将会进一步缩短初凝时间
对硬化混凝土影响	抗压强度	掺入速凝剂能使喷射混凝土的早期强度得到显著的提高,混凝土 1d 的抗压强度可达 6.0~15.0MPa,不论采用干喷或湿喷方法,在最佳掺量时喷射混凝土的后期抗压强度一般都低于相应未掺速凝剂的混凝土。 速凝剂使喷射混凝土后期强度下降的原因是:铝酸三钙迅速水化并从液相中析出,其水化物导致水泥浆迅速速凝结;水化初期生成疏松的铝酸盐结构,硅酸三钙的水化受到阻碍使得水泥石内部结构中存在缺陷;使用速凝剂后混凝土流动性瞬时丧失,混凝土成型中密实度难以保证。以上这些不利因素,应采取相应措施加以解决
	粘结强度	使用速凝剂在干喷和湿喷两种混合施工工艺中,喷射混凝土和岩石表面之间能得到相当好的粘结性。在一定的范围内,喷射混凝土的粘结强度随着速凝剂掺量的增加而增大,超过一定范围后,随着凝剂掺量的进一步增加而下降,因此,在喷射混凝土的施工中,一定要经过试配确定混凝土的粘结强度和速凝剂的掺量

项 目		影 响 结 果
对硬化混凝土影响	收缩值	实测结果表明,掺速凝剂的混凝土收缩值比对应不掺速凝剂的混凝土大。一般来说,收缩值都随着混凝土拌合物的用水量及速凝剂掺量的增加而增大。主要原因是喷射混凝土的水泥用量比较大、砂率较高及掺入速凝剂的影响。另外,收缩和养护条件也有关系,干燥条件下养护比潮湿条件养护时收缩增加。因此在喷射混凝土施工时一定要加强养护,防止收缩开裂
	弹性模量	与普通混凝土一样,掺加速凝剂的喷射混凝土,其弹性模量随着龄期增长和抗压强度的提高而增大。一般来说,喷射混凝土的抗压强度与弹性模量的关系,与普通混凝土基本相同
	抗冻性	工程实践证明,掺加速凝剂的混凝土具有良好的抗冻性能。速凝剂本身虽无引气作用,但在喷射混凝土中会将一部分空气流带入混凝土中,这些空气在压喷作用下,在混凝土内部形成了较多的、均匀的、相互隔绝的小气泡,从而可提高混凝土的抗冻性
	抗渗性	掺加速凝剂的喷射混凝土,一般都采用低水灰比和高水泥用量,因此非常有利于混凝土抗渗性的提高。此外,喷射混凝土一般采用级配良好的坚硬骨料,这些骨料具有密度高、孔隙率低等特点,使混凝土的抗渗性得到提高

项　目		影　响　结　果
对硬化混凝土影响	碱-骨料反应	对于碱性速凝剂,活性骨料的使用是十分不利的,很容易加剧混凝土中碱-骨料反应。因此,施工时应避免使用活性骨料。目前,我国生产的速凝剂绝大多数不含有氯离子,因此对钢筋锈蚀无不良影响

第四节　混凝土速凝剂应用技术要点

工程实践充分证明,喷射混凝土施工是否成功,涉及很多方面的因素,但速凝剂的选择和应用是最关键的因素。根据现行国家标准《混凝土外加剂应用技术规范》(GB 50119— 2013)中的规定,结合我国喷射混凝土工程施工实践经验,为充分发挥速凝剂的作用,在其应用过程中应注意以下技术要点:

(1)混凝土速凝剂的掺量与其品种和使用环境温度有关。一般粉状速凝剂掺量范围为水泥用量为2%～5%。液体速凝剂的掺量,应在试验室确定的最佳掺量基础上,根据施工混凝土状态、施工损耗及施工时间进行调整,以确保混凝土均匀、密实。碱性液体速凝剂掺量范围为3%～6%,低碱液体速凝剂的掺量范围为6%～10%。当混凝土原材料、环境温度发生变化时，应根据工程的要求，经试验调整速凝剂的用量。

（2）当喷射混凝土中掺加速凝剂时，需充分注意对水泥的适应性，宜选择硅酸盐水泥或普通硅酸盐水泥，不得使用过期或受潮结块的水泥。当工程有防腐、耐高温或其他要求时，也可采用相应特种水泥。试验证明，水泥中的铝酸三钙和硅酸三钙含量高，掺加速凝剂的效果则好，矿渣硅酸盐水泥的效果较差。

（3）注意混凝土的水胶比不要过大。水胶比过大，凝结时间减慢，早期强度比较低，很难使喷层厚度超过 5～7cm，混凝土与岩石基底粘结不牢。复合使用减水剂，可以大大降低水胶比，并改善湿法喷射混凝土的和易性及黏聚性，对于混凝土的抗渗性也有明显提高。

（4）掺加速凝剂混凝土的粗骨料宜采用最大粒径不大于 20mm 的碎石或卵石，细骨料宜采用洁净的中砂。

（5）掺加速凝剂的喷射混凝土配合比，宜通过试配试喷后确定，其强度符合设计要求，并应满足节约水泥、回弹量少等要求。在特殊情况下，还应满足抗冻性和抗渗性等要求。砂率宜为 45%～60%，湿喷混凝土拌合物的坍落度不宜小于 80mm。

（6）根据工程的具体要求，选择合适的速凝剂类型。例如铝酸盐类速凝剂，最好用于变形大的软弱岩面，以及要求在开挖后短时间内就有较高早期强度的支护和厚度较大的施工面上。此外，铝酸盐类速凝剂还适用于有流水的混凝土结构部位。水玻璃类速凝剂适合用于无早期强度要求和厚度较小的施工面（最大厚度不大于 15cm），以及修补堵漏工程。永久性支护或衬砌施工使用的喷射混凝土、对碱含量有特殊要求的喷射混凝土工程，宜选用碱含量小于 1% 的低碱或无碱速凝剂。

（7）不同类型的液体速凝剂不饱进行复配使用，如铝酸盐液体速凝剂会和无碱液体速凝剂发生剧烈的化学反应，生成难以溶解的物质，严重影响使用。因此，喷射机械在更换液体速凝剂时，应进行充分的清洗。

（8）采用湿法施工时，应加强混凝土工作性的检查。喷射作业时每班次混凝土坍落度的检查次数不应少于两次，不足一个班次时，也应按一个班次检查。当原材料出现波动时应及时进行检查。

（9）喷射混凝土终凝 2h 后，应及时进行喷水养护，以防止出现混凝土收缩裂缝。当环境温度低于 5℃时，不宜采用喷水养护。

（10）掺加速凝剂混凝土作业区的日最低气温不应低于5℃，当低于5℃时应选择适宜的作业时段。

（11）采用干法施工时，混合料应随拌随用。无速凝剂掺入的混合料，存放时间不应超过2h，有速凝剂掺入的混合料，存放时间不应超过20min。混合料在运输、存放的过程中，应严防受潮及杂物混入，投入喷射机前应进行过筛。

（12）采用干法施工时，混合料的搅拌宜采用强制式搅拌机。当采用容量小于400L的强制式搅拌机时，搅拌时间不得少于60s；当采用自落式或滚筒式搅拌机时，搅拌时间不得少于120s。当掺有矿物掺合料或纤维时，搅拌时间宜延长30s。

（13）强碱性粉状速凝剂和碱性液体速凝剂都对人的皮肤、眼睛有强腐蚀性；低碱液体速凝剂为酸性，pH值一般为4～6，对人的皮肤、眼睛也具有腐蚀性。同时，由于混凝土物料采用高压输送，因此施工中应特别注意劳动保护和人身安全。当采用干法施工时，还必须采用综合防尘措施，并加强作业区的局部通风。

第十一章　混凝土膨胀剂

膨胀剂是一种在水泥凝结硬化过程中，使混凝土（包括砂浆及水泥净浆）产生可控制的膨胀以减少收缩的外加剂。膨胀剂依靠自身的化学反应或与水泥其他成分产生体积膨胀，在膨胀受约束时将产生预压应力，可以补偿混凝土的收缩，提高混凝土的体积稳定性。在普通混凝土中掺入适量的膨胀剂可以配置补偿收缩混凝土和自应力混凝土，因而在工程中得到很快的发展和应用。

第一节　混凝土膨胀剂的选用及适用范围

膨胀剂的主要功能是补偿混凝土硬化过程中的干缩和冷缩。选择膨胀剂时，应考虑膨胀剂与水泥和其他外加剂的相容性。掺入膨胀剂一般并不影响水泥混凝土的和易性与凝结硬化速率，但由于水泥水化速率对混凝土强度和膨胀值的影响较大，若与缓凝剂共同使用时，将致使混凝土的膨胀值过大，如果不适当地进行限制，还会导致混凝土强度的降低。因此。膨胀剂与其他外加剂复合使用前应进行试验验证。

我国生产的混凝土膨胀剂绝大多数是硫铝酸盐膨胀剂，其膨胀源是其水化产物钙矾石。除石膏的质量之外，其活性高低主要取决于膨胀剂熟料的质量。提高水化产物钙矾石的稳定性，增强其抗碳化能力，抑制碱-骨料反应，是保证混凝土膨胀剂质量的关键。根据现行国家标准《混凝土外加剂应用技术规范》（GB 50119—2013）中的规定，膨胀剂的选用应符合表 11-1 中的要求。

常用混凝土膨胀剂 表 11-1

序号	常用膨胀剂
1	混凝土工程可采用硫铝酸钙类混凝土膨胀剂
2	混凝土工程可采用硫铝酸钙-氧化钙类混凝土膨胀剂
3	混凝土工程可采用氧化钙类混凝土膨胀剂

混凝土膨胀剂的适用范围：

混凝土膨胀剂主要是用于为减少干燥收缩而配制的补偿收缩混凝土，或者为了利用产生的膨胀力而配制的自应力混凝土。补偿收缩混凝土主要用于建筑物、水池、水槽、贮水池、路面、桥面板、地下工程等抗渗抗裂。自应力混凝土用于构件和制品的生产，主要是为了提高其抗裂强度和抗裂缝的能力。

混凝土膨胀剂的适用范围在《混凝土膨胀剂应用技术规范》（GBJ 50119—2003）和《混凝土外加剂应用技术规范》（GB 50119—2013）均有明确的规定。

（一）《混凝土膨胀剂应用技术规范》中的规定

（1）根据现行国家标准《混凝土膨胀剂应用技术规范》（GBJ 50119—2003）中的规定，膨胀剂的适用范围应符合表 11-2 中的要求。

膨胀剂的适用范围　　　　表 11-2

序号	膨胀剂用途	适用范围
1	补偿收缩混凝土	地下、水中、海中、隧道等构筑物，大体积混凝土（除大坝外）、配筋路面和板、屋面与浴室厕间防水、构件补强、渗漏修补、预应力钢筋混凝土、回填槽等
2	填充用膨胀混凝土	结构后浇缝、隧洞堵头、钢筋与隧道之间的填充等
3	填充用膨胀砂浆	机械设备的底座灌浆、地脚螺栓的固定、梁柱接头、构件补强、加固
4	自应力混凝土	仅用于常温下使用的自应力钢筋混凝土压力管

（2）含硫铝酸钙类、硫铝酸钙—氧化钙类膨胀剂配制的膨胀混凝土（砂浆）不得用于长期环境温度为 80℃以上的工程。

（3）含氧化钙类膨胀剂配制的膨胀混凝土（砂

296

浆）不得用于海水或有侵蚀性水的工程。

（4）掺膨胀剂的混凝土只适用于钢筋混凝土工程和填充性混凝土工程。

（5）掺膨胀剂的大体积混凝土，其内部最高温度控制应参照有关规范，混凝土内外温差宜小于25℃。

（6）掺膨胀剂的补偿收缩混凝土刚性屋面宜用于南方地区，其设计、施工应按《屋面工程质量验收规范》（GB 50207—2012）进行。

（二）《混凝土外加剂应用技术规范》中的规定

根据现行国家标准《混凝土外加剂应用技术规范》（GB 50119—2013）中的规定，膨胀剂的适用范围应符合表11-3中的要求。

膨胀剂的适用范围　　　表11-3

序号	适用范围
1	用膨胀剂配制的补偿收缩混凝土，宜用于混凝土结构自防水、工程接缝、填充灌浆、采取连续施工的超长混凝土结构、大体积混凝土工程等
2	用膨胀剂配制的自应力混凝土，宜用于自应力混凝土输水管、灌注桩等
3	含硫酸钙类、硫铝酸钙-氧化钙类膨胀剂配制的混凝土(砂浆)不得用于长期环境温度为80℃以上的工程
4	膨胀剂应用于钢筋混凝土工程和填充性混凝土工程

第二节　混凝土膨胀剂的质量检验

在混凝土中应用膨胀剂的目的在于：①提高混凝土的抗裂能力，减少或避免混凝土裂缝的出现；②阻塞混凝土中毛细孔的渗水，提高混凝土的抗渗等级；③使超长钢筋混凝土结构保持连续性，满足建筑设计要求；④混凝土结构不设置后浇带以加快工程进度，防止后浇带处理不好而引起地下室渗水。

一、混凝土膨胀剂的质量检验

如何实现以上应用膨胀剂的目的，配制出性能良好的补偿收缩的混凝土和自应力混凝土，关键在于要确定混凝土膨胀剂的质量。为了确保膨胀剂的质量符合国家现行的有关标准，对所选用混凝土膨胀剂进场后，应按照国家标准《混凝土外加剂应用技术规范》（GB 50119— 2013）中的规定进行质量检验。混凝土膨胀剂的质量检验要求见表 11-4。

二、混凝土膨胀剂的技术要求

根据现行国家标准《混凝土外加剂应用技术规范》（GB 50119— 2013）中的规定，混凝土膨胀剂的技术要求应满足下列具体规定：

（1）掺加膨胀剂的补偿收缩混凝土，其限制膨胀率应符合表 11-5 中的规定。

混凝土膨胀剂的质量检验要求　　表 11-4

序号	质量检验要求
1	混凝土膨胀剂应按每 200t 为一检验批，不足 200t 时也应按一个检验批计。每一检验批取样量不应少于 10kg。每一检验批取样应充分混匀，并应分为两等份：其中一份按照《混凝土外加剂应用技术规范》（GB 50119—2013）第 13.3.2 和 13.3.3 条规定的项目及要求进行检验，每检验批检验不得少于两次；另一份应密封留样保存半年，有疑问时，应进行对比检验
2	混凝土膨胀剂进场检验项目应包括水中 7d 限制膨胀率和细度

补偿收缩混凝土的限制膨胀率　　表 11-5

序号	膨胀剂的用途	限制膨胀率（%）	
		水中 14d	水中 14d 转空气中 28d
1	用于补偿混凝土收缩	≥0.015	≥−0.030
2	用于后浇带、膨胀加强带和工程接缝填充	≥0.025	≥−0.020

（2）补偿收缩混凝土限制膨胀率的试验和检验，应按《混凝土外加剂应用技术规范》 （GB

50119— 2013）中附录 B 的方法进行。

（3）补偿收缩混凝土的抗压强度应符合设计要求，其验收评定应符合现行国家标准《混凝土强度检验评定标准》（GB/T 50107—2010）中的有关规定。

（4）补偿收缩混凝土的设计强度不宜低于C25；用于填充的补偿收缩混凝土的设计强度不宜低于C30。

（5）补偿收缩混凝土的强度试件制作与检验，应符合现行国家标准《普通混凝土力学性能试验方法标准》（GB/T 50081—2002）的有关规定。用于填充的补偿收缩混凝土的抗压强度试件制作和检测，应按现行行业标准《补偿收缩混凝土应用技术规程》（JGJ/T 178—2009）中的附录A进行。

（6）灌浆用的膨胀砂浆，其性能应符合表11-6的规定。抗压强度应采用 $40mm \times 40mm \times 160mm$ 的试模，无振动成型，拆模、养护、强度检验，应按现行国家标准《水泥胶砂强度检验方法（ISO法）》（GB/T 17671—2005）的有关规定进行，竖向膨胀率的测定应按《混凝土外加剂应用技术规范》（GB 50119— 2013）中附录 C的方法进行。

灌浆用的膨胀砂浆性能 　表 11-6

扩展度 (mm)	竖向限制膨胀率(%)		抗压强度(MPa)		
	3d	7d	1d	3d	28d
≥250	≥0.10	≥0.20	≥20	≥30	≥60

（7）掺加膨胀剂配制自应力水泥时，其性能应符合现行行业标准《自应力硅酸盐水泥》（JC/T 218）的有关规定。

三、混凝土膨胀剂的现行标准

1992 年我国制定了《混凝土膨胀剂》（JC 476—1992）建材行业标准，统一了试验方法和技术指标，但对膨胀剂的掺量和碱含量未作规定，标准水平比较低，对质量较差的膨胀剂约束力不够。随着我国对混凝土碱-骨料反应的重视，1998 年对该标准进行了第一次修改，2001 年对该标准又进行了修改。

随着膨胀剂使用量的扩大，市场对膨胀剂的品质要求增加，2009 年我国废除了膨胀剂行业标准，颁布实施了新的《混凝土膨胀剂》（GB 23439—2009）国家标准。为了进一步规范膨胀剂的合理应用，2009 年我国又同时制定了《补偿收缩混凝土应用技术规程》（JGJ/T 178—2009）建材行业标准，从设计、施工、浇筑、养护及工程验收等方面，对补偿收缩混凝土的使用进行了详细的规定。

（一）《混凝土膨胀剂》（GB 23439—2009）

根据现行国家标准《混凝土膨胀剂》 （GB 23439—2009）中规定：混凝土膨胀剂按水化产物不同，可分为硫铝酸盐混凝土膨胀剂（代号 A）、氧化钙类混凝土膨胀剂（代号 C）和硫铝酸盐-氧化钙类混凝土膨胀剂（代号 AC）；按限制膨胀率不同，可分为Ⅰ型膨胀剂和Ⅱ型膨胀剂。混凝土膨胀剂的性能指标应符合表 11-7 中的规定。

混凝土膨胀剂的性能指标　　　表 11-7

项目		指标值	
		Ⅰ型	Ⅱ型
细度	比表面积(m²/kg)	≥200	
	1.18mm 筛筛余(%)	≤0.50	
凝结时间	初凝(min)	≥45	
	终凝(min)	≤600	
限制膨胀率 (%)	水中 7d	≥0.025	≥0.050
	空气中 21d	≥-0.020	≥-0.010
抗压强度 (MPa)	7d	≥20.0	
	28d	≥40.0	
氧化镁含量(%)		混凝土膨胀剂中的氧化镁含量应不大于 5%	

项目	指标值	
	Ⅰ型	Ⅱ型
碱含量(选择性指标)	混凝土膨胀剂中的碱含量按 $Na_2O + 0.658K_2O$ 计算值表示。若使用活性骨料,用户要求提供低碱混凝土膨胀剂时,混凝土膨胀剂中的碱含量应不大于 0.75%,或由供需双方协商确定	

（二）《补偿收缩混凝土应用技术规程》

（JGJ/T 178—2009）

根据现行行业标准《补偿收缩混凝土应用技术规程》（JGJ/T 178—2009）中的规定：由膨胀剂或膨胀水泥配制的自应力约为 $0.2\sim1.0MPa$ 的混凝土称为补偿收缩混凝土。补偿收缩混凝土应符合下列基本规定：

（1）补偿收缩混凝土宜用于混凝土结构自防水、工程接缝填充、采取连续施工的超长混凝土结构、大体积混凝土等工程。以钙矾石为膨胀源的补偿收缩混凝土，不得用于长期处于环境温度高于80℃的钢筋混凝土工程。

（2）补偿收缩混凝土除应符合现行国家标准

《混凝土质量控制标准》(GB 50164—2011) 的规定外，还应符合设计所要求的强度等级、限制膨胀率、抗渗等级和耐久性技术指标。

(3) 补偿收缩混凝土的限制膨胀率应符合表11-8 中的规定。

补偿收缩混凝土的限制膨胀率　　　　表 11-8

膨胀剂用途	限制膨胀率(%)	
	水中 14d	水中 14d 转空气中 28d
用于补偿混凝土	≥0.015	≥−0.030
用于后浇带、膨胀加强带和工程接缝填充	≥0.025	≥−0.020

(4) 补偿收缩混凝土限制膨胀率的试验和检验，应按《混凝土外加剂应用技术规范》(GB 50119— 2013) 的有关规定执行。

(5) 补偿收缩混凝土的抗压强度应满足下列要求：①对于大体积混凝土工程或地下工程，补偿收缩混凝土的抗压强度可以标准养护 60d 或 90d 的强度为准；②除对大体积混凝土工程或地下工程外，补偿收缩混凝土的抗压强度应以标准养护 28d 的强度为准。

(6) 补偿收缩混凝土的设计强度等级不宜低于 C25；用于填充的补偿收缩混凝土的设计强度等级

不宜低于 C30。

(7) 补偿收缩混凝土的抗压强度检验应按照现行国家标准《普通混凝土力学性能试验方法标准》(GB/T 50081—2002) 执行。用于填充的补偿收缩混凝土的抗压强度检验,可按照现行行业标准《补偿收缩混凝土应用技术规程》(JGJ/T 178—2009) 中的附录 A 执行。

第三节　混凝土膨胀剂主要品种及性能

在水泥中内掺入适量的膨胀剂,可配制成补偿收缩混凝土或自应力混凝土,大大提了混凝土结构的抗裂防水能力。这种混凝土可取消外防水作业,延长后浇缝间距,防止大体积混凝土和高强混凝土温差裂缝的出现。

混凝土加入膨胀剂后,膨胀剂会与混凝土中的氢氧化钙发生反应,生成钙矾石结晶颗粒,使混凝土产生适度膨胀,建立一定的预应压力。这一压力大致可抵消混凝土在凝结硬化过程中产生的拉应力,减小混凝土裂缝的产生。

一、混凝土膨胀剂的主要品种

随着混凝土技术的快速发展,膨胀剂的种类和功能也不断增多。混凝土膨胀剂按照化学组成不同,可分为硫铝酸钙系膨胀剂、氧化钙系膨胀剂、金属系膨胀剂、氧化镁系膨胀剂、复合型膨胀剂，目前在工程中应用最广泛的是硫铝酸钙系膨胀剂和氧化钙系膨胀剂。

（一）硫铝酸钙系膨胀剂

硫铝酸钙系膨胀剂是以石膏和铝矿石（或其他含铝较多的矿物），经煅烧或不经煅烧而成。其中，由天然明矾石、无水石膏或二水石膏按比例配合，共同磨细而成的，称为明矾石膨胀剂。这类膨胀剂以水化硫铝酸钙（即钙矾石）为主要膨胀源，各种常用的硫铝酸钙系膨胀剂掺量及碱含量见表 11-9。

各种常用的硫铝酸钙系

膨胀剂掺量及碱含量　　　　　表 11-9

膨胀剂的品种	基本组成人	膨胀源	碱含量（%）	掺量（%）	带入混凝土碱量（kg/m³）
U-1膨胀剂	硫铝酸钙熟料、明矾石、石膏	钙矾石	1.0～1.5	12	0.65～0.80
U-2膨胀剂	硫铝酸钙熟料、明矾石、石膏	钙矾石	1.7～2.0	12	0.82～0.94
U型高效膨胀剂	硅铝酸盐熟料、氧化铝、石膏	钙矾石	0.5～0.8	10	0.25～0.35
CEA复合膨胀剂	石灰、明矾石、石膏	氢氧化钙、钙矾石	0.4～0.6	10	0.20～0.25
AEA膨胀剂	铝酸钙、明矾石、石膏	钙矾石	0.5～0.7	10	0.20～0.28
明矾石膨胀剂	明矾石、石膏	钙矾石	2.5～3.0	15	1.53～1.80

306

1. UEA 膨胀剂

硫铝酸钙（简称为 UEA）系膨胀剂的长期胀缩性能效果较好，UEA 混凝土的长期胀缩性能可参考表 11-10，UEA 混凝土的配合比见表 11-11。硫铝酸钙（UEA）系膨胀剂配制混凝土的长期强度也是稳定增长的，UEA 混凝土长期强度见表 11-12。

UEA 混凝土的长期胀缩性能　　表 11-10

试验项目	水中养护（×10⁻⁴）						空气中养护（×10⁻⁴）		
	7d	14d	28d	1a	3a	5a	28d	180d	1a
自由膨胀率	5.17	5.44	5.11	5.89	5.27	5.28	—	—	—
限制膨胀率	2.79	2.80	2.97	3.57	3.80	3.82	—	—	—
自由膨胀率	4.83	5.75	—	—	—	—	3.50	0.89	−0.50
限制膨胀率	3.13	3.18	—	—	—	—	1.21	−1.44	−2.06

UEA 混凝土的配合比　　表 11-11

单位体积混凝土材料用量(kg/m³)					水灰比 W/C	砂率 （%）	UEA 含量 （%）
水泥	UEA	砂子	石子	水			
334	46	657	1175	212	0.56	36	12
380	0	657	1175	212	0.56	36	0

UEA混凝土长期强度 表 11-12

养护条件	抗压强度(MPa)					抗拉强度(MPa)				
	7d	28d	1a	5a	10a	7d	28d	1a	5a	10a
雾室	28.1	38.5	50.6	65.1	88.3	2.10	3.40	4.60	6.80	7.10
露天	27.2	32.1	48.7	63.2	84.3	2.80	3.20	4.10	6.30	7.50
	29.2	37.5	51.2	64.3	77.1	3.10	3.30	4.50	6.70	7.40
	26.5	36.2	50.4	63.4	73.5	2.70	3.20	4.40	6.50	7.20

2. AEA膨胀剂

AEA膨胀剂是以铝酸钙即矾土熟料和明矾石（经煅烧）、石膏为主要原料经两磨一烧工业而制得。AEA膨胀剂中高铝熟料的铝酸钙矿物CA等，首先与硫酸钙（$CaSO_4$）和氢氧化钙 [$Ca(OH)_2$] 作用，水化生成水化硫铝酸钙（钙矾石）而膨胀。水泥硬化中期明矾石在石灰、石膏激发下也生成水化硫铝酸钙（钙矾石）而产生微膨胀。

AEA膨胀剂配制的混凝土，在初期和中期生成的大量钙矾石使混凝土体积膨胀，使混凝土内部结构更致密，改善了混凝土的孔结构、抗渗性大大提高，初期和中期的膨胀能抵消后期的混凝土收缩，获得抗裂防渗的明显效果，相比于其他膨胀剂，其特点是膨胀能量较大，后期强度更高、干缩性很小。掺加AEA膨胀剂的水泥物理性能见表11-13，AEA膨胀剂的化学组成见表11-14。

AEA 膨胀剂的水泥物理性能　表 11-13

编号	稠度（%）	掺量（%）	凝结时间（h：min）		限制膨胀率（%）		抗压强度（MPa）		抗折强度（MPa）	
			初凝	终凝	水中（14d）	空气（28d）	7d	28d	7d	28d
2-1	25.0	10	2：55	5：30	0.044	−0.006	46.0	57.1	6.6	8.0
3-1	25.2	10	3：20	3：20	0.056	0.003	42.0	51.2	6.6	7.1

AEA 膨胀剂的化学组成　表 11-14

Loss	SiO$_2$	Al$_2$O$_3$	Fe$_2$O$_3$	CaO	MgO	SO$_3$	碱含量	合计
3.02	19.82	16.62	2.56	28.60	1.58	25.86	0.51	99.68

注：表中的碱含量为 Na$_2$O+0.658K$_2$O 之和；Loss 表示烧失量。

3. EA-L 膨胀剂

EA-L 膨胀剂也称为明矾石膨胀剂，以天然明矾石和石膏为主要材料粉磨而成。EA-L 膨胀剂的化学组成见表 11-15，EA-L 膨胀剂的物理性能见表 11-16。

EA-L 膨胀剂的化学组成（%）　表 11-15

Loss	SiO$_2$	Al$_2$O$_3$	Fe$_2$O$_3$	CaO	MgO	SO$_3$	K$_2$O	Na$_2$O	合计
6.14	31.32	15.71	2.04	13.21	0.51	27.30	3.23	0.49	99.95

注：表中 Loss 表示烧失量。

EA-L 膨胀剂的物理性能　　表 11-16

掺量 (%)	标准 稠度 (%)	凝结时间 (h∶min)		限制膨胀率 (%)		抗压强度 (MPa)		抗折强度 (MPa)	
		初凝	终凝	水中 14d	空气中 28d	7d	28d	7d	28d
15	28	230	440	0.04	−0.008	40	54	5.3	7.6

> 注：限制膨胀率为 1∶2 水泥砂浆，强度为 1∶2.5 水泥
> 砂浆。

（二）氧化钙系膨胀剂

氧化钙系膨胀剂也称为硫铝酸钙膨胀剂，是指与水泥、水拌合后经水化反应生成氢氧化钙的混凝土膨胀剂。以 CEA（即复合膨胀剂）膨胀剂为代表，膨胀源以氢氧化钙[$Ca(OH)_2$]为主、钙矾石（$C_3A \cdot 3CaSO_4 \cdot 32H_2O$）为次，化学成分中氧化钙（CaO）占 70%。CEA 膨胀剂的化学组成见表 11-17。

CEA 膨胀剂的化学组成（%）　　表 11-17

Loss	SiO_2	Al_2O_3	Fe_2O_3	CaO	MgO	SO_3	K_2O	Na_2O	合计
2.02	15.92	4.12	1.67	70.80	0.53	4.47	0.35	0.41	99.29

CEA 掺量为 10% 的 1∶2 水泥砂浆强度及膨胀性能参见表 11-18，表中显示水泥砂浆的限制膨胀率和自应力值在 180d 前，随着龄期的增加而增长；

310

因而趋于稳定或略有下降。

CEA 掺量为 10%的 1：2 水泥
砂浆强度及膨胀性能　表 11-18

试验项目	3d	7d	28d	90d	180d	1a	3a	6a
抗压强度（MPa）	27.4	40.2	59.0	70.3	74.3	75.9	81.7	83.1
抗折强度（MPa）	6.5	7.5	9.9	10.0	10.1	10.0	10.1	10.1
限制膨胀（%）	0.021	0.032	0.043	0.048	0.049	0.047	0.048	—
自应力值（MPa）	0.58	0.88	1.18	1.31	1.37	1.29	1.32	—

掺加 CEA 的混凝土强度见表 11-19，CEA 掺量为 12% 的混凝土抗冻融性能见表 11-20。

（三）金属系膨胀剂

金属系膨胀剂主要是指铁屑膨胀剂和铝粉膨胀剂，但在实际混凝土工程中应用比较少。

1. 铁屑膨胀剂

铁屑膨胀剂主要是利用铁屑和氧化剂、催化剂、分散剂混合制成，在水泥水化时以 Fe_2O_3 形式形成膨胀源。铁屑膨胀剂的主要原料铁屑来源于机械加工的废料，氧化剂有重铬酸盐、高锰酸盐，催化剂主要是氯盐，还可以加一些减水剂作为分散剂。

掺加 CEA 的混凝土强度

表 11-19

外加剂掺量		配合比 (水泥+CEA)： 砂：卵石：水	坍落度 (cm)	标准养护（MPa）					
PC	CEA			7d	28d	90d	180d	1a	3a
88	12	1：1.84：2.83：0.55	11	20.71	35.60	45.90	48.18	49.76	52.40
89	11	1：2.05：3.80：0.457	7	20.88	45.59	—	—	52.55	—

CEA 掺量为 12% 的混凝土抗冻融性能

表 11-20

冻融次数	试件冻融前的重量（g）	试件冻融后的重量（g）	试件冻融重量损失（%）	相当龄期强度（kgf/cm²）	冻融后强度（kgf/cm²）	强度损失（%）
200	平均 2530	平均 2630	0	540.7	533.0	1.34
250	平均 2510	平均 2510	0.2	589.0	574.1	2.53

铁屑膨胀剂基本原理是：铁屑在氧化剂和触媒剂的作用下，生成氧化铁和氢氧化铁等矿物而使体积产生膨胀。氢氧化铁凝胶填充于水泥石的孔隙中，使混凝土更为密实，强度得到提高。铁屑膨胀剂的掺量较大，一般为水泥质量的 30%～35%，主要用于填充用膨胀混凝土（砂浆），但不得用于有杂散电流的工程，也不能与铝质材料接触。

2. 铝粉膨胀剂

用铝粉作膨胀剂配制的水泥，且能使混凝土（水泥净浆）在水化过程中产生一定的体积膨胀，并在有约束条件下产生适宜自应力的水泥。铝粉作为膨胀剂，实际上是一种发气剂，即通过与水泥浆的化学反应产生气体，实际上在压浆时并未起明显的膨胀作用，因为这个时候水泥浆是饱满的，其所产生的气体大部分通过排气孔排出，而在水泥浆硬化过程中水泥浆产生了干缩，为避免在狭长的水泥浆体内产生裂缝、断层的现象，通过发气来补偿水泥浆的干缩。对于强度而言并无性质上的变化。而其发气补偿的过程也是在一个封闭的空间中进行的，即补偿了干缩即可，多余的气体仍然会排出水泥浆外，其膨胀率也很小。

铝粉膨胀剂的掺量很小，一般为水泥质量的 1/10000，主要用于细石混凝土填补等填充用膨胀混凝土(砂浆)。

（四）氧化镁系膨胀剂

现行的混凝土外加剂规范中，未列入氧化镁（MgO）膨胀剂。试验研究和工程实践证明，在大体积混凝土中掺入适量的氧化镁（MgO）膨胀剂，混凝土具有良好的力学性能和延迟微膨胀特性。充分利用这种特性，可以补偿混凝土的收缩变形，提高混凝土自身的抗裂能力，从而达到简化大体积混凝土温控措施、加快施工进度和节省工程投资的目的。

以氧化镁为膨胀源的膨胀材料目前生产量还不大，但不失为一个混凝土膨胀剂的新品种，值得进一步予以关注。工程实践证明，在混凝土中掺加适宜的氧化镁系膨胀剂，混凝土具有良好的力学性能和延迟微膨胀特性。掺加氧化镁膨胀剂混凝土的力学性能结果见表 11-21，掺加氧化镁膨胀剂对不同龄期混凝土自生体积变形值的影响见表 11-22。

从表 11-21 和表 11-22 中的试验结果可以看出，氧化镁膨胀剂掺入大体积混凝土中，其产生的膨胀率完全符合补偿收缩的要求，可以解决大体积混凝土冷缩裂缝的问题，这是大体积混凝土施工中应采取的措施之一。

掺加氧化镁膨胀剂混凝土的力学性能结果 表 11-21

试样编号	抗压强度（MPa）				抗拉强度（MPa）				弹性模量（×10⁶）			极限拉伸值（×10⁻⁴）		
	7d	28d	90d	180d	7d	28d	90d	180d	7d	28d	90d	7d	28d	90d
M0	14.02	27.31	32.89	35.42	1.66	2.11	2.88	3.03	2.02	3.18	3.83	0.56	0.77	0.84
M1	14.64	28.78	35.30	37.96	1.74	2.28	3.10	3.24	2.11	3.39	4.07	0.60	0.84	0.91
M2	14.92	28.89	35.99	38.64	1.76	2.32	3.14	3.28	2.12	3.41	4.15	0.61	0.85	0.93

注：混凝土试件 28d 龄期的抗渗强度等级均大于 1.2MPa。

掺加氧化镁膨胀剂对不同龄期混凝土自生体积变形值的影响 表 11-22

试样编号	MgO掺量（%）	不同龄期混凝土自生体积变形值（×10⁻⁶）												
		3d	7d	28d	90d	180d	1a	1.5a	2a	2.5a	3a	3.5a	4a	4.4a
M0	0	1.2	4.2	12.7	28.2	39.4	48.7	50.5	52.2	53.8	55.3	57.0	57.8	58.7
M1	2.5	2.2	11.2	28.2	53.4	64.9	74.6	76.9	77.9	78.8	79.9	80.6	81.1	81.6
M2	3.5	3.8	19.4	37.2	67.3	81.2	92.6	93.2	95.4	96.8	97.7	98.5	99.0	99.4

315

（五）复合型膨胀剂

复合型膨胀剂是指膨胀剂与其他外加剂复合成具有除膨胀性能外，还兼有其他外加剂性能的复合外加剂，如有减水、早强、防冻、泵送、缓凝、引气等性能。有的研究成果认为，混凝土膨胀剂实际上是介于外加剂和掺合料之间的一种外加剂，它在成分、作用和掺量上更接近于水泥和掺合料，本身参与水化反应，其性能与其他外加剂是不同的。复合型膨胀剂与硫铝酸钙系膨胀剂相比，具有干缩性小、抗冻性强、耐热性好、无碱-骨料反应和对水养护要求较低等优点。

试验结果表明，各种外加剂都有其使用的最佳适应条件，混凝土膨胀剂与其他外加剂复合可能会不相适应，导致影响膨胀剂的膨胀效果，不能充分发挥混凝土膨胀剂的膨胀作用。不同的混凝土膨胀剂和不同品种的水泥及外加剂的相容性是不同的，因此膨胀剂掺入后会使原有外加剂与水泥的相容性变得复杂，采用固定的搭配变得很不适应，甚至会使水泥发生假凝或急凝的可能。如早强剂的作用是加快水泥早期水化速率，与混凝土膨胀剂复合，在水化初期，水泥的水化加快，混凝土膨胀剂也要水化，可能会造成几种组分相互争水，其结果可能抑制膨胀剂的膨胀，不能更好地发挥膨胀作用，因此应根据工程的实际需要来选择使用哪些外加剂。此外，混凝土膨胀剂不宜与氯盐类外加剂复合使用，氯盐外加剂使混凝土收缩性增大，产生促凝和早强。

二、膨胀剂对混凝土的影响

膨胀剂是一种使混凝土产生一定体积膨胀的外加剂，在混凝土中主要可以起到补偿混凝土收缩和产生自应力的作用，因此混凝土膨胀剂的最突出特点是使混凝土的体积产生微膨胀，达到消除裂缝、防水抗渗、充填孔隙、提高混凝土密实度等目的。

在混凝土中加入混凝土膨胀剂，由于膨胀组分在水化中的相互作用，对混凝土的多项性能均会产生一定的影响。膨胀剂对混凝土的性能影响主要包括两个方面：一是对新拌混凝土性能的影响，主要包括拌合物的流动性、泌水性和凝结时间的影响；二是对硬化砂浆和混凝土性能的影响，主要包括抗压强度、抗冻性、抗渗性和补偿收缩与抗裂性能等。膨胀剂对混凝土性能的影响见表 11-23。

膨胀剂对混凝土性能的影响　　表 11-23

项目		影响结果
对新拌混凝土影响	流动性	掺入混凝土膨胀剂的混凝土,其流动性均有不同程度的降低,在相同坍落度时,掺加混凝土的水胶比愈大,混凝土的坍落度损失也会增加,这是因为水泥与混凝土膨胀剂同时水化,在水化过程中出现争水现象,这样必然使混凝土坍落度减小,则坍落度的损失增大
	泌水性	掺入混凝土膨胀剂的混凝土,其泌水率要比不掺加混凝土膨胀剂的泌水率要低,但并不是十分明显
	凝结时间	当掺入硫铝酸盐系膨胀剂后,由于硫铝酸盐与水泥反应早期生成的钙矾石加快了水化速率,因此会使混凝土的凝结时间缩短
对硬化混凝土影响	抗压强度	混凝土的早期强度随着混凝土膨胀剂掺量的增加而有所下降,但后期强度增长较快,当养护条件好时,混凝土的密实度增加,掺量适宜时混凝土抗压强度会超过不掺膨胀剂的混凝土,但当膨胀剂掺量过多时,抗压强度反而下降。这是由于混凝土膨胀剂掺量过多,混凝土自由膨胀率过大,因而强度出现下降 工程实践证明,在限制条件下,许多研究表明混凝土抗压强度不但不会下降,反而得到一定的提高,实际工程中混凝土都会受到不同程度的限制,所以工程上掺加膨胀剂的混凝土抗压强度应当比不掺的更高些

318

项目		影响结果
对硬化混凝土影响	抗渗性	混凝土膨胀剂在水化的过程中,体积会发生一定的膨胀,生成大于本来体积的水化产物,如钙矾石,它是一种针状晶体,随着水泥水化反应的进行,钙矾石柱逐渐在水泥中搭接,形成网状结构,由于阻塞水泥石中的缝隙,切断毛细管通道,使结构更加密实,极大地降低了渗透系数,提高了抗渗性能
	抗冻性	工程实践证明,由于在混凝土中掺加了膨胀剂,混凝土的裂缝大大减少,增加了混凝土的密实性,混凝土的抗冻性得到很大改善,同时大大提高了混凝土的耐久性
	补偿收缩与抗裂性能	混凝土膨胀剂应用到混凝土中,旨在防止混凝土开裂,提高其抗掺性。在硬化初期有微膨胀现象,会产生 $0.2\sim0.7MPa$ 的自应力,这种微膨胀效应在 14d 左右就基本稳定,混凝土初期的膨胀效应延迟了混凝土收缩的过程。一方面由于后期混凝土强度的提高,抵抗拉应力的能力得到增强;另一方面,由于补偿收缩作用,使得混凝土的收缩大大减小,裂纹产生的可能性降低,起到增加抗裂性能的作用

三、影响膨胀剂膨胀作用的因素

膨胀剂膨胀作用的发挥除了与膨胀剂本身的成

分和作用有关外，还和水泥及混凝土膨胀的条件有关，膨胀剂的膨胀作用除了有大小不同外，更重要的是合理发挥的时间，膨胀作用应当在混凝土具有一定强度的一段时间内以一定的速率增长，这样才能发挥最佳的效果。如果增长过早则因混凝土的强度不够，或者是混凝土尚有一定塑性时膨胀能力被吸收而发挥不出来；如果增长过迟又会因混凝土的强度太高，膨胀作用发挥不出来或膨胀作用破坏已形成的结构。因此，了解影响膨胀剂膨胀作用的各种因素，控制好膨胀剂的最佳膨胀作用时间和强度是获得良好效果的必要条件。影响膨胀剂膨胀作用的各种因素见表 11-24。

影响膨胀剂膨胀作用的各种因素 表 11-24

影响因素名称	影响结果
水泥品种对膨胀剂的影响	对于硫铝酸盐膨胀剂来说，不同水泥其膨胀率不同，水泥的质量对水中养护、空气中养护的膨胀率、抗压强度、抗折强度的影响都不一样，主要与水泥中的熟料有关。主要的影响因素有：①膨胀率随水泥中 Al_2O_3 和 SO_3 含量的增加而增加；②水泥品影响膨胀率，如矿渣水泥膨胀率大于粉煤灰水泥的膨胀率；③水泥用量影响膨胀率，水泥用量越高，膨胀值越大。水泥用量低，膨胀值越；④水泥强度等级影响膨胀率，水泥强度等级低则膨胀值高，水水泥强度等级高则膨胀值低

影响因素名称	影响结果
养护条件对膨胀剂的影响	养护条件对掺加膨胀剂的混凝土非常重要，膨胀剂的膨胀作用主要发生在混凝土浇筑的初期，一般 14d 以后其膨胀率则趋于稳定，这也是水泥水化的重要阶段，两者之间就有争水现象，如果养护不好就有可能出现；或者由于硫铝酸盐膨胀剂水化不充分形不成足够的膨胀值，或者由于膨胀速率大与水泥的水化速率不匹配，而影响强度的发展甚至膨胀力被尚具有塑性的混凝土吸收
温度湿度对膨胀剂的影响	温度变化不但影响膨胀剂的膨胀速率，还影响膨胀值，温度过高，混凝土坍落度损失快，极限膨胀值小，温度过低，膨胀速率减慢，极限膨胀值也减小。硫铝酸盐系膨胀剂、氧化钙系膨胀剂及氧化镁系膨胀剂均具有温度敏感性； 湿度也是重要影响因素，膨胀剂的反应离不开水，尤其是硫铝酸盐系膨胀剂，因为生成钙矾石需要大量的水，钙矾石分子中有 32 个水分子，更需要大湿度的环境。尤其是混凝土浇筑的早期，钙矾石如果湿度不够，延长养护时间也难达到极限膨胀值 掺加膨胀剂的混凝土与普通混凝引在干燥状态下，均会引起自身的体积收缩，但如果恢复到潮湿环境或浸入水中，掺加膨胀剂的混凝土重新恢复膨胀，因收缩产生的裂纹可能重新恢复原状，这就是膨胀混凝土的自愈作用。而普通混凝土的干缩是不可逆的，这种性能对掺加膨胀剂的混凝土的防水、防渗作用是非常有利的

321

影响因素名称	影响结果
配筋率对膨胀剂的影响	掺加膨胀剂的混凝土的膨胀应力与限制条件有关，在钢筋混凝土中配筋率为主的限制条件，配筋率过低，虽然膨胀变形大，但自应力值不高；配筋率过高，膨胀率较小，自应力值也不高，而且不经济。一般当配筋率在 $0.2\%\sim1.5\%$ 范围内，钢筋混凝土的自应力值随配筋率的增加而增加
水灰比对膨胀剂的影响	水灰比的影响主要归根于混凝土强度发展历程与膨胀剂膨胀发展历程的匹配关系。水灰比较小时，混凝土早期强度高，高强度会限制约束膨胀的发挥，从而减低膨胀效能；水灰比较大时，混凝土早期强度发展缓慢，膨胀剂产生的膨胀会由于没有足够的强度骨架的约束而衰减，从而降低有效膨胀。另外，高水灰比水泥浆体的孔隙率也高，这时会有相当一部分膨胀性水化产物填充孔隙，也会降低有效膨胀
掺合料对膨胀剂的影响	在混凝土中掺入一定量的某些低钙矿物掺合料，如磨细矿渣、粉煤灰等，对任何原因例如过量 SO_3、碱-骨料反应等引起的膨胀都有抑制作用，但是有些矿物掺合料对膨胀剂的膨胀会产生抑制作用，矿物掺合料对膨胀抑制作用不仅与其掺量有关，而且还与 SO_3 水平有关，也就是说，它与膨胀剂和水泥的组分有关，不同矿物掺合料对膨胀剂的膨胀作用影响规律是不同的。 掺用大量矿物掺合料的高性能混凝土的推广应用是混凝土发展的必然趋势，有关专家认为在大掺量掺合料的高性能混凝土中，氧化钙类膨胀剂具有更优异的性能

影响因素名称	影响结果
约束条件对膨胀剂的影响	对于水泥混凝土，无约束的自由收缩不会引起开裂，有约束的收缩在内部产生拉应力，达到某值时必然会引起开裂，而无约束的自由膨胀使混凝土内部疏松，甚至开裂，约束下的膨胀则使混凝土内部紧密，补偿混凝土收缩。掺加膨胀剂的作用是利用约束下的膨胀变形来补偿收缩变形，裂缝就会被防止。因此不能只从砂浆和混凝土自由膨胀和收缩来寻找裂缝防治措施，必须考虑约束条件，约束必须恰当。约束太小，产生过大的膨胀，削弱混凝土的强度，甚至开裂，约束太大，膨胀率太小，不足以补偿收缩
混凝土温升对膨胀剂的影响	掺入膨胀剂的混凝土的膨胀、收缩性质，一般是在养护温度为 17~23℃ 条件下测定的，混凝土强度提高，水泥用量增大，大体积混凝土温度升高，掺入膨胀剂后，尽管代替部分水泥，但不会降低混凝土的温升，混凝土的内部温度可达 70℃ 以上。硫铝酸盐系膨胀剂的水化产物为钙矾石，在温度为 65℃ 时开始脱水分解，水泥浆体中钙矾石形成受到限制，早期未参与反应的硫和铝成分，或水化初期生成钙矾石，又与水化温升而脱水以致分解，在混凝土使用期间合适的条件下，重新生成钙矾石，二次钙矾石的膨胀与混凝土强度的发展不协调，不能达到混凝土补偿收缩的目的，还会造成混凝土结构的劣化。因此，在大体积混凝土中，一般不宜用硫铝酸盐系膨胀剂，而应选用氧化镁系膨胀剂

影响因素名称	影响结果
施工工艺对膨胀剂的影响	(1)混凝土搅拌对膨胀作用的影响。当掺加膨胀剂后，如果膨胀剂在混凝土中分布不均匀，必然会因膨胀不均匀而造成局部膨胀开裂，因此应严格控制搅拌时间，使膨胀剂在混凝土中分布均匀； (2)后期养护对膨胀作用的影响。膨胀剂的持续水化离不开水的供给，保持充分的水养护是水泥水化和膨胀剂水化反应的保证。一旦混凝土硬化早期没有及时浇水，自由水蒸发后，水泥水化使混凝土内部毛细孔被切断，再恢复浇水，水进不到内部，得不到应有的膨胀，就会造成较大的自收缩，在施工过程应当加强混凝土的后期养护
膨胀剂品质对混凝土的影响	(1)化学组成的影响。膨胀剂的组成是决定膨胀剂作用的关键因素，以硫铝酸盐系膨胀剂为例，其膨胀源为钙矾石，生成钙矾石的速率和数量主要受氧化铝和三氧化硫含量的影响，其中三氧化硫起主作用，硫铝酸盐膨胀剂中三氧化硫含量的高低可以决定膨胀剂的掺量大小。而石灰系膨胀剂和氧化镁系膨胀剂的膨胀性能则分别取决于氧化钙和氧化镁的含量多少； (2)膨胀剂细度的影响。膨胀剂的细度会影响膨胀剂的性能，硫铝酸盐系膨胀剂细度越小，比表面积越大，化学反应速率越快，从而影响钙矾石的生成速率和数量；氧化钙类膨胀剂颗粒越粗，其膨胀越大，膨胀稳定期也越长，比较理想的粒径范围为 $30 \sim 100 \mu m$

影响因素名称	影响结果
膨胀剂品质对混凝土的影响	（3）掺量的影响。混凝土的自由膨胀率随着膨胀剂的掺量增加而增加； （4）膨胀剂贮存的影响。膨胀剂在生产过程中经过高温煅烧，其中的水泥组分如硫铝酸盐熟料、铝酸盐熟料、生石灰等遇水容易受潮而影响其膨胀性能，因此，膨胀剂贮存期不宜过长，更不可露天存放

第四节　混凝土膨胀剂应用技术要点

混凝土膨胀剂膨胀作用的发挥，除了和膨胀剂本身的成分和作用有关外，还和水泥及混凝土膨胀的条件有关。膨胀剂的膨胀作用除了有大小不同之处外，更重要的是注意很好地掌握使用过程中的技术要点。混凝土膨胀剂膨胀作用，应当在混凝土具有一定强度的一段时间内以一定的速率增长，才能发挥最佳效果。如果太早则因强度不够，或是混凝土尚有一定塑性时膨胀能力被吸收而发挥不出来；如果膨胀太迟则又会因混凝土已具备较高强度，膨胀作用又可能破坏了已形成的结构。因此了解各种因素的影响，控制混凝土膨胀剂在具体操作中的各项技术要点，是混凝土膨胀剂收到良好膨胀效果的必要条件。

一、混凝土膨胀剂选用注意事项

由于混凝土膨胀剂的种类不同，膨胀源所产生的机理也各不相同，因此应根据混凝土工程的性质、工程部位及工程要求选择合适的膨胀剂品种，并要经检验各项指标符合现行标准要求后方可使用。同时，根据补偿收缩或自应力混凝土的不同用途，进行限制膨胀率、有效膨胀能或最大自应力设计，通过试验找出混凝土膨胀剂的最佳掺量。

在选择混凝土膨胀剂时，要考虑膨胀剂与水泥和其他外加剂的相容性。水泥水化速率对混凝土强度和膨胀值的影响都比较大，如果与其他外加剂复合使用时，可能会导致混凝土膨胀值降低，新拌混凝土坍落度经时损失加快，如果没有适当的限制，也可能会导致混凝土强度的降低。因此，混凝土膨胀剂与其他外加剂复合使用前应进行试验验证。钙矾石类混凝土膨胀剂的使用限制条件应符合表 11-25 中的要求。

钙矾石类混凝土膨胀剂
的使用限制条件　　　　　表 11-25

序号	使用限制条件
1	暴露在大气中有抗冻和防水要求的重要结构混凝土，在选择混凝土膨胀剂时一定要慎重。尤其是露天使用有干湿交替作用，并能受到雨雪侵蚀或冻融循环作用的结构混凝土，一般不应选用钙矾石类的混凝土膨胀剂

序号	使用限制条件
2	地下水(软水)丰富且流动的区域的基础混凝土,尤其是地下室的自防水混凝土,一般也不应单独选用钙矾石类膨胀剂作为混凝土自防水的主要措施,最好选用混凝土防水剂配制的混凝土
3	潮湿条件下使用的混凝土,如骨料中含有能引发混凝土碱-骨料反应(AAR)的无定形 SiO_2 时,应结合所用水泥的碱含量的情况,选用低碱或无碱的混凝土膨胀剂
4	混凝土膨胀剂在正式使用前,必须根据所用的水泥、外加剂、矿物掺合料,通过试验确定合适的掺量,以确保达到预期的限制膨胀的效果

混凝土膨胀剂的主要功能是补偿混凝土在硬化过程中的干缩和冷缩,可用于各种抗裂防渗混凝土。由于混凝土膨胀剂的膨胀源不同,又各有不同的优缺点,加上膨胀剂的物化性能不同,从而决定了它们的不同适用范围。

在选用混凝土膨胀剂时,首先应检验是否达到现行国家标准《混凝土膨胀剂》(GB 23439—2009)中的要求,主要是检验水中 7d 限制膨胀率大小。对于重大混凝土工程,应到混凝土膨胀剂厂家考察,并在库房随机抽样检测,防止假冒伪劣混凝土膨胀剂流入市场,所用的混凝土膨胀剂都应通过检测单位检验合格后才能使用。

我国在混凝土工程中常用的膨胀剂是硫铝酸钙类、氧化钙-硫铝酸钙类和氧化钙类。硫铝酸钙类膨胀剂是目前国内外生产应用最多的膨胀剂，但由低水胶比大掺合料高性能混凝土的广泛应用，氧化钙类膨胀剂由于水化需水量小，对湿养护要求比较低，今后将成为混凝土膨胀剂的未来发展方向。

氧化镁膨胀剂在常温下水化比较慢，但在环境温度 40~60℃中，氧化镁水化为氢氧化镁的膨胀速率大大加快，经 1~2 个膨胀基本稳定，因此氧化镁只适用于大体积混凝土工程，如果用于常温使用的工民建混凝土工程，则需要选用低温煅烧的高活性氧化镁膨胀剂。

不同品种膨胀剂及其碱含量有所不同，因此在大体积水工混凝土和地下混凝土工程中，必须严格控制水泥的碱含量，控制混凝土中总的碱含量不大于 3kg/m³，对于重要工程碱含量应小于 1.8kg/m³，这样可避免碱-骨料反应的发生。

对于不同的混凝土工程，应根据工程的实际情况，经试验选用适宜的混凝土膨胀剂，以达到补偿收缩的目的。

二、混凝土膨胀剂使用注意事项

（一）《混凝土外加剂应用技术规范》中的规定

（1）掺膨胀剂的补偿收缩混凝土，其设计和施工应符合现行行业标准《补偿收缩混凝土应用技术规程》（JGJ/T 178—2009）的有关规定。其中，对暴露在大气中的混凝土表面应及时进行保水养护，养护期不得少于 14d；冬期施工时，构件拆模时间应延至 7d 以上，表面不得直接洒水，可采用塑料薄膜保水，薄膜上部应覆盖岩棉被等保温材料。

（2）大体积、大面积及超长结构的后浇带可采用膨胀加强带措施连续施工，膨胀加强带的构造形式和超长结构浇筑方式，应符合现行行业标准《补偿收缩混凝土应用技术规程》（JGJ/T 178—2009）中有关规定。

（3）掺膨胀剂混凝土的胶凝材料最少用量应符合表 11-26 中的规定。

掺膨胀剂混凝土的胶凝材料

最少用量	表 11-26
混凝土的用途	胶凝材料最少用量（kg/m³）
用于补偿混凝土收缩	300
用于后浇带、膨胀加强带和工程接缝填充	350
用于自应力混凝土	500

（4）灌浆用膨胀砂浆施工应符合下列规定：

① 灌浆用膨胀砂浆的水料比（胶凝材料＋砂）

比宜为 0.12~0.16，搅拌时间不宜少于 3min；

②膨胀砂浆不得使用机械振捣，宜用人工振捣排除气泡，每个部位应从一个方向浇筑；

③浇筑完成后，应立即用湿麻袋等覆盖暴露部分，砂浆硬化后应立即浇水养护，养护期不宜少于 7d；

④灌浆用膨胀砂浆浇筑和养护期间，最低气温低于 5 时，应采取保温保湿措施。

（二）施工过程中应注意事项

在掺膨胀剂混凝土的施工过程中，除了应严格执行现行国家标准《混凝土外加剂应用技术规范》（GB 50119—2013）的有关规定外，根据众多工程的实践经验，膨胀剂混凝土施工注意事项见表 11-27。

膨胀剂混凝土施工注意事项　　表 11-27

序号	施工注意事项
1	工地或搅拌站不按照规定的混凝土配比掺入足够的混凝土膨胀剂是普遍存在的现象，从而造成浇筑时的混凝土膨胀效能比较低，不能起到补偿收缩的作用，因此，必须加强施工管理，确保混凝土膨胀剂掺量的准确性
2	粉状膨胀剂应与混凝土其他原材料一起投入搅拌机中，现场拌制的掺膨胀剂混凝土要比普通混凝土搅拌时间延长 30s，以保证膨胀剂与水泥等材料拌合均匀，提高混凝土组分的匀质性

序号	施工注意事项
3	混凝土的布料和振捣要按照施工规范进行。在计划浇筑区区段内应连续浇筑混凝土,不宜中断,掺膨胀剂的混凝土浇筑方法和技术要求与普通混凝土基本相同:混凝土振捣必须密实,不得漏振、欠振和过振。在混凝土终凝之前,应采用机械或人工进行多次抹压,防止表面沉缩裂缝的产生
4	膨胀混凝土要进行充分的湿养护才能更好地发挥其膨胀效应,必须足够重视养护工作。潮湿养护条件是确保掺膨胀剂混凝土膨胀性能的关键因素。因为在潮湿环境下,水分不会很快蒸发,钙矾石等膨胀源可以不断生成,从而使水泥石结构逐渐致密,不断补偿混凝土的收缩。因此在施工中必须采取相应措施,保证混凝土潮湿养护时间不少于14d
5	膨胀混凝土最好采用木模板浇筑,以利于墙体的保温。侧墙混凝土浇筑完毕,1d后可松动模板支撑螺栓,并从上部不断浇水。由于混凝土最高温升在3d前后,为减少混凝土内外温差应力,减缓混凝土因水分蒸发产生的干缩应力,墙体在5d后拆模板,以利于墙体的保温、保湿。拆模后应派专人连续不断地浇水养护3d,再间歇淋水养护14d。混凝土未达到足够强度前,严禁敲打或振动钢筋,以防产生渗水通道
6	边墙出现裂缝是一个常见质量缺陷,施工中应要求混凝土振捣密实、匀质。有的施工单位为加快施工进度,浇筑混凝土1～2d就拆除模板,此时混凝土水化热升温最高,早拆模板会造成散热过快,增加墙内外温差,易出现温差裂缝。施工实践证明,墙体宜用保湿较好的胶合板制作模板,混凝土浇筑完毕后,在顶部设水管慢淋养护,墙体宜在5d后拆除模板,然后尽快用麻袋覆盖并喷水养护,保湿养护应达到14d

序号	施工注意事项
7	为确保墙体施工质量,采取补偿收缩混凝土墙体,也要以 30~40m 分段进行浇筑。每段之间设 2m 宽膨胀加强带,并设置钢板止水片,加强带可在 28d 后用大膨胀混凝土回填,养护时间不宜少于 14d。混凝土底板宜采用蓄水养护,冬期施工要用塑料薄膜和保温材料进行保温保湿养护;楼板宜用湿麻袋覆盖养护
8	工程实践证明,即使采取多种措施,尤其是 C40 以上的混凝土,也很难避免出现裂缝,有的在 1~2d 拆模板后就会出现裂缝,这是混凝土内外温差引起的,在保证设计强度的前提下,要设法降低水泥用量,减少混凝土早期水化热。由于膨胀剂在 1~3d 时膨胀效能还没有充分发挥出来,有时难以完全补偿温差收缩,但是膨胀剂可以防止和减少裂缝数量,减小裂缝的宽度。 混凝土裂缝修补原则:对于宽度小于 0.2mm 的裂缝,不用修补;对于宽度大于 0.2mm 的非贯穿裂缝,可以在裂缝处凿开 30~50mm 宽,然后用掺膨胀剂的水泥砂浆修补。对于贯穿裂缝可用化学灌浆修补
9	混凝土浇筑完毕达到规定标准后,建筑物进入使用阶段前,有些单位不注意维护保养,在验收之前就出现裂缝,这是气温和湿度变化引起的,因此,地下室完成后,要及时进行覆土,楼层尽快做墙体维护结构,屋面要尽快做防水保温层

第十二章　混凝土防水剂

混凝土防水剂是指能降低混凝土在静水压力下的渗透性的混凝土外加剂，这类外加剂具有显著提高混凝土抗渗性、抗碳化和耐久性的作用，使混凝土的抗渗等级可达 P25 以上，同时具有缓凝、早强、减水、抗裂等功效，并可改善新拌砂浆和混凝土的和易性。

混凝土防水剂也称为抗渗剂，其主要功能在于防止混凝土的渗水和漏水。混凝土之所以会发生渗漏，是因为在混凝土内部存在着渗水的通道。要防止混凝土渗漏就必须了解混凝土内部的渗水通道是如何形成的。混凝土产生渗漏的根本原因，在于混凝土内存在一些开孔，即互相连通的毛细孔隙。作为混凝土防水剂，其作用也就在于通过物理和化学作用，改变混凝土中孔隙的状态，减少孔隙的生成，堵塞和切断毛细孔隙，使开孔的毛细孔隙变为封闭的毛细孔隙，从而提高混凝土的抗渗性能。

第一节　混凝土防水剂的选用及适用范围

混凝土防水剂的种类非常多，各自所起的作用也不相同，从而所适用的范围也有区别。根据我国的实际情况，大致可混凝土防水剂大致可分为下列四种作用：①产生胶体或沉淀，阻塞和切断混凝土中的毛细孔隙；②起到较强的憎水作用，使产生的气泡彼此机械地分割开来，互不连通；③改善混凝土拌合物的工作性，减少单位体积混凝土的用水量，从而减少由于水分蒸发而产生的毛细管通道；④加入合成高分子材料（如树脂、橡胶），使其在水泥石中的气泡壁上形成一层憎水层。

一、混凝土防水剂的选用方法

根据现行国家标准《混凝土外加剂应用技术规范》（GB 50119—2013）中的规定，混凝土防水剂的选用应符合表 12-1 中的要求。

常用混凝土防水剂   表 12-1

序号	防水剂类型	常用混凝土防水剂
1	单体防水剂	混凝土工程可采用下列单体防水剂： （1）氯化铁、硅灰粉末、锆化合物、无机铝盐防水剂、硅酸钠等无机化合物等； （2）脂肪酸及其盐类、有机硅类（甲基硅醇钠、乙基硅醇钠、聚乙基羟基硅氧烷等）、聚合物乳液（石蜡、地沥青、橡胶及水溶性树脂乳液）有机化合物等

序号	防水剂类型	常用混凝土防水剂
2	复合防水剂	混凝土工程可采用下列复合防水剂： (1)无机化合物类复合、有机化合物类复合、无机化合物与有机化合物类复合； (2)本条第1款各类复合防水剂与引气剂、减水剂、调凝剂等外加剂复合而成的防水剂

二、混凝土防水剂的适用范围

根据现行国家标准《混凝土外加剂应用技术规范》(GB 50119—2013)中的规定，混凝土防水剂的适用范围应符合表12-2中的要求。

防水剂的适用范围　　　　表12-2

序号	防水剂用途	适用范围
1	有防水要求的混凝土	普通防水剂可用于有防水抗渗要求的混凝土工程
2	有抗冻要求的混凝土	对于有抗冻要求的混凝土工程，宜选用复合引气组分的防水剂

第二节　混凝土防水剂的质量检验

混凝土防水剂的主要功能就是防水抗渗，用来改善混凝土的抗渗性，同时也相应提高混凝土的工作性和耐久性。怎样才能实现混凝土防水剂的以上功能，关键是确保防水剂的质量符合现行国家或行业的标准。

一、混凝土防水剂的质量要求

对所选用混凝土防水剂进场后，应按照国家标准《混凝土外加剂应用技术规范》（GB 50119—2013）中的规定进行质量检验。混凝土防水剂的质量检验要求见表 12-3。

混凝土防水剂的质量检验要求　　表 12-3

序号	质量检验要求
1	混凝土防水剂应按每 50t 为一检验批，不足 50t 时也应按一个检验批计。每一检验批取样量不应少于 10kg。每一检验批取样量不应少于 0.2t 胶凝材料所需用的外加剂量。每一检验批取样应充分混匀，并应分为两等份：其中一份按照《混凝土外加剂应用技术规范》（GB 50119—2013）第 14.3.2 和 14.3.3 条规定的项目及要求进行检验，每检验批检验不得少于两次；另一份应密封留样保存半年，有疑问时，应进行对比检验
2	混凝土防水剂进场检验项目应包括密度（或细度）、含固量（或含水率）

二、《砂浆、混凝土防水剂》中的质量要求

根据现行的行业标准《砂浆、混凝土防水剂》（JC 474—2008）中的规定，砂浆、混凝土防水剂

系指能降低砂浆、混凝土在静水压力下透水性的外加剂。砂浆、混凝土防水剂应当符合以下各项质量要求。

（一）砂浆、混凝土防水剂的匀质性要求

砂浆、混凝土防水剂的匀质性要求，应符合表12-4中的要求。

砂浆、混凝土防水剂的匀质性要求　表 12-4

序号	试验项目	技术指标	
		液体防水剂	粉状防水剂
1	密度(g/cm³)	$D>1.1$ 时，要求为 $D\pm0.03$；$D\leqslant1.1$ 时，要求为 $D\pm0.02$。D 为生产厂商提供的密度值	—
2	氯离子含量(%)	应小于生产厂家的最大控制值	应小于生产厂家的最大控制值
3	总碱量(%)	应小于生产厂家的最大控制值	应小于生产厂家的最大控制值
4	含水率(%)	—	$W\geqslant5\%$ 时，$0.90W\leqslant X<1.10W$；$W<5\%$ 时，$0.80W\leqslant X<1.20W$。W 是生产厂提供的含水率（质量分数），%；X 是测试的含水率（质量分数），%

序号	试验项目	技术指标	
		液体防水剂	粉状防水剂
5	细度(%)	—	0.315mm 筛的筛余量应小于 15
6	固体含量(%)	$S \geqslant 20\%$ 时，$0.95S \leqslant X < 1.05S$；$S < 20\%$ 时，$0.95S \leqslant X < 1.10S$。$S$ 是生产厂提供的固体含量（质量分数），%；X 是测试的固体含量（质量分数），%	—

注：生产厂应在产品说明书中明示产品均匀指标的控制值。

（二）受检砂浆的性能指标要求

用砂浆、混凝土防水剂配制的受检砂浆的性能指标要求，应符合表 12-5 中的要求。

受检砂浆的性能指标要求　　　表 12-5

序号	试验项目		性能指标	
			一等品	合格品
1	安定性		合格	合格
2	凝结时间	初凝(min)	$\geqslant 45$	$\geqslant 45$
		终凝(h)	$\leqslant 10$	$\leqslant 10$

338

序号	试验项目		性能指标	
			一等品	合格品
3	抗压强度比(%)	7d	≥100	≥85
		28d	≥90	≥80
4	进水压力比(%)		≥300	≥200
5	吸水率(48h)%		≤65	≤75
6	收缩率比(28d)%		≤125	≤135

注：安定性和凝结时间为受检净浆的试验结果，其他项目数据均为受检砂浆与基准砂浆的比值。

（三）受检混凝土砂浆的性能指标要求

用砂浆、混凝土防水剂配制的受检混凝土的性能指标要求，应符合表12-6中的要求。

受检混凝土的性能指标要求　表12-6

序号	试验项目		性能指标	
			一等品	合格品
1	安定性		合格	合格
2	"泌水率"比(%)		≤50	≤70
3	凝结时间差(min)	初凝	≥−90①	≥−90①
4	抗压强度比(%)	3d	≥100	≥90
		7d	≥110	≥100
		28d	≥100	≥90

339

序号	试验项目	性能指标	
		一等品	合格品
5	渗透高度比(%)	≤30	≤40
6	吸水量比(48h)%	≤65	≤75
7	收缩率比(28d)%	≤125	≤135

注："—"表示时间提前。

安定性和凝结时间为受检净浆的试验结果，凝结时间为受检混凝土与基准混凝土的差值，表中其他项目数据均为受检混凝土与基准混凝土的比值。

三、《水性渗透型无机防水剂》中的质量要求

根据现行行业标准《水性渗透型无机防水剂》(JC/T 1018—2006)中的规定，水性渗透型无机防水剂是指以碱金属硅酸盐溶液为基料，加入催化剂、助剂，经混合反应而成，具有渗透性，可封闭水泥砂浆与混凝土毛细孔通道和裂纹功能的防水剂。水性渗透型无机防水剂应当符合表 12-7 中的各项质量要求。

四、《建筑表面用有机硅防水剂》中的质量要求

根据现行行业标准《建筑表面用有机硅防水剂》(JC/T 902—2002)中的规定，有机硅防水剂是一种无污染、无刺激性的新型高效防水材料。建筑表面用有机硅防水剂产品分为水性（W）和溶剂型（S）两种，其技术指标应符合表 12-8 中的要求。

水性渗透型无机防水剂质量要求　　表 12-7

序号	试验项目		技术指标	
			Ⅰ型	Ⅱ型
1	外观质量		无色透明，无气味	
2	密度(g/cm³)		≥1.10	≥1.07
3	pH值		13±1	11±1
4	黏度(s)		11.0±1.0	
5	表面张力(mN/m)		≤26.0	≤36.0
6	凝结时间 (min)	初凝	120±30	—
		终凝	180±30	≤400
7	抗渗性(渗入高度,mm)		≤30	≤35
8	贮存稳定性(10 次循环)		外观无变化	

建筑表面用有机硅防水剂技术指标　表 12-8

序号	试验项目	技术指标	
		W	S
1	外观质量	无沉淀、无漂浮物，呈均匀状态	
2	pH值	规定值±1	
3	稳定性	无分层、无浮油、无明显沉淀	

序号	试验项目		技术指标	
			W	S
4	固体含量(%)		≥20	≥5
5	渗透性	标准状态	≤2mm,无水迹无变色	
		热处理	≤2mm,无水迹无变色	
		低温处理	≤2mm,无水迹无变色	
		紫外线处理	≤2mm,无水迹无变色	
		酸处理	≤2mm,无水迹无变色	
		碱处理	≤2mm,无水迹无变色	

五、《水泥基渗透结晶型防水材料》中的质量要求

根据现行行业标准《水泥基渗透结晶型防水材料》（GB 18445—2012）中的规定，水泥基渗透结晶型防水材料是指一种用于水泥混凝土的刚性防水材料，其与水作用后，材料中含有的活性化学物质以水为载体在混凝土中渗透，与水泥水化产物生成不溶于水的针状结晶体，填塞毛细孔道和微细缝隙，从而提高混凝土的致密性与防水性。水泥基渗透结晶型防水材料，按使用方法可分为水泥基渗透结晶型防水涂料和水泥基渗透结

晶型防水剂。

（一）水泥基渗透结晶型防水涂料

水泥基渗透结晶型防水涂料是指以硅酸盐水泥、石英砂为主要成分，掺入一定量活性化学材质制成的粉状材料，经与水拌合后调配成可刷涂在水泥混凝土表面的浆料；亦可采用干撒压入未完全凝固的水泥混凝土表面。水泥基渗透结晶型防水涂料的性能应符合表 12-9 中的规定。

（二）水泥基渗透结晶型防水剂

水泥基渗透结晶型防水剂是指以硅酸盐水泥和活性化学物质为主要成分制成的粉状材料，将其掺入水泥混凝土拌合物中使用。水泥基渗透结晶型防水剂的性能应符合表 12-10 中的规定。

水泥基渗透结晶型防水涂料的性能　表 12-9

序号	试验项目		性能指标
1	外观		均匀、无结块
2	含水率（%）		≤1.5
3	细度（0.63mm 筛筛余，%）		≤5.0
4	氯离子含量（%）		≤0.10
5	施工性	加水搅拌后	刮涂无障碍
		20min	刮涂无障碍
6	抗折强度（MPa，28d）		≥2.8

序号	试验项目	性能指标
7	抗压强度(MPa,28d)	≥15.0
8	湿基面粘结强度(MPa,28d)	≥1.0
9	砂浆抗渗性能	带涂层砂浆的抗渗压力(MPa,28d)	报告实测值
		抗渗压力比(带涂层)(%,28d)	≥250
		去除涂层砂浆的抗渗压力(MPa,28d)	报告实测值
		抗渗压力比(去除涂层)(%,28d)	≥170
10	混凝土抗渗性能	带涂层混凝土的抗渗压力(MPa,28d)	报告实测值
		抗渗压力比(带涂层)(%,28d)	≥250
		去除涂层混凝土的抗渗压力(MPa,28d)	报告实测值
		抗渗压力比(去除涂层)(%,28d)	≥170
		带涂层混凝土的第二次抗渗压力(MPa,56d)	≥0.80

注：基准砂浆和基准混凝土 28d 抗渗压力应为 0.4MPa，
并在产品质量检验报告中列出。

水泥基渗透结晶型防水剂的性能 表 12-10

序号	试验项目	性能指标
1	外观	均匀、无结块
2	含水率(%)	≤1.5
3	细度(0.63mm 筛筛余,%)	≤5.0

序号	试验项目		性能指标
4	氯离子含量(%)		≤0.10
5	总碱量(%)		报告实测值
6	减水率(%)		<8.0
7	含气量(%)		≤3.0
8	凝结时间差	初凝(min)	>-90
		终凝(h)	—
9	抗压强度比(%)	7d	≥100
		28d	≥100
10	收缩率比(%,28d)		≤125
11	混凝土抗渗性能	掺防水剂混凝土的抗渗压力(MPa,28d)	报告实测值
		抗渗压力比(带涂层)(%,28d)	≥200
		掺防水剂混凝土的第二次抗渗压力(MPa,56d)	报告实测值
		第二次抗渗压力比(带涂层)(%,56d)	≥150

注：基准混凝土28d抗渗压力应为0.4MPa，并在产品质量检验报告中列出。

345

第三节　混凝土防水剂主要品种及性能

混凝土防水剂是用来改善混凝土的抗渗性，提高混凝土耐久性的外加剂。提高混凝土抗渗性和耐久性的方法很多，如采用连续级配的砂石材料、控制混凝土的水灰比、掺加减水剂和引气剂、采用混凝土膨胀剂等，这些方法都可以起到防水作用。工程实践证明，在混凝土中加入适量的防水剂，是最有效防水的技术措施。

混凝土防水剂是在搅拌混凝土的过程中添加的粉剂或水剂，在混凝土结构中均匀分布，充填和堵塞混凝土中的裂隙及气孔，使混凝土更加密实而达到阻止水分透过的目的。根据防水工程实践证明，混凝土防水剂按照其组分不同，可分为无机防水剂、有机防水剂和复合防水剂三类。

一、无机防水剂

无机防水剂是由无机化学原料配制而成的、一种能起到提高水泥砂浆或防水混凝土不透水性的外加剂。无机防水剂主要包括氯盐防水剂、氯化铁防水剂、硅酸钠防水剂、无机铝盐防水剂等。

（一）氯盐防水剂

氯盐防水剂是指含氯离子且能显著改善混凝土抗渗性能的无机物，将这种防水剂和水按一定比例配制而成，掺入混凝土中，在水泥水化硬化的过程

346

中，能与水泥及水作用生成复盐，填补混凝土中的孔隙，提高混凝土的密实度与不透水性，可以起到防水、防渗的作用。其中在混凝土工程中应用最为广泛的是氯化钙和氯化铝等氯盐防水剂。氯化钙防水剂应用技术要点见表 12-11。

氯化钙防水剂应用技术要点　　表 12-11

序号	项目	应用技术要点
1	性能特点	氯化钙可以促进水泥水化反应，$CaCl_2$ 与水泥中的铝酸三钙（C_3A）反应生成水化氯铝酸钙和氢氯化钙固体，这些固相的早期生成有利于强度骨架的早期形成，且氢氧化钙的消耗有利于水泥熟料矿物的进一步水化，从而获得早期的防水效果。 氯化钙防水剂具有速凝、早强、耐压、防水、抗渗、抗冻等性能，但混凝土的后期抗渗性会有所下降。此外，氯化钙对钢筋有锈蚀作用，所以应当慎用，或者与阻锈剂复合使用
2	配制工艺	氯化钙防水剂配制比较简单：将 500kg 水放置在耐腐蚀的木质或陶瓷容器内 30～60min，待水中可能有氯气挥发时，再将预先粉碎成粒径约为 30mm 的氯化钙碎块 460kg 放入水中，用木棒充分搅拌直至氯化钙全部溶解为止（在此过程中溶液温度将逐渐上升），待溶液冷却至 50～52℃时，再将 40kg 氯化铝全部加入，继续搅拌至部溶解，即制成 1t 氯化钙防水剂

序号	项目	应用技术要点
3	具体应用	将配制好的氯化钙防水剂溶液稀释至 5%～10%即可应用于混凝土,其在混凝土中的掺量为胶凝材料用量的 1.5%～3.0%,把它掺入混凝土中能生成一种胶状悬浮颗粒,填充混凝土中微小的孔隙和堵塞毛细通道,有效地提高混凝土的密实度和不透水性。抗渗等级可达 1.5～3.0MPa
4	应用范围	氯化钙防水剂适用于素混凝土,当掺入预应力钢筋混凝土中时,应当与阻锈剂复合使用。这种防水剂具有显著的早强作用,可用于一般防水堵漏工程

（二）氯化铁防水剂

氯化铁防水剂是由氧化铁皮与工业盐酸经化学反应后,添加适量的镜酸铝或者明矾配制而成的,这是一种新型的混凝土密实防水剂。氯化铁防水剂可以用来配制防水混凝土或防砂浆,因此,近年来在各类工程中应用比较广泛。氯化铁防水剂应用技术要点见表 12-12。

348

氯化铁防水剂应用技术要点　　**表 12-12**

序号	项目	应用技术要点
1	性能特点	氯化铁防水剂具有制造简单来源广泛、成本较低、效果良好等优点。氯化铁防水剂配制的混凝土及砂浆具有抗渗性能好、抗压强度高、施工较方便、成本比较低等优点。 　　这类防水剂的作用原理主要有两个方面：一是与水泥熟料中的铝酸三钙形成水化氯铝酸钙结晶，增加水泥石的密实性；二是生成氢氧化铁和氢氧化铝胶体，阻塞和切断毛细管通道，同时又与硅酸三钙水化生成的氢氧化钙作用生成水化铝酸钙及水亿铁酸钙，进一步阻塞和切断毛细管通道
2	配制工艺	氯化铁防水剂是用废盐酸加废铁皮、铁屑及硫酸矿渣，再加上一部分工业硫酸铝即可制得。氧化铁皮采用轧钢过程中脱落的氧化铁皮，其主要成分为氧化亚铁、氧化铁和四氧化三铁。盐酸的相对密度为 1.15～1.19。配合比为：铁皮：铁粉：盐酸：硫酸铝=80：20：200：12。 　　氯化铁防水剂的具体制作方法：将铁粉投入陶瓷缸中，加入所用的盐酸的 1/2，用空气压缩机或搅拌机搅拌 15min，使反应充分进行。待铁粉全部溶解后，再加入氧化铁皮和剩余的 1/2 盐酸。倒入陶瓷缸内，再用搅拌机搅拌 40～60min，然后静置 3～4h，使其自然反应，直到溶液变成浓稠的深棕色，即形成氯化铁溶液，静置 2～3h，将清液导出，再静置 12h，放入工业硫酸铝进行搅拌，待硫酸铝全部溶解，静置过夜后即制成成品氯化铁防水剂

序号	项目	应用技术要点
3	具体应用	在用氯化铁防水剂配制防水混凝土时,主要应满足以下要求:①水灰比一般以 0.55 为宜;② 水泥用量不小于310kg/m;③混凝土坍落度控制在 30～50mm 范围内;④氯化铁防水剂的掺量为水泥质量的 3%,掺量过多对钢筋锈蚀及水泥干缩有不良影响,如果用氯化铁砂浆抹面,掺量可增至 4% 左右
4	应用范围	氯化铁防水剂用途十分广泛,在人防工程、地下铁道、桥梁、隧道、水塔、水池、油罐、变电所、电缆沟道、水泥船等需防渗的工程中都得到应用。由于氯化铁防水剂可用来配制防水砂浆和防水混凝土,所以适用于工业与民用地下室、水塔、水池水设备基础等处的刚性防水,其他处于地下或潮湿环境下的砖砌体、混凝土及钢筋混凝土工程的防水及堵漏,也可用来配制防汽油渗透的砂浆及混凝土等。适宜用于水中结构、无筋或少筋的大体积混凝土工程。根据限制氯盐使用的规定,对于接触直流电源的工程、预应力钢筋混凝土及重要的薄壁结构,禁止使用氯化铁防水混凝土

表 12-13 中列出了不同氯化铁防水剂掺量配制的混凝土的抗渗性,可供同类工程设计和施工时参考。

混凝土配比			水灰比	固体防水剂掺量（%）	龄期（d）	混凝土抗渗性		抗压强度（MPa）
水泥	砂子	碎石				压力（MPa）	渗水高度（cm）	
1	2.95	3.50	0.62	0	52	1.5	—	22.5
1	2.95	3.50	0.62	0.01	52	4.0	2～3	33.3
1	2.95	3.50	0.60	0.02	28	>1.5	—	19.9
1	1.90	2.66	0.46	0.02	28	>3.2	6.5～11	50.0
1	2.50	4.70	-/60	0	14	0.4	—	12.8
1	2.50	4.70	0.45	0.01	14	1.2	—	20.7
1	2.00	3.50	0.45	0	7	0.6	—	15.2
1	2.00	3.50	0.45	0.03	7	>3.8	—	21.6
1	1.61	2.83	0.45	0.03	28	>4.0	—	29.3

（三）硅酸钠防水剂

硅酸钠防水剂技术于 20 世纪 40 年代初由日本传入我国，新中国成立后，我国根据使用经验开始自己生产，建立了硅酸钠防水剂生产厂，并在混凝土工程中推广应用。硅酸钠防水剂应用技术要点见表 12-14。

硅酸钠防水剂应用技术要点　　表 12-14

序号	项目	应用技术要点
1	性能特点	硅酸钠防水剂主要是利用硅酸钠与水泥水化物氢氧化钙生成不溶性硅酸钙,堵塞水的通道,从而提高水密性。而掺加的其他硅酸盐类则起到促进水泥产生凝胶物质的作用,以增强水玻璃的水密性。工程实践证明,硅酸钠防水剂具有速凝、防水、防渗、防漏等特点。 　　硅酸钠防水剂作为堵漏剂使用操作简单、堵漏迅速,是一种不可多得的材料。但其凝结时间过快、防水膜脆性大、抗变形能力低等缺点,使其应用受到很大的限制
2	配制工艺	硅酸钠防水剂是以水玻璃为基料,辅以硫酸铜、硫酸铝钾、硫酸亚铁配制而成的油状液体。按照生产工艺不同,国内生产的硅酸钠防水剂大体可分为四种,即二矾防水剂、三矾防水剂、四矾防水剂、五矾防水剂,其区别在于复配助剂种类多少和数量差别
3	具体应用	水玻璃为无定形含水硅凝胶在氢氧化钠溶液中的不稳定胶体,干燥后为包裹着水碱和无水芒硝的凝胶体。与饱和水泥滤液混合后,立即凝聚,形成带有网状裂纹的薄膜。但是,由于这类防水剂中含有大量可溶性氧化钠,易被水溶解而失去防水作用。另外,硅酸钠不脱水硬化时,才能起到密实作用,一旦脱水硬化,产生体积收缩,反而降低密实性,同样起不到防水作用,而且掺加这种防水剂会显著降低强度。由于这类防水剂对水泥有速凝作用,所以一般用于地下混凝土防水结构的局部堵漏

序号	项目	应用技术要点
4	应用范围	由于硅酸钠防水剂具有操作简单、堵漏迅速、凝结较快、防水防渗等特点,所以可用于建筑物屋面、地下室、水塔、水池、油库、引水渠道的防水堵漏

（四）无机铝盐防水剂

无机铝盐防水剂是以无机铝盐为主要原料,加入多种无机盐为配料经化学反应复合而成的水性防水剂。无机铝盐防水剂应用技术要点见表 12-15。

无机铝盐防水剂应用技术要点　　**表 12-15**

序号	项目	应用技术要点
1	性能特点	无机铝盐防水剂与水泥熟料中的铝酸三钙反应形成水化氯铝酸钙,增加水泥石的密实性,同时生成不溶于水的氢氧化铝及氢氧化铁胶体,填空水泥砂浆内部的空隙及堵塞毛细孔通道,从而提高了水泥砂浆或混凝土自身的憎水性、致密性及抗渗能力,以起到抗渗、抗裂防水的目的。 无机铝盐防水剂本身无毒、无味、无污染,具有抗渗漏、抗冻、耐热、耐压、耐酸碱、早强、速凝、防潮等特点,其掺量为水泥用量 3%～5%

序号	项目	应用技术要点
2	配制工艺	无机铝盐防水剂系以无水氯化铝、硫酸铝为主体,掺入多种无机金属盐类,混合溶剂成黄色液体。配方包含的原料主要有无水氯化铝(12%)、三氯化铁(6%)、硫酸铝(12%)、盐酸(10%)和自来水(60%)。配置方法:按照配方首先将水加入带搅拌器的耐酸容器中,注入盐酸,开动搅拌器不断搅拌,然后按配方的质量将无水氯化铝、三氯化铁、硫酸铝投入容器内混合搅拌反应60min 直至全部溶解,即成无机铝盐防水剂
3	具体应用	无机铝盐防水剂的具体应用工艺十分简单,按水泥重量比的 3%～5%防水剂渗量,加入水泥砂浆或混凝土中,搅拌均匀即可使用,用铁抹子反复压实压光。冬期施工后,24h 后即可养护,夏期施工 3～5h 后即可养护
4	应用范围	无机铝盐防水剂适用于混凝土、钢筋混凝土结构刚性自防水及表面防水层。可用于屋顶平面、卫生间、建筑板缝、地下室、隧道、下水道、水塔、桥梁、蓄水池、储油池、堤坝灌浆、下水井设施、地下商场、游泳场、水泵站、地下停车场、地下人行道、人防工程及壁面防潮等新建和修旧的防水工程

二、有机防水剂

有机防水剂是近些年发展非常迅速的性能良好的防水机，主要包括有机硅类防水剂、金属皂类防水剂、乳液类防水剂和复合型防水剂。

（一）有机硅类防水剂

有机硅类防水剂是一种无污染、无刺激性的新型高效防水材料，为世界先进国家所广泛应用。有机硅类防水剂主要成分为甲基硅醇钠和氟硅醇钠，是一种分子量较小的水溶性聚合物，易被弱酸分解，形成不溶水的、具有防水性能的甲基硅醚防水膜。此防水膜包围在混凝土的组成粒子之间，具有较强的憎水性能。

有机硅类防水剂具有防潮、防霉、防腐蚀、防风化、绿色环保、渗透无痕、施工方便，质量可靠，使用安全等显著优点。这类防水剂可在潮湿或干燥基面上直接施工，与基面有良好的黏结性。按照有机硅防水剂产品的状态不同，可分为水溶性有机硅建筑防水剂、溶剂型有机硅建筑防水剂、乳液型有机硅建筑防水剂、固体粉末状有机硅防水剂。有机硅类防水剂的性能、特点和应用见表12-16。

有机硅类防水剂的性
能、特点和应用   表 12-16

序号	防水剂名称	防水剂的性能、特点和应用
1	水溶性有机硅建筑防水剂	水溶性有机硅建筑防水剂的主要成分是甲基硅酸钠溶液,也可以是乙基硅酸钠溶液。它是用 95% 的甲基三氯硅烷(含 5% 的二甲基二氯硅烷)在大量水中水解,然后将所将沉淀物过滤并用大量水洗涤,得到湿的甲基硅酸。甲基硅酸再与氢氧化钠水溶液混合,在 90～95℃下加热 2h,然后加水,过滤即制甲基硅酸钠溶液。 甲基硅酸钠易被弱酸分解,当遇到空气中的水和二氧化碳时,便分解成甲基硅酸,并很快地聚合生成具有防水性能的聚甲基硅醚。因而可在基材表面形成一层极薄的聚硅氧烷膜而具有拒水性,生成的硅酸钠则被水冲掉。 甲基硅酸钠建筑防水剂的优点是材料易得,价格便宜,使用方便;缺点是与二氧化碳反应速率比较慢,一般需要 24h 才能固化。由于使用的防水剂在一定时间内仍然是水溶性的,因此很容易被雨水冲刷掉。此外,甲基硅酸钠对于含有铁盐的石灰石、大理石,会产生黄色的铁锈斑点。因此不能用于处理含有铁盐的大理石和石灰石,也不能用于已有憎水性的材料做进一步处理

序号	防水剂名称	防水剂的性能、特点和应用
2	溶剂型有机硅建筑防水剂	溶剂型有机硅建筑防水剂是充分缩合的聚甲基三乙氧基硅烷树脂。聚甲基三乙氧基硅烷树脂呈中性，使用时必须加入适量的醇类溶剂。当施涂于基材的表面时，溶剂很快挥发，则在基材的表面上沉积一层极薄的薄膜，这层薄膜无色、无光，也没有黏性，表面看去根本看不出被涂过东西。这是由于在水分存在的情况下，酯基发生水解，释放出醇类分子并生成硅醇，硅醇基的化学性质十分活泼，它与天然存在于混凝土表面的游离羟基发生化学反应，两个分间通过缩水作用而使化学键连接起来，使混凝土表面上连接上一个具有拒水效能的烃基。 溶剂型有机硅建筑防水剂受外界的影响比甲基硅酸钠小得多，用作混凝土和砂浆建筑的防水材料具有储存稳定性好、防水效果优良、渗透能力强、涂层致密、透气性好、保色性好、成膜比较快、不易受环境影响及适用范围广等特点，因而在很多混凝土工程中得到应用

序号	防水剂名称	防水剂的性能、特点和应用
3	乳液型有机硅建筑防水剂	乳液型有机硅建筑防水剂是由有机高分子(如丙烯酸、纯丙、苯丙等聚合物乳液)与反应性有机硅乳液(如反应性橡胶或活性硅油)共聚而成的一类新型建筑防水涂料。有机高分子乳液能形成一层透明薄膜,对基材具有良好的黏结性,但耐热性和耐候性比较差;而反应性有机硅乳液中含有交联剂及催化剂等成分,失水后能在常温下进行交联反应,形成网状结构的聚硅氧烷弹性膜,具有优异的耐高低温性、憎水性和延伸性。但是,反应性有机硅乳液对某些填料的黏结性差,将以上两乳液进行复配或改性,可以使两者均扬长避短。 工程实践证明,采用乳液型有机硅建筑防水剂配制比较容易,施工比较简单,处理过的基材具有良好的憎水性,能有效地阻止水分的侵入,并保持混凝土结构原有的透气性能,是一种值得推广应用的建筑防水剂

序号	防水剂名称	防水剂的性能、特点和应用
4	固体粉末状有机硅防水剂	固体粉末状有机硅防水剂是采用易溶于水的保护胶体和抗结块剂,通过喷雾干燥将硅烷包裹后获得的粉末状硅烷基防水产品。当砂浆加水拌合后,防水剂的保护胶体外壳迅速溶解于水,并释放出包裹的硅烷使其再分散到拌合水中。在水泥水化后的高碱性环下,硅烷中亲水的有机官能团水解形成高反应活性的硅烷醇基团,硅烷醇基团继续与水泥水化产物中的羟基基团进行不可逆反应形成化学结合,从而使通过交联作用连接在一起的硅烷牢固地固定在混凝土孔壁的表面。 我国生产的固体粉末状有机硅防水剂,以硅烷和聚硅氧烷为防水剂,以非离子表面活性剂为乳化剂,以聚羧酸盐为水泥减水剂和分散剂,以水溶性聚合物为胶体保护剂及水泥防裂剂,以超细二氧化硅为分散载体。由于加入非离子表面活性剂做乳化剂,同时加入聚羧酸盐分散剂和水溶性聚乙烯醇作为保护胶体,使防水剂中的硅烷硅氧烷始终被乳化剂、分散剂及保护胶体包裹,直到与水泥接触,在碱性水介质下水解缩聚,形成拒水的硅树脂。这种固体粉末状有机硅防水剂具有在水中分散性好,同时与水泥、石英砂等骨料的混合均匀性好的特点

防水寿命是有机硅类防水剂一个重要的性能指标。硅树脂网状结构中的硅氧键在碱性条件下，会产生缓慢水解，网状结构逐渐被破坏而流失，从而会失去防水保护的功能。因而硅树脂防水层的耐碱性能直接影响着有机硅类防水剂的防水寿命。材料试验证明，由甲基硅防水剂处理过的混凝土基材，在碱性水溶液中浸泡 4d 后，其硅树脂的网状结构破坏严重，防水性能急剧下降，这也是目前市场上销售的甲基硅防水剂质量不佳的主要表现。

材料试验也证明，由丙基或辛基的有机硅防水剂处理过的混凝土基材，在碱性水溶液中浸泡 4d 后，其吸水率比未经碱性溶液浸泡时变化不大，这说明丙基或辛基的有机硅防水剂具有较高的耐碱性能。

有机硅建筑防水剂的使用方法也非常简单，在处理建筑物的表面时采用喷涂或刷涂均可。在一般情况下，混凝土、灰土、混凝土预制件等的表面比较粗糙，采用喷涂的方法效果较好；石材、陶瓷等的表面比较光滑，采用刷涂的方法效果较好。无论是喷涂或刷涂，对有机硅建筑防水剂的使用浓度和使用量都是十分重要的。使用的防水剂浓度较低、使用量太少时，防水性能则较差；使用的防水剂浓度太高、使用量太多时，表面上会产生白点，影响饰面的美观。一般建议防水剂内的有机硅质量分数为2%～3%；屋瓦、瓷片、地砖、墙砖等可采用浸渍方法处理，浸渍液中有机硅含量为1%～5%，浸渍时间不得少于1min。

（二）金属皂类防水剂

金属皂类防水剂是有机防水剂中重要的防水材料，按其性能不同可分为可溶性金属皂类防水剂和不溶性金属皂类防水剂两类。金属皂类防水剂的防水机理和种类见表12-17。

金属皂类防水剂的防水机理和种类 表12-17

序号	项目	防水机理和各类防水剂性能
1	金属皂类防水剂	金属皂类防水剂的防水机理,主要是皂液在水泥水化产物的颗粒、骨料以及未水化完全水泥颗粒间形成憎水吸附层,并形成不溶性物质,填充微小孔隙、堵塞毛细管通道,从而起到防水的作用。加入皂类防水剂后,凝结时间延长,各龄期的抗压强度降低。这是由于在加入皂类防水剂后,在水泥颗粒表面形成吸附膜,阻碍水泥的水化,同时增大了水泥颗粒距离,因此凝结时间延长,强度有所降低。金属皂类防水剂在浸水状态下长期使用,有效组分易被水浸出,防水效果降低,若增大防水剂的浓度,可有一定的改善

序号	项目	防水机理和各类防水剂性能
2	可溶性金属皂类防水剂	可溶性金属皂类防水剂是以硬脂酸、氨水、氢氧化钾、碳酸钠、氟化钠和水等，按一定比例混合加热皂化配制而成，这是水泥砂浆或混凝土防水工程应用较早的一种防水剂。由于其防水效果不甚理想，故目前应用较少。但由于该类防水剂具有生产工艺简单、成本很低等优点，因此，如果通过适当的途径，提高其防水效果，该类防水剂仍会拥有较好的市场前景。 可溶性金属皂类防水剂的配制：按配方称取一定量的各试剂和水，首先将 50% 的水加热至 50～60℃，然后依次加入碳酸钠、氢氧化钾、氟化钠，进行搅拌溶解，并保持恒温，将加热熔化后的硬脂酸慢慢地加入，并迅速搅拌均匀，再将剩余上的一半水徐徐加入，拌匀制成皂液，待皂液冷却至 30℃ 以下时，加入规定的氨水搅拌均匀，然后用 0.6mm 筛孔的筛子过滤，将过滤好的滤液装入塑料瓶中密闭保存备用
3	不溶性金属皂类防水剂	不溶性金属皂类防水剂根据其组分不同，又可分为油酸型金属皂类防水剂和沥青质金属皂类防水剂两种。 油酸型金属皂类防水剂防水的机理是：一方面使毛细管孔道的壁上产生憎水效应；另一方面起到填塞水泥石孔隙的作用。 沥青质金属皂类防水剂是由低标号石油沥青和石灰组成。沥青中的有机酸与氢氧化钙作用生成有机酸钙皂，起到阻塞毛细管通道的作用，其余未被皂化的沥青分子表面也吸附氢氧化钙微粒，形成一种表面活性的防水物质。这类防水剂没有塑化作，拌合用水量略有增加，并还稍有促凝作用

我国上海建筑防水材料厂生产的是以可溶性氨钠皂为主要成分的避水浆和以不溶性钙皂（油酸钙）为主要成分的防水粉及沥青质防水粉都属于金属皂类防水剂。

（三）乳液类防水剂

材料试验充分证明，如果将石蜡、地沥青、橡胶乳液和树脂乳液类防水剂，充满于水泥石的毛细孔隙中，由于这些材料具有良好的憎水作用，可使混凝土的抗渗性能显著提高。特别是橡胶乳液和树脂乳液类防水剂，在混凝土中会形成高分子薄膜，不仅可以比较显著地提高混凝土的抗渗性，而且还能提高混凝土的抗冲击性、耐腐蚀性和延伸性。乳液类防水剂混凝土防水的机理见表 12-18。

乳液类防水剂混凝土防水的机理　表 12-18

序号	防水机理
1	乳液类防水剂为水性有机聚合物，可以自由地进行流动，并可填充在水泥石空间骨架的孔隙及其与骨料之间的孔隙和裂纹等处，与水泥石骨料紧密结合，聚合物的硬化和水泥的水化同时进行，减少了基体与骨料之间的微裂纹，两者结合在一起形成聚合物与水泥石互相填充的复合材料，即成为聚合物混凝土，从而提高了自身密实性和抗渗性，有效地改善和提高了混凝土的各项性能，形成较高强度和弹性的防水材料

序号	防水机理
2	由于乳液类防水剂的流动性较好,在保持坍落度不变的情况下,可使混凝土的水灰比降低,大大减少拌合用水量,从而减少了混凝土中游离水的数量,同时也相应减少水分蒸发后留下的毛细孔体积,从而提高了混凝土的密实性和不透水性,并有利于提高混凝土强度
3	乳液类防水剂不仅可以有效地封闭了水泥石中的孔隙,再加上其轻微的引气作用,改变了混凝土的孔隙特征,使开口的孔隙变为闭口的孔隙,大大减少了渗水通道,使得混凝土的抗渗性和抗冻性显著提高

综合表 12-18 中的三个防水机理可知:乳液类防水剂可以减少混凝土的毛细孔体积,特别是开口孔的体积,从而改变了混凝土中的孔结构,抑制孔隙间的连通,并能填充水泥石与骨料间的空隙与裂纹,与水泥石胶结成复合材料,提高了混凝土自身密实性和抗渗性,由此可见乳液类防水剂是一种性能优良的防水剂。

(四)复合型防水剂

复合型防水剂是指有机材料与无机材料组合使用的一种混合型防水剂。复合型防水剂由于具有多种功能、适应性强,所以是目前在混凝土工程最常用的一类防水剂。混凝土作为一种多孔体,内部孔隙的分布及连通状态将直接影响到混凝土的抗渗性,复合型防水剂就是应用了提高混凝土密实度、减少有害孔数量、补偿混凝土收缩等防水机理。当前，市场上的防水剂大多数都是复合型的，兼有无机的分散固体和有机的憎水材料，所以既能切断毛细孔通道，又使毛细管壁憎水，这样既可提高抗渗性，又能减小吸水率。

在实际工程应用中，有的复合型防水剂还根据工程需要，加入一定量的减水剂、引气剂、保塑剂等，因此具有提高新拌混凝土流动性、控制混凝土坍落度经时损失的作用，还具有良好抗冻性的效果，在提高混凝土强度和抗渗性的同时，也使混凝土的耐久性、安全性和使用期延长，体现出高性能防水混凝土外加剂的发展趋势。

一般情况下，在混凝土中掺入适量的减水剂或引气剂都能提高混凝土的抗渗性，假如掺加减水剂是为了保持流动性不变而减小水灰比，则混凝土的强度得以提高，毛细孔道数量大量减少，混凝土的抗渗性也必然得以较大的提高。如掺加减水剂后仍保持混凝土的水灰比不变，同时使混凝土的强度也保持不变，则可以减少水和水泥的用量。在这种情况下，混凝土的抗渗性虽然有所提高，但提高的幅度不大。掺加引气剂在混凝土中引入无数细小、独立封闭的气泡，可以切断毛细管管道，所以可以提高混凝土的抗渗性和抗冻性。减水剂或引气剂单独不能作为防水剂使用，而在复合型防水剂中会有些这些组分。

工程实践证明，复合型防水剂配制的防水混凝土所以能很好地防水抗渗，主要是依靠外加剂的减水塑化作用、引气抗渗作用、保水保塑作用、增密堵渗作用和憎水组分的憎水作用。复合型防水剂配制的混凝土防水机理见表 12-19。

复合型防水剂配制的混凝土防水机理 表 12-19

序号	防水作用	防水机理
1	减水塑化作用	复合防水剂中大多含有减水组分。减水组分掺入混凝土中，吸附于水泥颗粒表面，使水泥颗粒表面有相同的电荷，在电性斥力的作用下，促使水泥加水初期所形成的絮凝状结构解体，释放出其中的游离水，在保持用水量不变情况下可增大混凝土的流动性，或者在保持混凝土和易性的条件下，达到减水的作用。从而保证复合防水剂能够配制大流态、经时坍落度损失小的泵送混凝土。 复合防水剂的减水效果是由分散水泥粒子得到的，其机理与高性能减水剂或流化剂没有本质的差别。水泥粒子的分散是由于防水剂中承担分散作用的成分吸附在水泥粒子表面而产生的静力斥力、高分子吸附层的相互作用产生的立体斥力及由于水分子的浸润作用而引起的。由于吸附分散剂在水泥表面产生了带电层的场合，说明是相邻的两个粒子间产生静电斥力作用，使水泥粒子分散并防止其再凝聚，由于这种分散作用使混凝土流化

序号	防水作用	防水机理
1	减水塑化作用	复合防水剂的减水塑化作用可以改善和易性,降低水灰比,减少混凝土中的各种孔隙,特别是使孔径大于 200nm 的毛细孔、气孔等渗水通道大大减少,即混凝土的总孔隙和孔径分布都得到改善,同时使孔径尺寸减小,因此,复合防水剂的减水塑化作用能使混凝土的抗渗性提高
2	引气抗渗作用	复合防水剂中大多数也含有引气组分。引气组分在混凝土搅拌中会产生大量微小、稳定、均匀、封闭的气泡,使混凝土的和易性显著改善,硬化混凝土的内部结构也得到很大改善。由于这些气泡可以起阻断水的渗透作用,混凝土拌合物中自由水的蒸发路线变得曲折、细小、分散,因而改变了毛细管的数量和特征,减少了混凝土的渗水通道;由于水泥保水能力的提高,泌水大为减少,混凝土内部的渗水通道进一步减少。由于这些气泡具有隔断作用,减少了由于沉降作用所引起的混凝土内部的不均匀缺陷,也减少了骨料周围黏结不良的现象和沉降孔隙。气泡的上述作用,都有利于提高混凝土的抗渗性。此外,引气组分还可使水泥颗粒产生憎水化,从而使混凝土中的毛细管壁憎水,阻碍了混凝土的吸水作用和渗水作用,这也有利于提高混凝土的抗渗性能

序号	防水作用	防水机理
2	引气抗渗作用	由于引气组分可在混凝土中形成大量的细小圆形封闭气泡，可进一步提高混凝土拌合物的流动性，减少拌合物的离析和泌水，提高新拌混凝土的均匀性，并能较好地抵抗因干湿交替和温度变化造成的膨胀收缩而形成的裂缝，改善混凝土的抗渗性、抗冻性和耐久性。混凝土的抗渗性是混凝土耐久性的首道防线，抗渗性好的混凝土，其结构必然致密程度高，耐久性肯定就好。混凝土的密实性是决定抗冻、抗侵蚀、抗渗的主要因素，是混凝土优良耐久性的保证，是防水混凝土朝着高性能方向发展的趋势
3	保水保塑作用	复合防水剂中一般也含有保水、保塑作用组分，其作用是使水泥水化初期胶粒质点上的带电量大幅度增加，从而进一步提高水泥-水悬浮体系的稳定性，使水泥颗粒沉降速度减慢，因此，显著改善了新拌混凝土的保水性和黏聚性，所配制的混凝土具有大流动度而不离析、可泵性好的特性。由于 WG 高效复合防水剂可以显著降低混凝土的泌水性，改善新拌混凝土的黏聚性和保水性，减少了混凝土的沉降缝隙，提高了水泥石与骨料的黏结能力，使混凝土的抗渗性能和力学性能都获得较大改善

序号	防水作用	防水机理
4	增密堵渗作用	复合防水剂所特有的非离子型水溶性高分子聚合物与水泥水化反应,形成大量的保水胶体膜堵塞混凝土的毛细管通道,也就是阻断了渗水的通道,从而可大大减少泌水,提高混凝土的密实性,使结构材料的自防水能力增强
5	憎水组分作用	复合防水剂中的憎水组分是一种具有很强憎水性的有机化合物,可以提高气孔和毛细孔内表面的憎水能力,进一步提高混凝土的抗渗性能。也有的憎水组分在催化剂的作用下,与水泥一起,共同在基体表面形成结构致密的薄膜,封闭表面的裂缝、孔隙,从而堵塞水的通道;而且,防水材料自身所具有的憎水特性,可以大大提高新生表面的表面张力,降低水的润湿能力,从而提高处理表面的防水性

我国研制生产的 WG-高效复合防水剂是一种功能齐全、性能良好、效果显著的防水剂。众多工程应用表明,在混凝土中掺入 0.8%~1.5% 的 WG-高效复合防水剂能显著提高混凝土的保水性、和易性,并且有良好可泵性;可降低大体积混凝土水化热,推迟水化热峰值出现时间;由于减小了混凝土的脆性,提高了抗裂性能,降低了抗弯弹性模量,减小了混凝土干缩和温缩变形。WG-高效复合防水剂经检验,其性能指标全部符合现行标准的规定。WG-高效复合防水剂检验结果见表 12-20。

WG-高效复合防水剂检验结果　　表 12-20

检验项目			性能指标		检验结果
			一等品	合格品	
净浆安定性			合格	合格	合格
受检砂浆性能指标	凝结时间	初凝(min)	≥45	≥45	250
		终凝(h)	≤10	≤10	5.45
	抗压强度比(%)	7d	≥100	≥85	133
		28d	≥90	≥80	122
	透水压力比(%)		≥300	≥200	350
	48h 吸水量比(%)		≤65	≤75	60
	28d 收缩率比(%)		≤125	≤135	122
	对钢筋锈蚀作用		应说明对钢筋有无锈蚀作用		无
受检混凝土性能指标	减水率(%)		≥12	≥10	18.5
	泌水率比(%)		≤50	≤70	42
	凝结时间差(min)	初凝	≥-90	≥-90	+125
		终凝	—	—	—
	抗压强度比(%)	3d	≥100	≥90	145
		7d	≥110	≥100	133
		28d	≥100	≥90	122
	渗透高度比(%)		≤30	≤40	29
	48h 吸水量比(%)		≤65	≤75	63
	28d 收缩率比(%)		≤125	≤135	119
	对钢筋锈蚀作用		应说明对钢筋有无锈蚀作用		无

370

检验项目		性能指标		检验结果
		一等品	合格品	
匀质性指标	含水量(%)	5.0±0.3		4.1
	总碱量($Na_2O+0.658K_2O$)(%)	8.0±0.5		6.7
	氯离子含量(%)	—		<0.01
	细度(0.315mm 筛余)(%)	15		11.4

第四节　混凝土防水剂应用技术要点

在水泥混凝土中掺加防水剂是水泥混凝土结构有效防水的重要技术手段，同其他外加剂一样，如果使用不合理，则可以降低水泥混凝土强度和弹模等力学指标，或者提前诱发和加速了水泥混凝土中软水侵蚀、冻融破坏、碱骨料反应、钢筋锈蚀和硫酸盐腐蚀等，降低结构耐久性能，成为水泥混凝土结构中的水诱发病害。因此，在使用时必须认真选择防水剂品种，正确合理地使用，真正起到混凝土结构防水、耐久的效果。

根据现行国家标准《混凝土外加剂应用技术规范》（GB 50119— 2013）中的规定，在混凝土施工过程中应注意以下技术要点：

（1）含有减水组分的防水剂相容性的试验，应按照国家标准《混凝土外加剂应用技术规范》（GB 50119—2013）中附录 A 的方法进行。

（2）掺防水剂的混凝土宜选用普通硅酸盐水泥，当有抗硫酸盐要求时，宜选用抗硫酸盐的硅酸盐水泥或火山灰质硅酸盐水泥，并经试验确定。

（3）防水剂应按供方推荐掺量进行掺加，当需要超量掺加时应经试验确定。

（4）掺防水剂的混凝土宜采用最大粒径不大于 25mm 连续级配的石子。

（5）掺防水剂的混凝土的搅拌时间应较普通混凝土的搅拌时间延长 30s。

（6）掺防水剂的混凝土应加强早期养护，潮湿养护时间不得少于 7d。

（7）掺防水剂的混凝土的结构表面温度不宜超过 100℃，当超过 100℃时，应采取隔断热源的保护措施。

第十三章　混凝土阻锈剂

在建筑工程中，钢筋混凝土因具有成本低廉、坚固耐用且材料来源广泛等优点而被土木工程的各个领域普遍采用。钢筋混凝土既保持了混凝土抗压强度高的特性、又保持了钢筋很好的抗拉强度，同时钢筋与混凝土之间有着很好的黏结力和相近的热膨胀系数，混凝土又能对钢筋起到很好的保护作用，从而使混凝土结构物更好的工作，提高了混凝土的耐久性。所以钢筋混凝土已成为现代建筑中材料的重要组成部分。

随着钢筋混凝土的广泛应用，它的优越性得到了进一步的体现。但在使用过程中，混凝土中的钢筋锈蚀问题却不断出现。钢筋锈蚀后，导致混凝土结构性能的裂化和破坏，主要有如下表现：①钢筋锈蚀。导致截面积减少，从而使钢筋的力学性能下降。大量的试验研究表明，对于截面积损失率达5%～10%的钢筋，其屈服强度和抗拉强度及延伸率均开始下降，钢筋各项力学性能指标严重下降。②钢筋腐蚀。导致钢筋与混凝土之间的结合强度下降，从而不能把钢筋所受的拉伸强度有效传递给混凝凝土。③钢筋锈蚀生成腐蚀产物，其体积是基体体积的 2～4 倍，腐蚀产物在混凝土和钢筋之间积聚，对混凝土的挤压力逐渐增大，混凝土保护层在这种挤压力的作用下拉应力逐渐加大，直到开裂、起鼓、剥落。混凝土保护层破坏后，使钢筋与混凝土界面结合强度迅速下降，甚至完全丧失，不但影响结构物的正常使用，甚至使建筑物遭到完全破坏，给国家经济造成重大损失。

第一节　混凝土阻锈剂的选用及适用范围

目前，钢筋混凝土广泛地应用在桥梁、建筑物、堤坝、海底隧道和大型海洋平台等结构中。然而，由于钢筋腐蚀导致的耐久性不良给结构的正常使用带来了严重的危害，已经成为混凝土行业乃至整个工程界广泛关注的世界性问题。为此，人们研究开发了一系列锈蚀防护措施，包括补丁修补法；涂层、密封和薄膜覆盖保护法；阴极保护法；电化学除盐法；再碱化法；钢筋阻锈剂等。然而，由于补丁修补法容易引起相邻混凝土中钢筋发生锈蚀；采用涂层、密封或薄膜覆盖保护给施工带来很大困难；采用电化学方法技术难度大，耗费时间长，花费成本高；钢筋阻锈剂因其经济性、实用性以及易操作性得到了业界的重视，并在工程上得到了广泛的应用，为预防、阻止混凝土中钢筋的锈蚀提供了一条切实有效的途径。

国内外实践证明，掺加阻锈剂后可以使钢筋表面的氧化膜趋于稳定，弥补表面的缺陷，使整个钢筋被一层氧化膜所包裹，致密性很好，能有效防止氯离子穿透，从而达到防锈的目的。钢筋在水分和氧气的作用下，由于产生微电池现象而会受到腐蚀，通常，把能阻止或减轻混凝土中的钢筋或金属预埋件发生锈蚀作用的外加剂称为阻锈剂。

一、混凝土阻锈剂的选用方法

根据现行国家标准《混凝土外加剂应用技术规范》（GB 50119—2013）中的规定，混凝土阻锈剂的选用应符合表 13-1 中的要求。

常用混凝土阻锈剂　　　　表 13-1

序号	阻锈剂类型	常用混凝土阻锈剂
1	单体阻锈剂	混凝土工程可采用下列单体防水剂： （1）亚硝酸盐、硝酸盐、铬酸盐、重铬酸盐、磷酸盐、多磷酸盐、硅酸盐、铝酸盐、硼酸盐等无机盐类； （2）胺类、醛类、炔醇类、有机磷化合物、有机硅化合物、羧酸及其盐类、磺酸及其盐类、杂环化合物等有机化合物类
2	复合阻锈剂	混凝土工程可采用两种或两种以上无机盐类或有机化合物类阻锈剂复合而成的阻锈剂

二、混凝土阻锈剂的适用范围

经过近 50 年的工程实践证明，在钢筋混凝土中掺加适量的阻锈剂，不仅可以防止钢筋锈蚀、结构开裂破坏，而且可以有效地提高结构的耐久性和安全性。掺加阻锈剂的混凝土施工简单，不需要特殊的施工工艺，在一些比较特殊的防腐蚀部位更能显示出优越性。

根据现行国家标准《混凝土外加剂应用技术规范》（GB 50119—2013）中的规定，混凝土阻锈剂的适用范围应符合表 13-2 中的要求。

<table>
<tr><td colspan="2">阻锈剂的适用范围　　　　　表 13-2</td></tr>
<tr><td>序号</td><td>适用范围</td></tr>
<tr><td>1</td><td>混凝土阻锈剂宜用于容易引起钢筋锈蚀的侵蚀环境中的钢筋混凝土、预应力混凝土和钢纤维混凝土</td></tr>
<tr><td>2</td><td>混凝土阻锈剂宜用于新建混凝土工程和修复工程</td></tr>
<tr><td>3</td><td>混凝土阻锈剂可用于预应力孔道灌浆</td></tr>
</table>

第二节　混凝土阻锈剂的质量检验

混凝土阻锈剂的主要功能就是防止钢筋混凝土中的钢筋锈蚀，使钢筋与混凝土很好地黏结在一起，分别起到抗压和拉伸的作用，用来提高钢筋混凝土的耐久性和安全性。如何才能实现混凝土阻锈剂的以上功能，关键是确保阻锈剂的质量应当符合现行国家或行业的标准。

一、混凝土阻锈剂的质量要求

对所选用混凝土阻锈剂进场后，应按照国家标准《混凝土外加剂应用技术规范》（GB 50119—2013）中的规定进行质量检验。混凝土阻锈剂的质量检验要求见表 13-3。

混凝土阻锈剂的质量检验要求　　表 13-3

序号	质量检验要求
1	混凝土阻锈剂应按每 50t 为一检验批，不足 50t 时也应按一个检验批计。每一检验批取样量不应少于 10kg。每一检验批取样量不应少于 0.2t 胶凝材料所需用的外加剂量。每一检验批取样应充分混匀，并应分为两等份：其中一份应按照《混凝土外加剂应用技术规范》（GB 50119—2013）第 15.3.2 和 15.3.3 条规定的项目及要求进行检验，每检验批检验不得少于两次；另一份应密封留样保存半年，有疑问时，应进行对比检验
2	混凝土阻锈剂进场检验项目应包括 pH 值、密度（或细度）、含固量（或含水率）

二、《钢筋防腐阻锈剂》中的规定

在现行国家标准《钢筋防腐阻锈剂》（GB/T 31296—2014）中，对混凝土工程所用的钢筋防腐阻锈剂的质量要求提出了具体规定。

（一）一般要求

标准《钢筋防腐阻锈剂》中包括产品的生产与使用不应对人体、生活和环境造成有害的影响，涉及的生产与使用的安全与环保要求，应符合我国相关国家标准和规范的要求。

（二）技术要求

对钢筋防腐阻锈剂的技术要求主要包括：匀质性指标、受检混凝土性能指标和其他有关物质的含量。匀质性指标见表 13-4，受检混凝土性能指标见表 13-5。

匀质性指标　　　　　　　　表 13-4

序号	试验项目	性能指标	
1	粉状混凝土防腐阻锈剂含水率（%）	$W > 5\%$ 时，应控制在 $0.90W \sim 1.10W$	$W \leqslant 5\%$ 时，应控制在 $0.90W \sim 1.20W$
2	液体混凝土防腐阻锈剂密度（g/cm³）	$D > 1.10$ 时，应控制在 $D \pm 0.03$	$D \leqslant 1.10$ 时，应控制在 $D \pm 0.02$
3	粉状混凝土防腐阻锈剂细度（%）	应在生产厂控制范围内	
4	pH 值	应在生产厂控制范围内	

注：1. 生产厂控制值应在产品说明书或出厂检验报告中明示；

2. W、D 分别为含水率和密度的生产厂控制值。

378

受检混凝土性能指标 表 13-5

序号	试验项目		性能指标		
			A 型	B 型	AB 型
1	泌水率比(%)		≤100		
2	凝结时间差(min)	初凝	−90~+120		
		终凝			
3	抗压强度比(%)	3d	≥90		
		7d	≥90		
		28d	≥100		
4	收缩率比(%)		≤110		
5	氯离子渗透系数比(%)		≤85	≤100	≤85
6	硫酸盐侵蚀系数比(%)		≥115	≥100	≥115
7	腐蚀电量比(%)		≤80	≤50	≤50

另外，在《钢筋防腐阻锈剂》（GB/T 31296—2014）中还规定：钢筋防腐阻锈剂的氯离子含量不应大于 0.1%，碱含量不应大于 1.5%，硫酸钠含量不应大于 1.0%。

三、《钢筋阻锈剂应用技术规程》中的规定

在现行行业标准《钢筋阻锈剂应用技术规程》（JGJ/T 192—2009）中，对钢筋阻锈剂的质量要求也提出了具体要求。钢筋混凝土所处环境类别见表

13-6，钢筋混凝土的环境作用等级见表 13-7，内掺型钢筋阻锈剂的技术指标见表 13-8，外涂型钢筋阻锈剂的技术指标见表 13-9。

钢筋混凝土所处环境类别 表 13-6

环境类别	环境名称	腐蚀机理
I	一般环境	保护层混凝土碳化引起钢筋锈蚀
II	冻融环境	反复冻融导致混凝土损伤
III	海洋氯化物环境	氯盐引起钢筋锈蚀
IV	除冰盐等其他氯化物环境	氯盐引起钢筋锈蚀
V	化学腐蚀环境	硫酸盐等化学物质对混凝土的腐蚀

钢筋混凝土的环境作用等级 表 13-7

环境作用等级 环境类别	A 轻微	B 轻度	C 中度	D 严重	E 非常 严重	F 极端 严重
一般环境	I-A	I-B	I-C	—	—	—
冻融环境	—	—	II-C	II-D	II-E	—
海洋氯化物环境	—	—	III-C	III-D	III-E	III-F
除冰盐等其他氯化物环境	—	—	IV-C	IV-D	IV-E	—
化学腐蚀环境	—	—	V-C	V-D	V-E	—

380

内掺型钢筋阻锈剂的技术指标　　表 13-8

环境类别	检验项目		技术指标	检验方法
Ⅰ、Ⅱ、Ⅲ	盐水浸烘环境中钢筋腐蚀面积百分率		减少 95% 以上	按《钢筋阻锈剂应用技术规程》（JGJ/T 192—2009)附录 A 进行
	凝结时间差（min）	初凝	−60～ +120	按现行国家标准《混凝土外加剂》（GB 8076— 2008)中的规定进行
		终凝		
	抗压强度比(%)		≥0.90	
	坍落度经时损失		满足施工要求	
	抗渗性		不降低	按国家标准《普通混凝土长期性能试验方法标准》(GB/T 50082—2009)中的规定进行
Ⅳ、Ⅴ	盐水溶液中的防锈性能		无腐蚀发生	按《钢筋阻锈剂应用技术规程》（JGJ/T 192—2009）附录 A 进行
	电化学综合防锈性能		无腐蚀发生	

注：1. 表中所列盐水浸烘环境中钢筋腐蚀面积百分率、凝结时间差、抗压强度比、坍落度经时损失、抗渗性均指掺加钢筋阻锈剂混凝土与基准混凝土的相对性能比较；

2. 凝结时间差指标中的"−"号表示提前，"＋"号表示延缓；

3. 电化学综合防锈性能试验仅适用于阳极型钢筋阻锈剂。

外涂型钢筋阻锈剂的技术指标　　表 13-9

环境类别	检验项目	技术指标	检验方法
Ⅰ、Ⅱ、Ⅲ	盐水溶液中的防锈性能	无腐蚀发生	按《钢筋阻锈剂应用技术规程》(JGJ/T 192—2009)附录A进行
	渗透深度(mm)	≥50	
Ⅳ、Ⅴ	电化学综合防锈性能	无腐蚀发生	

四、《钢筋混凝土阻锈剂》中的规定

在现行行业标准《钢筋混凝土阻锈剂》(JT/T 537—2004)中,对钢筋阻锈剂的质量要求提出了更加具体的要求。混凝土阻锈剂匀质性控制偏差见表 13-10,加入阻锈剂的钢筋混凝土技术性能见表 13-11。

混凝土阻锈剂匀质性控制偏差　　表 13-10

试验项目	控制偏差
含固量或含水量	水剂型阻锈剂,应在生产控制值的相对量的 3%内
	粉剂型阻锈剂,应在生产控制值的相对量的 5%内
密度	水剂型阻锈剂,应在生产控制值的±0.02g/cm³ 之内
氯离子含量	应在生产控制值的相对含量的 5%之内
水泥净浆流动度	应不小于生产控制值的 95%

试验项目	控制偏差
细度	0.315mm 筛的筛余应小于 15%
pH 值	应在生产控制值的±1 之内
表面张力	应在生产控制值的±1.5 之内
还原糖	应在生产控制值的±3.0% 之内
总碱量 （Na₂O+ 0.658K₂O）	应在生产控制值的相对含量的 5% 之内
硅酸钠	应在生产控制值的相对含量的 5% 之内
泡沫性能	应在生产控制值的相对含量的 5% 之内
砂浆 减水率	应在生产控制值的±1.5 之内

加入阻锈剂的钢筋混凝土技术性能 表 13-11

项目			技术性能
钢筋	耐盐水浸渍性能		无腐蚀
	耐锈蚀性能		无腐蚀
混凝土	凝结时间差（min）	初凝	−60～+120
		终凝	
	抗压强度比	7d	＞0.90
		28d	

注：1. 表中所列数据为掺加钢筋阻锈剂混凝土与基准混
凝土的差值或比值；

2. 凝结时间差指标中的"−"号表示提前，"+"
号表示延缓。

第三节　混凝土阻锈剂主要品种及性能

钢筋混凝土结构物中，由于混凝土本身呈强碱性（pH＞12），同时钢筋一般也要经过"钝化"处理，在钢筋表面形成几百纳米厚度的 Fe_2O_3 保护膜，称为钝化膜，钢筋在混凝土严密的包裹之下是不容易发生锈蚀的。当混凝土中的氯离子超过一定数量时，氢离子进入混凝土中并到达钢筋表面，当它吸附于局部钝化膜处时，可使该处的值迅速降低，导致钝化膜迅速破坏，从而出现钢筋锈蚀。

混凝土阻锈剂阻锈作用的机理是：混凝土阻锈剂极易使在混凝土介质中溶解的氧化亚铁氧化，在钢筋表面生成三氧化二铁（Fe_2O_3）水化物保护膜，逐渐使钢筋没有新表面暴露，在有足够浓度的混凝土阻锈剂的作用下，钢筋的锈蚀过程就会停止，从而达到阻止钢筋锈蚀的目的。

一、混凝土阻锈剂的种类

钢筋阻锈剂是通过抑制混凝土与钢筋界面孔溶液中发生的阳极或阴极电化腐蚀反应来直接保护钢筋。因此，根据对电极过程的抑制过程可将钢筋阻锈剂分为阳极型阻锈剂、阴极型阻锈剂和复合型阻锈剂。混凝土阻锈剂的分类方法及其作用机理见表13-12。

混凝土阻锈剂的分类方法
及其作用机理

表 13-12

序号	阻锈剂类型		性能及作用机理
1	按使用方式和使用对象	掺入型	掺入型阻锈剂(DCl)是研究开发较早、技术比较成熟的阻锈剂种类,即将阻锈剂直接掺加到混凝土中,主要用于新建工程,也可用于修复工程。此类阻锈剂在美国、日本和苏联应用较早、较广泛。常用的是无机阻锈剂、有机阻锈剂和混合阻锈剂
		渗透型	渗透型阻锈剂(MCl)是近些年国外发展起来的新型阻锈剂,即将阻锈剂涂抹到混凝土表面,利用阻锈剂较强的渗透力,使其渗透到混凝土内部并到达钢筋的周围,主要用于老工程的修复。该类阻锈剂的主要成分是有机物(如脂肪酸、胺、醇、酯等),它们具有易挥发、易渗透特点,能渗透到混凝土的内部,这些物质可通过"吸附"、"成膜"等原理保护钢筋,有些品种还具有使混凝土增加密实度的功能

序号	阻锈剂类型		性能及作用机理
2	按作用原理	阳极型	阳极型钢筋阻锈剂作用于"阳极区",通过阻止和减缓电极的阳极过程达到抑制钢筋锈蚀的目的。典型的阳极型阻锈剂包括亚硝酸钠、铬酸盐、硼酸盐等具有氧化性的化合物。阳极型阻锈剂又被称为"危险型"阻锈剂,用量不足反而会加剧腐蚀,通常需要和其他的阻锈剂联合使用。 (1)亚硝酸钠。早期常用亚硝酸钠来做钢筋阻锈剂的主要成分。此类阻锈剂的缺点是在氯离子浓度大到一定程度时会产生局部腐蚀和加速腐蚀,被称作"危险性"阻锈剂。另外该类阻锈剂还有致癌、引起碱骨料反应、影响坍落度等缺点,因此现已很少作为阻锈剂使用。 (2)亚硝酸钙。亚硝酸钙为白色结晶体,在混凝土中还具有早强作用,可防止碱-骨料反应的发生,逐步取代亚硝酸钠成为新一代阻锈剂,但需要的掺量比较大。 (3)硝酸钙。硝酸钙可以作为混凝土的早强剂及阻锈剂使用,掺量一般为水泥用量的 2%~4%,具体数值应根据用途而定。 (4)重铬酸盐。重铬酸盐是一种强氧化剂,是有毒、重金属的污染源,其作用与亚硝酸钠相同,掺量一般为水泥用量的 2%~4%

序号	阻锈剂类型		性能及作用机理
2	按作用原理	阳极型	(5)氯化亚锡。氯化亚锡为白色或白色单斜晶系结晶,具有早强和阻锈双重作用,掺量很小即可促进钢筋的钝化。用于砂浆或混凝土中有氯盐存在的情况下,显示出良好的阻锈效果。试验结果表明:氯化亚锡掺量为水泥用量的 0.4%时,即使有氯盐存在,也可使钢筋立即钝化。 另外,硼酸、苯甲酸钠等也有较好阻锈作用,可根据实际工程进行选用
		阴极型	阴极型钢筋阻锈剂是在阴极部位生成一种难溶的膜,从而起到保护钢筋的作用。碳酸盐、磷酸盐、硅酸盐、聚磷酸盐等均属于阴极型钢筋阻锈剂。这类阻锈剂比阳极型钢筋阻锈剂的防锈能力差,因此通常用量较大。 (1)表面活性剂类物质。主要包括高级脂肪酸盐、磷酸酯等。这些阻锈剂的阻锈效果不如阳极型钢筋阻锈剂,成本比较高,但安全性好。 (2)无机盐类。碳酸钠、磷酸氢钠、硅酸盐等都有一定的阻锈作用,但掺量较大
		复合型	有些物质能提高阳极与阴极之间的电阻,从而阻止锈蚀的电化学过程。但使用较多的复合型多种阻锈成分的复合型钢筋阻锈剂,其综合效果大大优于单一组分的阻锈剂。实际上目前使用的多为复合型钢筋阻锈剂,如早强、减水、防冻、阻锈等功能

序号	阻锈剂类型		性能及作用机理
3	按化学成分	无机型	无机型钢筋阻锈剂,其成分主要由无机化学物质组成,如铬酸盐、磷酸盐、亚硝酸盐等。无机阻锈剂的研究起步较早,早期的产品有亚硝酸钠,铬酸盐和苯甲酸钠等。但这些阻锈剂对混凝土的凝结时间,早期强度和后期强度等都有不同程度的负面影响,后期的亚硝酸钙有致癌性
		有机型	有机型钢筋阻锈剂,其成分主要由有机化学物质组成。研究发现,在相同阻锈效果前提下,与无机型钢筋阻锈剂相比,有机钢筋阻锈剂的自然电位普遍偏高,而极化曲线普遍偏低。醇、胺阻锈剂是良好的有机型钢筋阻锈剂,其阻锈机理是:在钢筋表面形成一层保护膜,在保护膜的外层吸附 $Ca(OH)_2$。掺量在胶凝材料总量的1.5%时就能有效保护钢筋
		混合型	混合型钢筋阻锈剂是根据钢筋混凝土防止锈蚀等综合要求,将无机型钢筋阻锈剂和有机型钢筋阻锈剂按一定比例混合在一起,从而组成既满足钢筋防锈蚀,又满足其他功能的一种外加剂

二、混凝土阻锈剂的性能指标

国产的混凝土阻锈剂产品一般有粉剂型和水剂

型两种类型。水剂型阻锈剂宜稀释后再使用，粉剂型阻锈剂宜配制成溶液进行使用，并要注意在混凝土的加水量中将溶液水扣除。一般来说，阻锈剂主要性能指标应符合表 13-13 中的要求，阻锈剂产品的匀质性指标应符合表 13-14 中的要求。

阻锈剂主要性能指标　　　　表 13-13

性能	试验项目	规定指标	
		粉剂型	水剂型
防锈性	钢筋在盐水中的浸泡试验	无锈，电位 −250～0mV	无锈，电位 −250～250mV
	掺与不掺阻锈剂钢筋混凝土盐水浸烘试验(8 次)	钢筋的腐蚀失重率减少 40% 以上	钢筋的腐蚀失重率减少 40% 以上
	电化学综合试验	合格	合格

阻锈剂产品的匀质性指标　　　　表 13-14

序号	试验项目	匀质性指标
1	外观	水剂型:色泽均匀,无沉淀现象,无表面结皮
		粉剂型:色泽均匀,内部无结块现象
2	含固量/含水量	水剂型:应在生产厂控制值相对量的 ±3% 之内
		粉剂型:应在生产厂控制值相对量的 ±5% 之内
3	密度	水剂型:应在生产厂控制值相对量的 ±0.02g/cm³ 之内

序号	试验项目	匀质性指标
4	细度	粉剂型:应全部通过 0.30mm 筛
5	pH 值	水剂型或粉剂型配制成的溶液:应在生产厂控制值的±1%之内

三、阻锈剂的推荐掺量及影响

工程实践证明，在钢筋混凝土配合设计中，由于亚硝酸盐具有阻锈效果好、掺加较方便、价格便宜、资源丰富等特别，所以在实际工程中用量仍然很大。为了克服亚硝酸盐存在的一些不利影响，还需要配合其他的组分。美国、日本均开发出一批以亚硝酸盐为主体，复合其他成分的钢筋阻锈剂，称为亚钙基产品（Nitrite Based Inhibitor）。如美国国格雷斯（Grace）公司生产的 DCI-S 产品，美国 Axim 公司生产的 Cataexcol100CI 产品，俄罗斯生产的 ACI 产品等，均属于亚钙基产品。我国原冶金建筑研究总院研制开发的 RI 系列产品，也基本属于亚钙复合型阻锈剂品种。

阻锈剂随着其种类和阻锈效果要求而掺量各异，在工程应用中一般应通过生产厂家的推荐掺量和现场试验综合确定。表 13-15 中列出了浓度为 30%的亚硝酸钙阻锈剂溶液的推荐掺量范围，以供同类工程施工中参考。

浓度为 30%的亚硝酸钙阻锈剂

溶液的推荐掺量　　　表 13-15

钢筋周围混凝土酸溶性氯化物含量预期值(kg/m³)	112	214	316	418	519	712
阻锈剂掺量(L/m³)	5	10	15	20	25	30

由于亚硝酸盐阻锈剂具有"致癌性",也可能会加速钢筋点腐蚀,所以在瑞士、德国等国家已经明文规定禁止使用这类阻锈剂。有机阻锈剂越来越受到重视,其推广和应用也越来越多。不同阻锈效率的阻锈剂,其在混凝土中的合适掺量也不相同,具体的掺量还要结合混凝土结构环境条件、阻锈剂本身性能等因素综合考虑后才能确定。

四、阻锈剂对混凝土性能影响

阻锈剂对混凝土性能的影响是考察阻锈剂性能的重要方面之一。通过试验证明,掺加阻锈剂的混凝土与基准混凝土相比,在掺加适量的钢筋阻锈剂后,基准混凝土的工作性能都有一定程度的改善,坍落度损失减小,含气量略有增大,混凝土的凝结时间延长,这表明钢筋阻锈剂具有一定的缓凝保塑的功效。此外,在掺入钢筋阻锈剂后,由于其早期的缓凝作用,混凝土的 7d 强度略有降低,但后期强度增长较快，28d 的强度与基准混凝土基本相当。

混凝土浸烘循环试验研究表明，钢筋阻锈剂能有效抑制氯盐对混凝土中钢筋的腐蚀，延缓钢筋发生锈蚀的时间，具有优良的阻锈效果。钢筋阻锈剂能改善混凝土的工作性能，提高混凝土的抗氯离子渗透性，略微降低水泥水化热和混凝土干燥收缩，对混凝土的抗压强度无不利影响。

总之，混凝土拌合物中掺加阻锈剂后对其性能的影响，应满足表 13-16 中的要求。

掺加阻锈剂对混凝土性能的影响　表 13-16

试验项目		技术指标
抗压强度比（%）	7d	90
	28d	
凝结时间差（min）	初凝时间	−60～+120
	终凝时间	

第四节　混凝土阻锈剂应用技术要点

工程实践充分证明，在混凝土施工过程中一次性掺入阻锈剂，阻锈效果能保持 50 年左右，与钢筋混凝土结构的设计使用年限基本相同，而且具有施工简单、掺加方便、省工省时、费用较低等特点。与环氧涂层钢筋保护法和阴极保护法相比，掺加阻锈剂成本较低、效果明显。但是，阻锈剂一般都是化学物品，有的甚至是毒性物质，对于人体健康和施工环境均有不良的影响，因此在具体应用的过程中应引起足够的重视。

一、国家标准中的具体规定

根据现行国家标准《混凝土外加剂应用技术规范》（GB 50119—2013）中的规定，在混凝土或砂浆中掺加阻锈时应符合表 13-17 中的要求。

国家标准对阻锈剂应用的规定　　表 13-17

序号	混凝土工程类型	具体应用规定
1	新建混凝土工程	（1）掺阻锈剂混凝土配合比设计应符合现行行业标准《普通混凝土配合比设计规程》（JGJ 55—2011）中的有关规定。当原材料或混凝土性能发生变化时,应重新进行混凝土配合比设计； （2）掺阻锈剂或阻锈剂与其他外加剂复合使用的混凝土性能应满足设计和施工的要求； （3）掺阻锈剂混凝土的搅拌、运输、浇筑和养护,应符合现行国家标准《混凝土质量控制标准》（GB 50164—2011）中的有关规定

序号	混凝土工程类型	具体应用规定
2	既有混凝土工程	使用掺加阻锈剂的混凝土或砂浆对既有钢筋混凝土工程进行修复时,应符合下列规定: (1)应先剔除已腐蚀、污染或中性化的混凝土层,并应清除钢筋表面锈蚀物后再进行修复; (2)当损坏部位较小、修补层较薄时,宜采用砂浆进修复;当损坏部位较大、修补层较厚时,宜采用混凝土进修复; (3)当大面积施工时,可采用喷射或喷、抹结合的施工方法; (4)修复的混凝土或砂浆的养护,应符合现行国家标准《混凝土质量控制标准》(GB 50164—2011)中的有关规定

二、施工中的应用技术要点

根据国内外混凝土工程的施工经验,在使用阻锈剂的混凝土施工过程中,应当掌握以下技术要点:

(1)各类混凝土阻锈剂的性能是不同的,在混凝土中所起的作用也不相同,为充分发挥所掺加阻锈剂的作用,应严格按使用说明书规定的掺量使用,并进行现场试验验证。

（2）阻锈剂的使用方法与其他化学外加剂基本相同，既可以采用干掺的方法，也可以预先溶于拌合水中。当阻锈剂有结块时，应以预先溶于拌合水中使用为宜，不论采用哪种掺加方法，均应适当延长混凝土的搅拌时间，一般延长 1min 左右。

（3）在掺加钢筋阻锈剂的同时，均应适量加以减少，并按照一般混凝土制作过程的要求严格施工，充分进行振捣，确保混凝土的质量和密实性。

（4）对于一些重要钢筋混凝土工程需要重点保护的结构，可用 5%～10% 的钢筋阻锈剂溶液涂在钢筋的表面，然后再用含阻锈剂的混凝土进行浇筑施工。

（5）钢筋阻锈剂可以单独使用，也可以与其他外加剂复合使用。为避免复合使用时产生絮凝或沉淀等不良现象，预先应进行相容性试验。

（6）钢筋阻锈剂用于建筑物的修复时，首先要彻底清除疏松、损坏的混凝土，露出新鲜的混凝土基面，在除锈或重新焊接的钢筋表面喷涂 10%～20% 高浓度阻锈剂溶液，再用掺加阻锈剂的密实混凝土进行修复。

（7）掺加阻锈剂混凝土其他的操作过程，如混凝土配制、浇筑、养护及质量控制等，均应按普通混凝土的制作过程进行，并严格遵守有关标准的规定。

（8）粉状阻锈剂在储存运输的过程中，应严格按有关规定进行，避免混杂放置，严禁明火，远离易燃易爆物品，并防止烈日直晒和露天堆放。

（9）在阻锈剂的贮存和运输过程中，应采取措施保持干燥，避免受潮吸潮，严禁漏淋和浸水。

（10）钢筋阻锈剂大多数都具有一定的毒性，在储存、运输和使用中不得用手触摸粉剂或溶液，也不得用该溶液洗刷洗物和器具，工作人员必须注意饭前洗手。

（11）阳极型阻锈剂多为氧化剂，在高温环境下易氧化自燃，并且很不容易扑灭，存放时必须注意防火。

（12）钢筋阻锈剂不宜在酸性环境中使用，此外亚硝酸盐阻锈剂不得在饮用水系统的钢筋混凝土工程中使用，以免发生亚硝酸盐中毒。

第十四章 混凝土矿物 外加剂（掺合料）

混凝土矿物外加剂也称为混凝土矿物掺合料，是指以氧化硅、氧化铝和其他有效矿物为主要成分，在混凝土中可以代替部分水泥、改善混凝土综合性能，且掺量一般不小于5%的具有火山灰活性或潜在水硬性的粉体材料。

在现行国家标准《高强高性能混凝土用矿物外加剂》（GB/T 18736—2002）中定义，矿物外加剂是指在混凝土搅拌过程中加入的、具有一定细度和活性的、用于改善新拌硬化混凝土性能（特别是耐久性能）的某些矿物类产品。常用的矿物掺合料有磨细矿渣、粉煤灰、硅灰、沸石粉及其复合矿物掺合料等。

工程实践证明，在普通混凝土中掺加一定量的混凝土矿物外加剂，可以节约水泥并改善新拌混凝土的和易性、降低混凝土的水化温升、提高早期强度或增进后期强度、改善混凝土的内部结构、提高混凝土的抗腐蚀能力、提高混凝土的耐久性和抗裂能力。

在混凝土的配合比设计中，水泥加矿物掺合料统称胶凝材料；水与胶凝材料之比称水胶比。

第一节　磨细矿渣

现行国家标准《高强高性能混凝土用矿物外加剂》（GB/T 18736—2002）中规定：磨细矿渣是指粒化高炉矿渣，经干燥、粉磨等工艺达到规定细度的产品。粉磨时可添加适量的石膏和水泥粉磨用工艺外加剂。高炉矿渣是冶炼生铁时的副产品，其主要化学成分为 SiO_2、Al_2O_3 和 CaO。经水淬急冷的粒化高炉矿渣含有大量的玻璃体，具有较大的潜在活性，但粒径大于 $45\mu m$ 的矿渣颗粒在混凝土中很难参与反应，其潜在的活性需经磨细后才能较好、较快地发挥出来。大量的材料试验证明将水淬粒化高炉矿渣粉磨达到一定细度后，其活性将大为改善，不仅能等量取代水泥，具有较好的经济效益和社会效益，而且还能显著地改善和提高混凝土的综合性能。

一、高炉矿渣化学成分与活性

高炉矿渣的主要化学成分为 SiO_2、Al_2O_3 和 CaO，另外还含有少量的 MgO、Fe_2O_3、MnO 和 S 等。前三种氧化物含量通常情况下可达到 90% 左右，完全符合磨细矿渣活性的要求。由于当前世界各国的高炉炼铁工艺基本相同，所以各国高炉矿渣的化学成分也基本相似。表 14-1 所列是美国、日本和我国高炉矿渣的化学成分范围；表 14-2 所列是我国部分钢厂的高炉矿渣化学成分。从表中可以看出，我国的高炉矿渣完全可以生产出高质量的磨细矿渣。

美国、日本和我国高炉矿渣的化学成分范围 表 14-1

产地	SiO₂	CaO	Al₂O₃	MgO	Fe₂O₃	MnO	S
中国	32~36	38~44	13~16	≤10	≤2.0	≤2.0	≤2.0
日本	32~35	40~43	13~15	5~7.3	0.1~0.6	0.3~0.9	0.7~1.3
美国	32~40	29~42	7~17	8~19	0.1~0.5	0.2~1.0	0.7~2.2

我国部分钢厂的高炉矿渣化学成分 表 14-2

产地	SiO₂	CaO	Al₂O₃	MgO	Fe₂O₃	MnO	S
上钢	33.18	39.25	13.19	9.36	4.18	—	—
首钢	36.38	37.65	12.16	11.71	1.03	—	—
本钢	39.67	45.35	9.11	2.69	0.50	0.85	1.03

矿渣的活性主要决定于矿渣的内部结构，与其化学成分也相关。矿渣的内部结构主要与水淬时的冷却速度有关，经急骤冷却进行水淬处理的矿渣，由于液相黏度增加很快，晶核来不及形成，质点排列也不规则，而形成非晶质的玻璃体，具有热力学不稳定状态，潜藏有较高的化学能，因而具有较高的活性。而在缓慢冷却的条件下，会结晶成大量的惰性矿物，活性很小。化学成分作为评定矿渣活性的一个方面，在同一水淬条件下，矿渣的质量可用质量系数 K 的大小来衡量。$K = (CaO + MgO + Al_2O_3)/(SiO_2 + MnO + TiO_2)$，$K$ 值越大，矿渣的活性越高。

二、磨细矿渣对混凝土的影响

随着科学技术的发展，混凝土的应用越来越多、越来越广泛，生产混凝土的原材料也得到了迅速的发展。各种矿物掺合料的使用，不仅降低了混凝土的成本，而且改善了混凝土的性能，扩大了混凝土的品种，磨细矿渣是由炼铁时排出的水淬矿渣经一定的粉磨工艺制成具有一定的细度、活性和颗粒级配的微粒，按照规定掺入混凝土中后，对新拌混凝土和硬化混凝土的性能均有显著的影响。磨细矿渣对混凝土的影响见表14-3。

磨细矿渣对混凝土的影响　　　**表 14-3**

序号	混凝土类型	影 响 结 果
1	新拌混凝土	（1）需水量和坍落度。在相同配合比、相同减水剂掺量的情况下，掺磨细矿渣混凝土的坍落度得到明显提高。磨细矿渣与减水剂复合作用下表现出的辅助减水作用的机理是： ①流变学试验研究表明，水泥浆的流动性与其屈服应力 τ 密切相关，屈服应力 τ 越小，流动性越好，表现为新拌混凝土的坍落度越大。磨细矿渣可显著降低水泥浆屈服应力，因此可改善新拌混凝土的和易性； ②磨细矿渣是经超细粉磨工艺制成的，粉磨过程主要以介质研磨为主，颗粒的棱角大都被磨平，颗粒形貌比较接近卵石。磨细矿渣颗粒群的定量体视学分析结果表明，磨细矿渣的颗粒直径在 $6\sim8\mu m$，圆度在 $0.2\sim0.7$ 范围内，颗粒直径越小，圆度越大，即颗粒的形状越接近球体。磨细矿渣颗粒直径显著小于水泥且圆度较大，它在新拌混凝土中具有轴承效果，可大大增加流动性； ③由于磨细矿渣具有较高的比表面积，会使水泥浆的需水量增大，因此磨细矿渣本身并没有减水作用。但与减水剂复合作用时，以上的优势才能得到发挥，使水泥浆和易性获得进一步改善，表现出辅助减水的效果。 （2）泌水与离析。掺加磨细矿渣混凝土的泌水性与磨细矿渣的细度有很大的关系。当

401

序号	混凝土类型	影 响 结 果
1	新拌混凝土	矿渣与水泥熟料共同粉磨时,由于矿渣的易磨性小于水泥熟料,因此当水泥熟料磨到规定细度时,矿渣的细度以及比表面积比水泥小 $60\sim80m^2/kg$,不仅其潜在活性难以发挥,早期强度低,而且黏聚性差,容易产生泌水现象。当磨细矿渣比表面积较大时,混凝土具有良好的黏聚性,泌水较小。一般认为,掺比表面积在 $400\sim600m^2/kg$ 磨细矿渣的新拌混凝土具有良好的黏聚性,泌水小。 (3)坍落度损失。大量研究结果表明,磨细矿渣的掺入有利于减少混凝土拌合料的坍落度损失。磨细矿渣对坍落度损失改善机理为:①从流变学的角度,磨细矿渣可显著降低水泥浆的屈服应力,使水泥浆处于良好的流动状态,从而有效地控制了混凝土的坍落度损失;②磨细矿渣其大比表面积对水分有较大的吸附作用,起到了保水作用,减缓了水分的蒸发速率,有致地抑制了混凝土的坍落度损失;③磨细矿渣在改善混凝土性能的前提下,可等量替代水泥 $30\%\sim50\%$ 配制混凝土,大幅度降低了混凝土单位体积水泥用量。磨细矿渣属于活性掺合料,大掺量的磨细矿渣存在于新拌混凝土中,有稀释整个体系中水化产物的体积比例的效果,减缓了胶凝体系的凝结速率,从而可使新拌混凝土的坍落度损失获得抑制

序号	混凝土类型	影响结果
2	硬化混凝土	(1)凝结性能。通常磨细矿渣的掺入会使混凝土的凝结时间有所延长，也就是硬化的速度有所减缓，其影响程度与磨细矿渣的掺量、细度、养护温度等有很大关系。一般认为，磨细矿渣比表面积越大，掺量越多，混凝土的凝结时间越长，但初凝和终凝时间少间隔基本不变。 (2)力学性能。磨细矿渣对混凝土的力学性能影响主要包括强度和弹性模量。 ①对强度的影响。掺磨细矿渣混凝土的强度与磨细矿渣的细度及掺量有关。一般认为，在相同的混凝土配合比、强度等级与自然养护的条件下，普通细度磨细矿渣(比表面积400m²/kg左右)混凝土的早期强度比普通混凝土略低，但28d、90d及180d的后期强度增长显著高于普通混凝土。 ②对弹性模量的影响。磨细矿渣混凝土弹性模量与抗压强度的关系与普通混凝土大致相同。 (3)耐久性能。掺磨细矿渣混凝土对耐久性的影响主要包括：抗渗性、抗化学侵蚀性、抗碳化性、抗冻性等方面。 ①对抗渗性的影响。活性矿物掺合料能与水泥水化产物 $Ca(OH)_2$ 生成 CSH 凝胶，有助于孔的细化和增大孔的曲折度，同时能增强骨料与浆体的界面，因此一般认为，磨细矿渣混凝土的抗渗性要高于普通混凝土

序号	混凝土类型	影 响 结 果
2	硬化混凝土	②对抗化学侵蚀性的影响。 a. 抗硫酸盐侵蚀。一般而言,磨细矿渣掺量达到 65% 以上时,混凝土是抗硫酸盐侵蚀的,低于 65% 时其抗硫酸盐侵蚀的能力在很大程度上取决于磨细矿渣中氧化铝含量,大于 18% 对混凝土抗硫酸盐侵蚀性不利,小于 11% 则对混凝土抗硫酸盐侵蚀性有改善作用。 b. 抗海水侵蚀。磨细矿渣混凝土中的矿渣与混凝土中的 $Ca(OH)_2$ 反应生成 CSH 凝胶,而普通混凝土中的 $Ca(OH)_2$ 和海水的硫酸盐反应生成的是膨胀性水化物,因而掺入矿渣的混凝土能降低膨胀性水化物的生成量。此外由于磨细矿渣混凝土具有良好的抗渗性,能抑制海水中劣化离子向混凝土中渗透,因此磨细矿渣混凝土耐海水侵蚀性能高于普通混凝土。 c. 抗酸侵蚀。磨细矿渣混凝土因为改善了混凝土的孔结构,提高了混凝土的致密程度,同时具有比较低的 CH 含量,因此磨细矿渣混凝土的抗酸侵蚀性优于普通混凝土。 d. 抗氯化物侵蚀。磨细矿渣混凝土具有较高的抗渗性,而且磨细矿渣还具有较强的氯离子吸附能力,因此能有效地阻止氯离子渗透或扩散进入混凝土,提高混凝土的抗氯离子渗透能力,使磨细矿渣混凝土比普通混凝土在氯离子环境中显著地提高了护筋性

序号	混凝土类型	影 响 结 果
2	硬化混凝土	e. 对混凝土碱-骨料反应的抑制。材料试验证明,磨细矿渣对碱-硅反应(ASR)的抑制,随着磨细矿渣置换率的增大而提高。 ③对抗碳化性的影响。混凝土的抗碳化能力主要取决于自身抵抗外界侵蚀性气体 CO_2 侵入的能力和浆体的碱含量。磨细矿渣的掺入,有利于混凝土密实性的提高,使混凝土具有较强的抵抗外界侵蚀性气体侵入的能力,但由于磨细矿渣的二次水化反应要消耗大量的 $Ca(OH)_2$,使混凝土液相碱度降低,对混凝土的抗碳化性不利。 ④对抗冻性的影响。一般认为,由于磨细矿渣混凝土的密实性得到较大提高,因此,在同样混凝土配合比与强度等级的情况下,磨细矿渣混凝土的抗冻性优于普通混凝土

工程实践和材料试验均证明,磨细矿渣对于混凝土的性能影响是较大的。在混凝土拌合物中掺入适量的磨细矿渣,在水泥水化初期,胶凝材料系统中的矿渣微粉分布并包裹在水泥颗粒的表面,能起到延缓和减少水泥初期水化产物相互搭接的隔离作用,从而改善了混凝土拌合物的工作性。

磨细矿渣绝大部分是不稳定的玻璃体,不仅储有较高的化学能,而且有较高的活性。这些活性成

分一般为活性 Al_2O_3 和活性 SiO_2，即使在常温条件下，以上活性成分也可与水泥中的 $Ca(OH)_2$ 发生反应而产生强度。用磨细矿渣取代混凝土中的部分水泥后，流动性提高，泌水量降低，具有缓凝作用，其早期强度与硅酸盐水泥混凝土相当，但表现出后期强度高、耐久性好的优良性能。

表 14-4 列出了在相同用水量的条件下，单掺硅灰胶砂的流动性下降，单掺不同比表面积及不同比例的磨细矿渣，均可不同程度地改善胶砂的流动性；同时掺加硅灰和磨细矿渣时，磨细矿渣可以改善因掺加硅灰流动性下降的性能。表 14-5 列出了掺加不同磨细矿渣后胶砂试体的抗压强度与抗折强度。

掺加磨细矿渣和硅灰的水泥胶
砂配合比和流动度　　　　表 14-4

| 序号 | 水泥胶砂配合比(g) | | | | | | | 流动度 (mm) |
| | 水泥 | 硅灰 | 磨细矿渣细度(m²/kg) | | | 砂子 | 用水量 | |
			400	600	800			
1	500	—				1350	250	148
2	450	50				1350	250	141
3	350	—			150	1350	250	160
4	300	50			150	1350	250	147

序号	水泥胶砂配合比(g)							流动度(mm)
	水泥	硅灰	磨细矿渣细度(m²/kg)			砂子	用水量	
			400	600	800			
5	350	—	150	—	—	1350	250	160
6	350	—	—	150	—	1350	250	165
7	400	—	—	—	100	1350	250	170
8	300	—	—	—	200	1350	250	160
9	250	—	—	—	250	1350	250	165
10	400	—	100	—	—	1350	250	175
11	300	—	200	—	—	1350	250	160
12	250	—	250	—	—	1350	250	170

胶砂试体的抗压强度与抗折强度　　表 14-5

序号	抗压强度(MPa)				抗折强度(MPa)			
	3d	7d	28d	60d	3d	7d	28d	60d
1	34.0	37.9	59.6	65.3	5.30	6.47	8.36	9.12
2	35.7	41.0	63.4	69.8	5.46	6.55	9.80	10.96
3	38.9	46.4	72.5	77.6	5.96	8.52	10.58	11.22

序号	抗压强度（MPa）				抗折强度（MPa）			
	3d	7d	28d	60d	3d	7d	28d	60d
4	36.0	46.2	66.8	69.0	5.54	8.68	10.17	11.24
5	28.8	35.6	66.8	69.0	4.96	6.57	8.98	9.99
6	33.0	45.2	71.2	74.3	5.34	7.55	10.03	10.41
7	38.6	48.2	69.6	70.4	5.78	7.80	10.88	—
8	37.5	49.2	73.4	77.1	6.02	10.22	11.36	—
9	34.9	48.2	71.0	76.5	5.82	110.8	11.40	—
10	32.6	39.8	63.4	67.3	4.99	7.05	9.10	9.49
11	22.4	28.1	63.2	67.2	4.55	6.28	9.43	9.83
12	21.3	30.5	59.0	65.2	3.84	5.79	9.28	10.15

三、磨细矿渣用途和应用范围

粒化高炉矿渣以玻璃体为主，潜在很高的水硬性。将水淬粒化高炉矿渣经过粉磨后达到规定的细度，会产生很高的活性，发挥很高的强度。这种粉磨后的粉体称之为磨细矿渣。磨细矿渣既可用作等量取代熟料生产高掺量的新型矿渣水泥，也可作为混凝土的掺合料取代部分水泥。

（1）用于配制新型矿渣硅酸盐水泥。传统的矿渣硅酸盐水泥是将矿渣和水泥熟料同时进行粉磨而制成。由于矿渣的易磨性要比水泥熟料差，因此，水泥中的矿渣活性难以发挥，出现矿渣硅酸盐水泥早期强度低、易泌水等问题。新型矿渣硅酸盐水泥是将矿渣与水泥熟料分别进行粉磨，使矿渣达到规定的细度，其活性就可以充分发挥。我国已研制成功的 52.5 级早强低热高掺量矿渣硅酸盐水泥。

（2）用于配制高性能混凝土。将磨细矿渣掺入混凝土中，可以改善混凝土的和易性，提高混凝土的耐久性。因此，磨细矿渣可以用来配制高性能混凝土，特别是适用于对耐久性（如抗氯离子侵蚀）有要求的环境。

四、磨细矿渣的应用技术要点

在现行国家标准《高强高性能混凝土用矿物外加剂》（GB/T 18736—2002）中，对磨细矿渣等矿物外加剂的技术要求作了详细的规定，在实际应用过程中，应采用符合国家标准要求的磨细矿渣。

（一）磨细矿渣的技术要求

磨细矿渣等矿物外加剂的技术要求应符合表 14-6 中的规定。

试验项目		磨细矿渣			磨细粉煤灰		磨细天然沸石		硅灰
		Ⅰ	Ⅱ	Ⅲ	Ⅰ	Ⅱ	Ⅰ	Ⅱ	
化学性能	MgO(%)	≤14			—	—	—	—	—
	SO₃(%)	≤4			≤3		—	—	—
	烧失量(%)	≤3			≤5	≤8	—	—	≤6
	Cl⁻(%)	≤0.02			≤0.02		≤0.02		≤0.02
	SiO₂(%)	—	—	—	—	—	—	—	≥85
	吸铵值(mmol/100g)	—	—	—	—	—	≥130	≥100	—
物理性能	比表面积(m²/kg)	≥750	≥550	≥350	≥600	≥400	≥700	≥500	≥15000
	含水率(%)	≤1.0			≤1.0				≤3.0
胶砂性能	需水量比(%)	≤100			≤95	≤105	≤110	≤115	≤125
	活性指数(%) 3d	≥85	≥70	≥55					
	活性指数(%) 7d	≥100	≥85	≥75	≥80	≥75			
	活性指数(%) 28d	≥115	≥105	≥100	≥90	≥85	≥90	≥85	≥85

（二）磨细矿渣的细度

工程实践证明，磨细矿渣的细度对其活性有显著的影响。磨细矿渣是炼铁生产的副产品，充分利用可以变废为宝、物尽其用，同时又符合环保和可持续发展的政策，因此磨细矿渣是一种值得推荐使用的高强高性能混凝土用掺合料。由于掺合料的细度（比表面积）大小直接影响掺合料的增强效果，原则上讲磨细矿渣粉的细度越大则效果越好，但要求过细则粉磨困难，成本将大幅度提高。所以实际应用中应综合考虑磨细矿渣粉的细度，即选择磨细矿渣的最佳细度，使其在成本可以接受的情况下得到应用。在选择磨细矿渣的最佳细度时，要综合考虑表 14-7 中的因素。

选择磨细矿渣的最佳细度应
综合考虑的因素　　　　　表 14-7

序号	应考虑的因素
1	应考虑磨细矿渣参与水化反应的能力。粒化高炉矿渣在水淬时除了形成大量玻璃体外，还含有钙铝镁黄长石和少量的硅酸一钙(CS)或硅酸二钙(C_2S)等组分，因此具有微弱的自身水硬性能。但当其粒径大于 $45\mu m$ 时矿渣颗粒很难参与水化反应。因此，磨细矿渣的勃氏比表面积应超过 $400m^2/kg$，才能比较充分地发挥其活性，改善并提高混凝土的性能
2	要考虑到混凝土的温升。磨细矿渣细度越细，其活性也就越高，掺入混凝土后，早期产生的水化热越大，混凝土的温升越快。有资料表明：磨细矿渣等量取代水泥用量 30% 的混凝土，细度为 $600\sim800m^2/kg$ 的磨细矿渣，其混凝土的绝热温升比细度为 $400m^2/kg$ 的磨细矿渣混凝土有十分显著的提高

序号	应考虑的因素
3	材料试验结果表明,在配制低水胶比并掺有较大量的磨细矿渣的高强混凝土或高性能混凝土时,要考虑混凝土早期产生的自收缩。磨细矿渣的细度越细,混凝土早期产生的自收缩越严重
4	要考虑磨细矿渣混凝土。磨细矿渣磨得越细,所耗的电能也越大,生产成本将大幅度提高,磨细矿渣混凝土的造价必然也高
5	由以上可知,磨细矿渣的细度应当在能充分发挥其活性和水化反应能力的基础上,综合考虑所应用的工程的性质、对混凝土性能的要求以及经济分析等因素来确定,不能简单地认为磨细矿渣的细度越细越好

(三) 矿渣掺量与养护

配制掺加磨细矿渣的混凝土时,矿物掺合料的选用品种与掺量应通过混凝土试验确定,具体可参见《普通混凝土配合比设计规程》JGJ 55—2011。总之,在选择磨细矿渣时应与水泥、其他外加剂之间应有良好的适应性。

一般认为,相对于普通混凝土,养护温度和湿度的提高,将更有利于磨细矿渣混凝土强度等性能的发展。为充分发挥磨细矿渣在混凝土中的作用,掺加磨细矿渣的混凝土,应加强对掺加磨细矿渣混凝土的养护。

第二节　粉煤灰

粉煤灰是火力发电厂锅炉以煤粉做燃料，从其烟气中收集下来的灰渣。优质粉煤灰一般是指粒径为 $10\mu m$ 的分级灰，其比表面积约为 $7850cm^2/g$，烧失量为 $1\% \sim 2\%$，且含有大量的球状玻璃珠。粉煤灰中的主要活性成分，与磨细矿渣基本相同，也是活性 SiO_2 和活性 Al_2O_3。

粉煤灰过去作为粉煤灰水泥的混合材、混凝土中降低成本和水化热功能的掺合料，在我国已被广泛而有效地应用。具有胶凝性质的粉煤灰，作为矿物掺合料代替部分水泥配制高性能混凝土，在我国具有很大的发展潜力和空间。

一、配制混凝土用的粉煤灰标准

美国标准 ASTM C618 中把粉煤灰分为 F 级和 C 级两个等级，其技术性能如表 14-8 所示。我国在国家标准《用于水泥和混凝土中的粉煤灰》（GB/T 1596—2005）和《粉煤灰混凝土应用技术规范》（GB/T 50146—2014）中，也把粉煤灰分为 F 类和 C 类，把拌制混凝土和砂浆用的粉煤灰按其品质分为Ⅰ、Ⅱ、Ⅲ三个等级，其具体技术要求如表 14-9 所示。配制高性能混凝土最好采用表 14-9 中的Ⅰ级 C 类粉煤灰。

美国对常用粉煤灰的性能要求　　表 14-8

粉煤灰等级	粉煤灰的化学成分（%）					平均尺寸（mm）	密度（g/cm³）
	SiO_2	Al_2O_3	Fe_2O_3	CaO	C		
F 类	>50	20～30	<20	<5.0	<5.0	10～15	2.2～2.4
C 类	>30	15～25	20～30	20～32	<1.0	10～15	2.2～2.4

我国对配制混凝土和砂浆用
粉煤灰的技术要求　　表 14-9

技术指标项目		技术要求		
		Ⅰ	Ⅱ	Ⅲ
细度(0.045mm 方孔筛的筛余,%)	F 类	≤12.0	≤25.0	≤45.0
	C 类			
需水量比(%)	F 类	≤95	≤105	≤115
	C 类			
烧失量(%)	F 类	≤5.0	≤8.0	≤15.0
	C 类			
含水量(%)	F 类	≤1.0		
	C 类			
三氧化硫含量(%)	F 类	≤3.0		
	C 类			
游离氧化钙含量(%)	F 类	≤1.0		
	C 类	≤4.0		

二、粉煤灰的主要性能特点

粉煤灰含有大量活性成分，将优质粉煤灰应用于混凝土中，不但能部分代替水泥，而且能提高混凝土的力学性能。在现代混凝土工程中，粉煤灰已经成为高性能混凝土的一个重要组成部分。粉煤灰的性能是评价其质量优劣的依据，主要包括物理性能、化学性能和其他性能。粉煤灰的主要性能特点见表 14-10。

粉煤灰的主要性能特点　　　　　　表 14-10

序号	性能类别	性　能　特　点
1	物理性能	粉煤灰的物理性能包括细度、烧失量、需水量等。 （1）细度。细度是粉煤灰一个非常重要的品质指标。粉煤灰越细，比表面积越大，粉煤灰的活性就越容易激发。同样条件下，粉煤灰的细度越细，火山灰活性越高，烧失量也相应比较低，因此对于同一电厂，当煤的来源及煤粉的燃烧工艺没发生变化时，细度可以作为评价粉煤灰的首要指标。有资料认为：$5\sim45\mu m$ 颗粒越多，粉煤灰活性越高，大于 $80\mu m$ 的颗粒对粉煤灰活性不利。 （2）烧失量。大量研究证明，粉煤灰中炭份变成焦炭那样的物质以后，其体积是比较安定的，也不会对钢筋有害。但是惰性炭份增多，将导致粉煤灰的活性成分减少。粉煤灰的烧失量与粉煤灰的细度、火山灰活性和需水量有很大关系。一般来说，粉煤灰越细，烧失量越小，相应需水量也越低，火山灰活性越高

序号	性能类别	性 能 特 点
1	物理性能	（3）需水量。粉煤灰的需水量指标可以综合反映粉煤灰的颗粒形貌、级配等情况。粉煤灰中表面光滑的球形颗粒越多，相应的需水量就越小，而粉煤灰中多孔的颗粒越多，则需水量必然增加。在粉煤灰的诸多物理性能中，需水量对混凝土的抗压强度比影响最大。因为需水量的大小直接影响混凝土拌合物的流动性，也就是说，在保证要求的流动性的条件下，需水量将影响混凝土的水灰比。而水灰比对混凝土性能的影响又超过粉煤灰的化学活性。 试验证明，影响粉煤灰需水量的因素包括：粉煤灰的细度与颗粒级配、球状玻璃体的含量、烧失量等
2	化学性能	粉煤灰的化学性能主要包括化学组成和火山灰活性。 （1）化学组成。粉煤灰中的氧化硅、氧化铝和氧化铁含量一般可达 70%以上，有的还含有较多的氧化钙。除此之外，还含有少量的砷、镉等微量元素。在粉煤灰的应用过程中，要考虑到微量元素对环境和人体带来的影响。 （2）火山灰活性。粉煤灰的火山灰活性也称为粉煤灰活性，对硬化混凝土的性能影响非常大。粉煤灰中玻璃体是粉煤灰火山灰活性的来源。玻璃体有球状的和表面多孔的，球状的玻璃体如同玻璃球一样，需水量小，流动性好，而多孔状玻璃体虽然也有活性，但其表面吸附性强，需水量大，对混凝土来说，

序号	性能类别	性能特点
2	化学性能	其性能则远不如玻璃球体的。粉煤灰中玻璃体含量及球状玻璃体与多孔玻璃体的比率，主要取决于煤的品种、煤粉细度、燃烧温度和电厂运行情况。一般含碳量高的粉煤灰中玻璃体和球状玻璃体的含量比较低。一般认为，粉煤灰中的玻璃体含量越高，粉煤灰的活性越大
3	其他性能	用于混凝土的粉煤灰，除上述品质指标对混凝土的性能影响比较大外，粉煤灰中的游离氧化钙、氧化镁及三氧化硫的含量多少也可能对混凝土有比较大的影响，通常也要进行限定。 (1)安定性。粉煤灰中存在过烧或欠烧的氧化钙、氧化镁，由于这些氧化物水化速率比较慢，当粉煤灰掺入混凝土后有可能会在混凝土硬化后再生成氢氧化钙和氢氧化镁，并产生比较大的体积膨胀而使混凝土开裂，因此对游离的氧化钙、氧化镁的含量必须加以限制； (2)SO_3 的含量。SO_3 是用来反映粉煤灰中硫酸盐含量的指标。很多国家标准或规范中都有规定，粉煤灰中硫酸盐含量必须加以控制。粉煤灰中的硫酸盐以 SO_3 计算，含量通常控制在 0.5%～1.5% 范围内，以硫酸盐计算含量控制在 1%～3% 范围内

三、粉煤灰对混凝土的综合作用

粉煤灰在混凝土中的作用，可以归纳为化学和物理作用两个方面。化学作用可以使对混凝土不利的氢氧化钙转化为有利的 CSH 凝胶，这就是常说的火山灰活性作用，从而改善浆体与骨料界面的黏结；物理作用主要是指粉煤灰颗粒的微骨料效应和形态效应。粉煤灰粉磨以及粉煤灰磨细，对于粉煤灰来说一直都是一个生产中关注的问题。由于优质粉煤灰的颗粒大多呈微珠，且粒径小于水泥，在混凝土中就更为突出的起到填充、润滑、解絮、分散水泥等的致密作用，这两方面的共同作用使混凝土的用水量减少，拌合料和易性改善，混凝土均匀密实，从而提高混凝土的强度和耐久性。

掺加适量的优质粉煤灰后，混凝土的许多重要性能得到明显的改善，当然也有个别性能降低。即粉煤灰对混凝土的正面作用较多，但也有不利的作用或负面作用，特别是粉煤灰掺量过大或粉煤灰质量较差时。粉煤灰对混凝土的综合作用见表 14-11。

粉煤灰对混凝土的综合作用　　表 14-11

序号	作用类型	具体作用效果
1	粉煤灰正面作用	(1)新拌混凝土的和易性得到改善。掺加适量的粉煤灰可以改善新拌混凝土的流动性、黏聚性和保水性，使混凝土拌合料易于泵送、浇筑成型，并可减少坍落度的经时损失。 (2)混凝土的温升降低。掺加粉煤灰后可以减少

序号	作用类型	具体作用效果
1	粉煤灰正面作用	水泥用量,且粉煤灰水化放热量很少,从而减少了水化放热量,因此施工时混凝土的温升降低,可明显减少温度裂缝,这对大体积混凝土工程特别有利。 (3)混凝土的耐久性得到提高。由于粉煤灰的二次水化作用,混凝土的密实度提高,界面结构得到改善,同时由于二次反应使得易受腐蚀的氢氧化钙数量降低,因此掺加粉煤灰后可提高混凝土的抗渗性和抗硫酸盐腐蚀性和抗镁盐腐蚀性等。同时由于粉煤灰比表面积巨大,吸附能力强,因而粉煤灰颗粒可以吸附水泥中的碱,并与碱发生反应而消耗其数量。游离碱数量的减少可以抑制或减少碱-骨料反应。 (4)混凝土的变形有所减小。粉煤灰混凝土的徐变低于普通混凝土。粉煤灰的减水效应使得粉煤灰混凝土的干缩及早期塑性干裂与普通混凝土基本一致或略低,但劣质粉煤灰会增加混凝土的干缩。 (5)混凝土的耐磨性提高。粉煤灰的强度和硬度较高,因而掺加粉煤灰混凝土的耐磨性优于普通混凝土。但如果混凝土养护不良,也会导致耐磨性降低。 (6)混凝土的成本大大降低。当粉煤灰混凝土的强度等级保持不变的条件下,用优良粉煤灰掺入混凝土中,可以减少水泥用量约 $10\%\sim15\%$,由于粉煤灰的价格远低于水泥,因而可大大降低混凝土的成本

序号	作用类型	具体作用效果
2	粉煤灰负面作用	(1)强度发展较慢、早期强度较低。由于粉煤灰的水化速度小于水泥熟料，故掺加粉煤灰后混凝土的早期强度低于普通混凝土，且粉煤灰掺量越高早期强度越低。但对于高强混凝土，掺加粉煤灰后混凝土的早期强度降低相对较小。粉煤灰混凝土的强度发展相对较慢，故为保证强度的正常发展，需将养护时间延长至14d以上。 (2)抗碳化性、抗冻性有所降低。粉煤灰的二次水化使得混凝土中氢氧化钙的数量降低，因而不利于混凝土的抗碳化性和钢筋的防锈。而粉煤灰的二次水化使混凝土的结构更加致密，又有利于保护钢筋。因此，粉煤灰混凝土的钢筋锈蚀性能并没有比普通混凝土差很多。许多研究结果也不完全一致，有的认为钢筋锈蚀加剧，有的则认为钢筋锈蚀减缓。无论什么情况，掺加粉煤灰时，如果同时使用减水剂则可有效地减缓掺加粉煤灰所带来的抗碳化性减弱，从而提高对钢筋的保护能力。 粉煤灰混凝土的抗冻性较普通混凝土有所降低，特别是采用劣质粉煤灰时更加严重。对有抗冻性要求的混凝土应采用优质粉煤灰，当抗冻要求较高时应掺引气使含气量达到要求的数值，即可保证混凝土达到优良的抗冻性

四、粉煤灰对混凝土性能的影响

粉煤灰对混凝土性能的影响，主要包括对新拌混凝土性能的影响和对硬化混凝土性能的影响。粉煤灰对混凝土性能的影响见表14-12。

粉煤灰对混凝土性能的影响　　表14-12

序号	混凝土类型	影 响 结 果
1	新拌混凝土	粉煤灰掺入混凝土后,将对混凝土的性能,特别是新拌混凝土的性能产生比较大的影响。 (1)粉煤灰混凝土的工作性能。粉煤灰最初用于混凝土的主要技术优势,就是能非常显著地改善新拌混凝土的工作性能,其作用主要体现在以下几个方面:①减少混凝土的需水量;②改善混凝土的泵送性能;③减少泌水与离析;④减少混凝土坍落度损失; (2)对混凝土外加剂的适应性。材料试验结果表明,粉煤灰对外加剂在混凝土中的作用没有实质性的影响,通常还有利于外加剂的发挥。但是,粉煤灰性质变化比较大,在某些情况下可能对混凝土外加剂的作用产生不利的影响。 ①减水剂。通常分散粉煤灰颗粒所需减水剂的量要小于分散水泥颗粒所需要的量,也就是说减水剂对于分散粉煤灰颗粒比分散水泥颗粒更有效。 ②引气剂。高烧失量的粉煤灰将对混凝土中掺加引气剂的效果产生不利影响,因为高烧失量的粉煤灰通常含有较多粗大、多孔的颗粒,容易吸附引气剂。因此,如果混凝土需要一定的引气量,粉煤灰混凝土特别是掺加高烧失量粉煤灰的混凝土通常需要更大剂量的引气剂

序号	混凝土类型	影 响 结 果
2	硬化混凝土	掺加粉煤灰后对硬化混凝土性能的影响主要有：力学性能、体积稳定性和耐久性能等。 （1）力学性能。对粉煤灰混凝土的力学性能影响主要包括强度和弹性模量。 ①强度。工程实践证明，通常随粉煤灰掺量的增为日，粉煤灰混凝土强度特别是早期强度降低比较明显，但龄期达到 90d 后，在粉煤灰掺量不是很大的情况下，粉煤灰混凝土的强度接近普通混凝土的强度，一年后甚至超过普通混凝土的强度。如果粉煤灰用于取代混凝土中的细骨料，各龄期粉煤灰混凝土的强度则随着粉煤灰掺量的增加而提高。与普通混凝土一样，粉煤灰混凝土的抗弯强度正比于其抗压强度。 ②弹性模量。粉煤灰混凝土的弹性模量与抗压强度成正比关系。相比于普通混凝土，粉煤灰混凝土的弹性模量 28d 不低于甚至高于相同抗压强度的普通混凝土。粉煤灰混凝土的弹性模量与抗压强度一样，也随着龄期的增长而增长；如果由于粉煤灰的减水作用而减少了新拌混凝土的用水量，则这种增长速度比较明显。 （2）体积稳定性。对粉煤灰混凝土的体积稳定性影响主要包括徐变和收缩。 ①混凝土徐变。粉煤灰混凝土由于具有良好的工作性能，经振捣后的混凝土更为密实，因此会比普通混凝土有更小的徐变。但是由于粉煤灰混凝土早期强度比较低，因此在加荷的初期各种因素影响下，粉煤灰混凝土徐变的程度可能高于普通混凝土

422

序号	混凝土类型	影 响 结 果
2	硬化混凝土	②混凝土收缩。粉煤灰掺入混凝土后可以减少混凝土的化学减缩和自干燥收缩。当粉煤灰替代率较低时,粉煤灰水化度高以及微骨料效应使水化相孔径细化,细孔失水是影响混凝土收缩的主导因素;混凝土中掺入粉煤灰后,实际水胶比增大,水泥水化率提高,实际上对水化相的数量不会产生太大影响,但由于粉煤灰在后期才开始进行二次水化,导致与同龄期不掺加粉煤灰的混凝土相比,内部可蒸发水含量较高,使混凝土收缩的可能性提高。综上所述,孔结构和可蒸发水含量的影响,对混凝土干燥收缩产生正负两方面的效果,将使掺粉煤灰的混凝土收缩相对于基准混凝土既可能增加也可能减少。 除此以外,粉煤灰的细度、活性和烧失量等因素,也可能对混凝土的总收缩值产生影响。 (3)耐久性能。对粉煤灰混凝土的耐久性能影响包括很多方面,如抗渗性能、抗化学侵蚀性能、碱-骨料抑制作用、抗碳化性能、钢筋耐锈蚀性能、抗冻性能等。 ①抗渗性能。在混凝土中掺加一定量的粉煤灰后,可以提高混凝土的密实性,有效地改善混凝土的孔结构,因此,一般认为在同样强度等级和施工工艺的条件下,掺加优良粉煤灰混凝土的抗渗性高于普通混凝土。 ②抗化学侵蚀性能。混凝土的抗化学侵蚀性主要是指抗硫酸盐侵蚀性。由于粉煤灰混凝土具有较高的抗渗性,并且粉煤灰的火山灰化学反应过

序号	混凝土类型	影 响 结 果
2	硬化混凝土	程中消耗了混凝土中的氢氧化钙以及游离氧化钙,水化硅酸钙具有比较低的钙硅比,因此粉煤灰混凝土的耐硫酸盐侵蚀的性能优于普通混凝土。 ③碱-骨料抑制作用。工程实践证明,掺加粉煤灰是降低混凝土碱-骨料反应的有效措施。粉煤灰本身含有大量的活性 SiO_2,其颗粒越细,越能吸收较多的碱,降低了每个反应点上碱的浓度,也就减少了反应产物中的碱与硅酸之比。粉煤灰的品质对抑制混凝土碱-骨料反应能力的影响比较大。粉煤灰中碱含量越高,越不利于粉煤灰对碱-骨料反应的抑制作用;氧化硅含量越高,则越有利于粉煤灰对碱-骨料反应的抑制作用;粉煤灰的细度越细,越有利于粉煤灰对碱-骨料反应的抑制作用。一般认为,优质粉煤灰掺量为 30% 时,可以有效抑制混凝土碱-骨料反应。 ④抗碳化性能。粉煤灰取代混凝土中的部分水泥后,首先水泥熟料发生水化反应,生成氢氧化钙,待 pH 值达到 12~13 时,氢氧化钙与粉煤灰玻璃体中的活性氧化硅、氧化铝反应,生成水化硅酸硅、水化铝酸钙。因此,粉煤灰混凝土特别是大掺量粉煤灰混凝土的二次水化反应,将消耗大量的氢氧化钙,将使碱贮备、液相碱度降低,使碳化中和作用的过程缩短,从而导致粉煤灰混凝土抗碳化性能降低。粉煤粉混凝土的碳化速率与粉煤灰活品质有关。目前绝大多数的试验结果显示,相同强度等级粉煤灰混凝土的碳化深度要高于普通混凝土

序号	混凝土类型	影 响 结 果
2	硬化混凝土	⑤钢筋耐锈蚀性能。工程实践证明，在混凝土中引起钢筋锈蚀有两个诱因，即氯离子含量和混凝土的碳化。前一种情况，钢筋锈蚀与氯离子通过混凝土的扩散有关。因粉煤灰水泥浆体的氯离子有效扩散系数大大低于普通水泥浆体，所以粉煤灰混凝土的保护钢筋不受锈蚀的性能优于普通混凝土。 由混凝土碳化引起的钢筋锈蚀，混凝土保护钢筋的性能主要取决于保护层的碳化速率。粉煤灰混凝土因为粉煤灰的火山灰反应要消耗大量的氢氧化钙，将使混凝土的碱度有所下降，因此粉煤灰混凝土的抗钢筋锈蚀性能相对普通混凝土也有下降的趋势。粉煤灰混凝土的碳化速率与粉煤灰的品质有关，用优质粉煤灰碳化速率慢于质次的粉煤灰。在实的混凝土工程中，如果粉煤灰的品质在Ⅱ级以上，被取代的水泥用量低于 $10\% \sim 15\%$，保护层厚度不小于 2cm，则粉煤灰混凝土的护钢筋耐久性是可以保证的。 ⑥抗冻性能。混凝土的抗冻性能与含气量、水胶比、骨料性能、水泥品种等因素密切相关。在混凝土中掺加粉煤灰，在不引气的条件下，粉煤灰混凝土的抗冻性较同强度等级的普通混凝土差。掺加引气剂的粉煤灰混凝土的抗冻性与普通混凝土的差别缩小。在有抗冻性要求的混凝土结构和部位，粉煤灰混凝土必须掺加引气剂，混凝土含气量由抗冻要求确定。由于粉煤灰颗粒表面吸附引气剂，为达到混凝土中有相同的含气量，粉煤灰混凝土所需的引气剂掺量要大于普通混凝土

五、粉煤灰应用技术要点

从 20 世纪 50 年代以来，我国就已经在水利工程和各种工业与民用建筑工程中广泛应用粉煤灰混凝土，并且已经积累了相当丰富的经验。在总结经验的基础上，于 2014 年国家制定颁发了《粉煤灰混凝土应用技术规范》（GB/T 50146—2014），现以该规范为据，介绍粉煤灰混凝土的应用技术要点。

（1）粉煤灰用于混凝土工程可根据等级，按下列规定使用：①Ⅰ级粉煤灰适用于钢筋混凝土和跨度小于 6m 的预应力混凝土。②Ⅱ级粉煤灰适用于钢筋混凝土和无筋混凝土；③Ⅲ级粉煤灰主要用于无筋混凝土。对设计强度等级 C30 及以上的无筋粉煤灰混凝土，宜采用Ⅰ、Ⅱ级粉煤灰；④用于预应力混凝土、钢筋混凝土及设计强度等级 C30 及以上的无筋混凝土的粉煤灰等级，如经试验论证，可采用比规定低一级的粉煤灰。

（2）粉煤灰用于跨度小于 6m 的预应力混凝土时，放松预应力前，粉煤灰混凝土的强度必须达到设计规定的强度等级，且不得小于 20MPa。未经试验论证，粉煤灰不允许用于后张有粘接的预应力混凝土及跨度大于 6m 的先张预应力混凝土。

（3）配制泵送混凝土、大体积混凝土、抗渗结构混凝土、抗硫酸盐和抗软水浸蚀混凝土、蒸养混凝土、轻骨料混凝土、地下工程混凝土、压浆混凝土及碾压混凝土等，宜掺用粉煤灰。

（4）根据各类工程和各种施工条件的不同要求，粉煤灰可与各类外加剂同时使用。外加剂的适应性和合理掺量应由实验确定。

（5）粉煤灰用于下列混凝土时，应采取相应措施：①粉煤灰用于要求高抗冻融性的混凝土时，必须加入引气剂；②粉煤灰混凝土在低温条件下施工时，宜掺入对粉煤灰混凝土无害的早强剂或防冻剂，并应采取适当的保温措施；③用于提早脱模、提前负荷的粉煤灰混凝土，宜掺用高效减水剂、早强剂等外加剂。

（6）掺有粉煤灰的钢筋混凝土，对含有氯盐外加剂的限制，应符合现行国家标准《混凝土外加剂应用技术规范》的有关规定。

第三节　硅灰

硅灰又称为凝聚硅灰或硅粉，是铁合金厂在冶炼硅铁合金或金属硅时，从烟气净化装置中回收的工业烟尘。硅铁厂在冶炼硅金属时，将高纯度的石英、焦炭投入电弧炉内，在温度高达2000℃下石英被还原成硅的同时，有 10%～15% 的硅化为蒸气，在烟道内随气流上升遇氧结合成一氧化硅（SiO）气体，逸出炉外时，一氧化硅（SiO）遇冷空气再氧化成二氧化硅（SiO_2），最后冷凝成极微细的颗粒，即我国统称的"硅灰"。我国是世界硅铁、工业硅生产大国，据估计，我国硅灰潜在资源每年达 15 万 t 以上。近年来以约 3000～4000t/a 的速度在逐年上升，唐山、上海、昆明、安徽、新疆、西宁、北京、天津、吉林、四川等地都有硅灰生产。

硅灰的颗粒主要呈球状，粒径小于 $1\mu m$，平均粒径约 $0.1\mu m$。硅灰中的主要活性成分为无定形的 SiO_2，其含量约占 90％左右。硅灰的小球状颗粒填充于水泥颗粒之间，使胶凝材料具有良好的级配，降低了其标准稠度下的用水量，从而提高了混凝土的强度和耐久性。因此，硅灰配制的混凝土多用于有特殊要求的工程，如高强度、高抗渗性、高耐磨性、高耐久性及对钢筋无侵蚀作用的混凝土中。

硅灰用于混凝土是研究最早、应用最广的一个领域，它在混凝土中可以起到加速胶凝材料水化，提高混凝土致密度，改善混凝土离析和泌水性能，提高混凝土的抗渗性、抗冻性、抗化学腐蚀性，提高混凝土的强度和耐磨性等作用。

由于硅灰是生产硅铁和工业硅的副产品，其生产条件基本相似，所以各国硅灰的物理性质和化学成分也差不多，表 14-13 为我国某生产单位生产的硅灰各种性能指标。

我国某生产单位生产的
硅灰各种性能指标　　　**表 14-13**

序号	性能指标名称	检测值	序号	性能指标名称	检测值
1	SiO_2（%）	95.48	11	烧失量（900℃）（%）	0.900
2	Al_2O_3（%）	0.400			
3	Fe_2O_3（%）	0.032	12	密度（g/cm^3）	2.230
4	CaO（%）	0.440	13	比表面积（m^2/g）	30.10
5	MgO（%）	0.400	14	$45\mu m$ 筛余量（%）	0
6	K_2O（%）	0.720	15	含水率（%）	1.400
7	Na_2O（%）	0.250	16	表观密度（kg/m^3）	173.0
8	SO_3（%）	0.420	17	耐火度（℃）	1710～1730
9	P_2O_5（%）	0.690	—		
10	含碳量（%）	0.250	—		

一、硅灰在混凝土中的作用

材料试验和工程实践证明，硅灰是配制混凝土极好的矿物外加剂，它能够填充混凝土水泥颗粒间的孔隙，同时与水化产物生成凝胶体，与碱性材料氧化镁反应生成凝胶体。在水泥基的混凝土和砂浆中，掺入适量的硅灰，可以起到如下作用：

（1）可以显著提高混凝土的抗压强度、抗折强度、抗渗性、耐防腐性、抗冲击性及耐磨性能。

（2）硅灰具有保水、防止离析、泌水、大幅降低混凝土泵送阻力的作用。

（3）可以显著延长混凝土结构的使用寿命。特别是在氯盐污染侵蚀、硫酸盐侵蚀、高湿度等恶劣环境下，可使混凝土的耐久性提高一倍甚至数倍。

（4）用硅灰配制的喷射混凝土，可以大幅度降低喷射混凝土和浇筑料的落地灰，提高单次喷层厚度。

（5）硅灰是配制高强度高性能混凝土不可缺少的重要组分，发达国家已将强度等级 C150 的混凝土用于工程中。

（6）硅灰具有约 5 倍水泥的功效，在普通混凝土和低强度等级的混凝土中应用可降低成本，提高混凝土的耐久性。

（7）用硅灰配制的混凝土可以有效防止发生混凝土碱-骨料反应。

（8）可以有效提高浇筑型耐高温混凝土的致密性。在与 Al_2O_3 并存时，更易生成莫来石相，使其高温强度，抗热振性增强。

（9）硅灰具有极强的火山灰效应，掺加到混凝土后，可以与水泥水化产物 $Ca(OH)_2$ 发生二次水化反应，形成胶凝产物，填充水泥石结构，改善浆体的微观结构，提高硬化体的力学性能和耐久性。

（10）硅灰为无定型球状颗粒，可以提高混凝土的流变性能，防止新拌混凝土坍落度有较大的损失。

（11）硅灰的平均颗粒尺寸比较小，具有很好的填充效应，可以填充在水泥颗粒空隙之间，提高混凝土强度和耐久性。

二、硅灰的主要性能特点

（一）硅灰的物理性能

硅灰根据其碳含量的不同，颜色可由白色到黑色，常见的为灰色。硅灰的颗粒极细，最小颗粒粒径小于 $1\mu m$，平均粒径为 $0.1\sim0.3\mu m$，其中小于 $1\mu m$ 的颗粒占到 80% 以上，其粒径为水泥的 $1/100$，粉煤灰的 $1/70$。硅灰的比表面积为 $15000\sim20000m^2/kg$，松散容重为 $150\sim200kg/m$，密度为 $2.2\sim2.5g/cm^3$。

硅灰在形成过程中，因相变的过程中受表面张力的作用，形成了非结晶相无定形圆球状颗粒，且表面较为光滑，有些则是多个圆球颗粒粘在一起的团聚体。它是一种比表面积很大、活性很高的火山灰物质。掺有硅灰的混凝土，微小的球状体可以起到润滑的作用。

（二）硅灰的化学性能

（1）硅灰的化学组成。硅灰的主要化学成分为 SiO_2，几乎却呈非晶态。硅粉中 SiO_2 的比例随生产国家和生产方法而异。试验证明，硅灰中的 SiO_2 含量越高，其在碱性溶液中的活性越大。一般来说，用于混凝土作为矿物外加剂的砖灰，其 SiO_2 的含量应在 85% 以上，SiO_2 含量低于 80% 的硅灰对混凝土的作用不大。国外一些国家生产的硅粉化学成分见表 14-14，我国部分铁合金厂生产的硅粉化学成分见表 14-15。

国外一些国家生产的
硅粉化学成分（单位:%）　　表 14-14

国别	SiO_2	Al_2O_3	Fe_2O_3	MgO	CaO	K_2O	Na_2O	C	烧失量
挪威	90～96	0.5～0.8	0.2～0.8	0.15～1.5	0.1～0.5	0.4～1.0	0.2～0.7	0.5～1.4	0.7～2.5
瑞典	86～96	0.2～0.6	0.3～1.0	0.3～3.5	0.1～0.6	1.5～3.5	0.5～1.8	—	—
美国	94.3	0.3	0.66	1.42	0.27	1.11	0.76	—	3.77
加拿大	91～95	0.1～2.0	0.2～2.0	0.1～1.4	0.1～0.7	1.1～3.0	0～0.2	0.7～2.1	2.2～4.0
日本	88～91	0.2	0.1	0.1	0.1	—	—	0.5	2.0～3.0

国别	SiO₂	Al₂O₃	Fe₂O₃	MgO	CaO	K₂O	Na₂O	C	烧失量
英国	92.0	0.7	1.2	0.2	0.2	—	0.2	0.5	2.0~3.0
澳大利亚	88.6	2.44	2.56	—	—	—	—	3.0	

我国部分铁合金厂生产的
硅粉化学成分（单位：%）　　表 14-15

生产厂家	SiO₂	Al₂O₃	Fe₂O₃	MgO	CaO	烧失量
上海铁合金厂	93.38	0.50	0.12	—	0.38	3.78
北京铁合金厂	85.37	.56	1.50	0.63	1.17	9.26
宝鸡钢铁厂	85.96	0.84	1.15	—	0.31	10.00
太原钢铁厂	90.60	1.78	0.64	0.76	0.30	3.04
唐山钢铁厂	86.57	0.96	0.56	0.60	0.34	5.07

（2）硅灰的化学性质。合格的硅灰具有很高的火山灰活性、极小的粒径和较大的比表面积。虽然硅灰的本身基本上不与水发生水化作用，但它能够在水泥水化产物氢氧化钙及其他一些化合物的激发作用下，发生二次水化反应生成具有胶凝性的产物。二次反应产物的堵塞作用，加上硅灰的微骨料

433

效应，不仅可以使水泥石的强度得到提高，还可以使水泥石中宏观大孔和毛细孔的孔隙率降低，使凝胶孔和过渡孔增加，从而有效改善硬化水泥浆体的微结构，使混凝土的耐久性得到提高。

三、硅灰对混凝土的影响

硅灰能够在很大程度上改善硬化水泥浆体和混凝土的性能，主要是由于硅粉具有较强的火山灰活性及其较小的粒径和较大的比表面积。硅灰对硬化水泥浆体微结构的影响机理主要体现在以下几个方面：

（1）提高水泥水化度，并与 $Ca(OH)_2$ 发生二次水化反应，增加硬化水泥浆体中的 CSH 凝胶体的数量，且改善了传统 CSH 凝胶体的性能，从而提高硬化水泥浆体的性能。

（2）硅灰及其二次水化产物填充硬化水泥浆体中的有害孔，水泥石中宏观大孔和毛细孔孔隙率降低，同时增加了凝胶孔和过渡孔，使孔径分布发生很大变化，大孔减少，小孔增多，且分布均匀，从而改变硬化水泥浆体的孔结构。

（3）硅灰的掺入可以消耗水泥浆体中的 $Ca(OH)_2$，改善混凝土中硬化水泥浆体与骨料的界面性能。

具体地讲，硅灰对混凝土性能的影响主要包括：对新拌混凝土性能的影响和对硬化混凝土的影响（见表 14-16）。

硅灰对混凝土性能的影响　　表 14-16

序号	混凝土类型	影响结果
1	新拌混凝土	硅灰对新拌混凝土的影响包括需水量与泌水、混凝土和易性、混凝土塑性收缩。 (1)需水量与泌水。由于球状的硅灰子远远小于水泥颗粒，它们在水泥颗粒间起到"滚珠"作用，使水泥浆体的流动性增加，同时，由于硅灰微粒可以填充水泥颗粒空隙，将这些空隙中的填充水置换出来，使其成为自由水，从而使混凝土混合料的流动性大大增加；由于硅灰的粒径很小，比表面积大，对混凝土的需水量将产生很大的影响，甚至影响到混凝土的其他各种性能，因此在配制硅灰混凝土时，一般将硅灰掺量限制在 5%～10%，并用高效减水剂来调节需水量。 由于硅灰的粒径很小，比表面积极大，可以吸附大量自由水而使混凝土泌水减少，因此，掺加硅灰的混凝土没有离析和泌水现象。 (2)混凝土和易性。在混凝土水胶比较低的情况下，加入硅灰会增加新拌混凝土的黏聚性。为得到与不掺硅灰的混凝土相同的和易性，一般要增加 50mm 的坍落度，但在水泥用量低于 300kg/m³ 情况下，加入硅灰可以改善混凝土的黏聚性。 (3)混凝土塑性收缩。新拌混凝土的塑性收缩与水从新拌混凝土表面蒸发的速率和混凝土底层泌水置换水的速率有关。所有减小新拌混凝土泌水的化学和矿物外加剂，都会使混凝土更易于产生塑性收缩裂纹，对于掺加硅灰的混凝土更会如此。因此，对硅灰混凝土，应当特别加强其早期的湿养护，以防止出现塑性收缩

序号	混凝土类型	影 响 结 果
2	硬化混凝土	硅灰对硬化混凝土的影响包括抗压强度、体积稳定性和耐久性能。 (1)抗压强度。材料试验证明,在混凝土中掺入硅灰,混凝土强度可显著提高,尤其是在蒸养条件下,增强的效果更明显。有关文献报道,在普通混凝土中掺入适量的硅灰,其强度因掺入方式、硅灰品种及掺量不同,抗压强度可提高 40%～150%,是配制高强混凝土的极好材料。 (2)体积稳定性。有关专家的研究结果表明,由于填孔与火山灰反应作用,在水泥浆体中掺入硅灰,将明显增大浆体的收缩。混凝土中掺入硅灰,可能导致混凝土自收缩增大,硅灰的掺量越高,自收缩越大。因此,在掺加硅灰的同时,可考虑同时掺加其他火山灰质材料,达到取长补短的目的。 (3)耐久性能。硅灰对混凝土耐久性能的影响包括:抗渗性能、抗冻性能、抑制混凝土碱-骨料反应、抗化学侵蚀性能、抗冲磨性能等。 ①抗渗性能。硅灰能改善混凝土的抗渗性能。硅灰的微骨料效应和二次水化反应产物的填充作用,降化大了混凝土的孔隙率,改善了孔径分布,使毛细孔和连通孔大大减少,混凝土结构更加密实,阻水能力得到提高,混凝土的抗渗性也自然得到提高。一般硅灰增加混凝土抗渗性的效果要大于增强的效果。有资料表明,在普通混凝土中掺入 5%～10%的硅粉,混凝土的抗渗性可以提高 6～11 倍

序号	混凝土类型	影 响 结 果
2	硬化混凝土	②抗冻性能。混凝土的抗冻性能,由于水的结冰温度与孔径有关,孔径越小,冰点越低。试验表明,在 $1\mu m$ 的孔中,结冰温度为 $-3\sim-2℃$;在 $0.1\mu m$ 的孔中,结冰温度为 $-40\sim-30℃$,而在凝胶孔中的水是不会结冰的。在混凝土中掺硅灰后,大大减少了混凝土中大于 $0.1\mu m$ 的孔,因而其抗冻性得以提高。有资料表明,当硅灰掺量在 15% 时,混凝土的抗冻性能约提高 2 倍。 ③抑制混凝土碱-骨料反应。碱-骨料反应是指混凝土毛细孔内溶液中的碱与骨料中的活性 SiO_2 反应,形成碱的硅酸盐凝胶,致使混凝土出现开裂现象。由于硅灰的火山灰活性,二次反应结合了大量碱,从而减少了混凝土孔溶液中碱离度浓度,加上混凝土的抗渗性能提高,所以可有效抑制碱-骨料反应。 ④抗化学侵蚀性能。材料试验证明,混凝土的密实性和氢氧化钙的含量是造成混凝土腐蚀的最主要的内因之一。加入硅灰可以明显降低混凝土的渗透性,并减少游离氢氧化钙的含量,因此,硅灰混凝土具有良好的抗化学侵蚀性能。 ⑤抗冲磨性能。据国外有关文献报道,经大规模的试验证明,高强硅灰混凝土具有很好的抗冲磨性能。有的大坝消力池在使用 20 年后,硅灰混凝土的状态仍然良好,其使用寿命是其他混凝土的 2 倍

四、硅灰的应用技术要点

目前，我国主要是利用硅灰具有早强、高强、抗蚀性好、防渗性好、抗冲磨能力强等特性，应用于水工、桥梁、港口和城市交通等工程中。表14-17中列出了硅灰的应用技术要点，可供同类工程设计和施工参考。

硅灰的应用技术要点　　　表 14-17

序号	项目	技 术 要 点
1	硅灰混凝土配制	（1）用于配制高性能混凝土，显著提高混凝土的强度和泵送性能。在混凝土中掺加 5%～15% 的硅灰，采用常规的施工方法，可以配制 C100 级高强混凝土。由于硅灰中含有细小的球形颗粒，因此具有很好的填充效应，可以明显改善胶凝材料的级配，使新拌混凝土具有较好的可泵性，不离析，不泌水。但是，在掺加硅灰的同时，必须同时掺加高效减水剂，否则将导致用水量增大，影响混凝土的物理力学性能。 （2）用于配制抗冲磨混凝土，显著提高混凝土的抗冲磨性能。水工结构的泄水建筑物、输水渠道、输水管道等处的混凝土，由于经常受高速含砂水流的冲击和磨损，表层很容易受到损坏，采用硅灰混凝土可以成倍地提高混凝土的抗冲磨性能。 （3）用于配制高抗渗、高耐久性的混凝土。在混凝土中掺加适量的硅灰，可以提高其密实性，能有效地阻止硫酸盐和氯离子等有害介质对混凝土的渗透、侵蚀，避免混凝土中的钢筋受到腐蚀，从而可以延长混凝土的使用寿命

序号	项目	技 术 要 点
2	应用技术要点	(1)硅灰的掺量。硅灰作为一种活性很高的火山灰质材料,其掺量在适宜的范围内,能显著提高混凝土的强度,改善混凝土的耐久性;但当超过一定范围后,反而会降低混凝土的性能。因此,在实际应用中,要根据使用条件,选择合适的掺量,以达到最佳活性应用。 (2)与其他矿物外加剂的混掺。根据工程实际需要,硅灰与矿渣、粉煤灰等其他矿物外加剂混掺,可以起到"超叠"效应,取长补短,同时也可提高混凝土的性价比。 (3)由于硅灰的颗粒极小,配制中需水量增大,为确保混凝土的坍落度和水灰比不改变,在掺加硅灰的同时必须掺加适量的高效减水剂。 (4)加强养护。硅灰混凝土必须加强养护,特别是对于平板工程,必须注意防止硅灰混凝胶的水分过早蒸发,养护时应采用湿养护的方法

第四节　磨细天然沸石粉

天然沸石是一种经过长期压力、温度、碱性水介质作用沸石化的凝灰岩,是一种含水的架状结构铝硅酸盐矿物,由火山玻璃体在碱性水介质作用下经水化、水解、结晶生成的多孔、有较大内表面的沸石结构。

天然沸石是硅铝氧组成的四面体结构,原子以多样连接的方式使沸石内部形成多孔结构，孔内通常被水分子填满，称为沸石水，但稍加热即可将孔内水分子去除。脱水后的沸石多孔因而可有吸附性和离子交换特性，可作为高效减水剂的载体，制成载体硫化剂以控制混凝土坍落度的损失。未经脱水的天然沸石粉直接掺入混凝土中使水化反应均匀而充分，可改善混凝土的密实度，其强度发展、抗渗性和徐变，因吸附碱离子而抑制碱-骨料反应能力均优于粉煤灰和矿粉。

一、磨细天然沸石粉的质量标准和应用

磨细天然沸石粉是指以天然沸石为主要原料，经破碎、经磨细而制成的产品，与粉煤灰、矿渣、硅灰等玻璃态的工业废渣不同，这是一种含有多孔结构的微晶矿物，是一种矿产资源。现在已有很多国家都注重开发天然沸石作为水泥混凝土原材料研究，我国在建筑材料中已将天然沸石作为混凝土的矿物外加剂，用以配制高性能混凝土。

材料试验证明，磨细天然沸石粉的细度对沸石粉的活性和混凝土的物理性能影响很大。只有当沸石磨到平均粒径小于 $15\mu m$（比表面积相当 $500\sim700m^2/kg$）时，才能表现出 3d、7d 的早期强度和 28d 强度较快增长。鉴于以上情况，在国家标准《高强高性能混凝土用矿物外加剂》（GB/T 18736—

2002）中规定，I级品的比表面积为 $700m^2/kg$，II级品的比表面积为 $500m^2/kg$。

磨细天然沸石具有特殊的格架状晶体结构，决定了它具有吸附性、离子交换性和较高的火山灰活性等物理化学性质。沸石粉用作高性能混凝土的矿物掺合料具有很好的改性作用，可提高混凝土拌合物的裹浆量，但坍落度经时损失较大，需要与高效减水剂双掺或与粉煤灰复合双掺来改善拌合物的和易性；沸石粉高性能混凝土的早期强度较低，后期密实度和强度都能够提高；沸石粉能够有效抑制高性能混凝土的碱骨料反应，并能提高混凝土的抗碳化和钢筋锈蚀耐久性。我国的沸石矿藏分布量大面广、价廉并易于开发，用作高性能混凝土的矿物外加剂具有较大的适用性和经济性。

磨细天然沸石粉作为混凝土的一种矿物外加剂，它既能改善混凝土拌合物的均匀性与和易性、降低水化热，又能提高混凝土的抗渗性与耐久性，还能抑制水泥混凝土中碱-骨料反应的发生。磨细天然沸石粉适宜配制泵送混凝土、大体积混凝土、抗渗防水混凝土、抗硫酸盐侵蚀混凝土、抗软水侵蚀混凝土、高强混凝土、蒸养混凝土、轻骨料混凝土、地下和水下工程混凝土等。

国家标准《高强高性能混凝土用矿物外加剂》

441

(GB/T 18736—2002) 中规定，配制高强高性能混凝土用的磨细天然沸石粉的性能，应符合表 14-6 中的要求。天然沸石的化学成分见表 14-18；天然沸石的质量指标应符合表 14-19 中的要求。

天然沸石的化学成分　　　　表 14-18

化学成分	Al_2O_3	Fe_2O_3	MgO	CaO	K_2O	Na_2O	烧失量
组成比例 (%)	12～14	0.8～1.5	0.4～0.8	2.5～3.8	0.8～2.9	0.5～2.5	10～15

天然沸石的质量指标　　　　表 14-19

项　目	质量指标		
	Ⅰ级	Ⅱ级	Ⅲ级
吸铵值(mmol/100g)	≥130	≥100	≥90
细度(80μm 方孔筛筛余),%	≤4	≤10	≤15
需水量比(%)	≤120	≤120	—
28d 抗压强度比(%)	≥75	≥70	≥62

注：本表引自《混凝土矿物掺合料应用技术规程》（DBJ/T 01—2002）。

二、磨细天然沸石粉对混凝土强度的影响

高性能混凝土应具有高的强度，以满足高层、轻质和大跨结构对材料的要求。混凝土的强度由浆体、骨料和浆体/骨料界面区的强度所决定，而浆

体/骨料界面区的结合强度往往成为混凝土强度的控制因素。利用矿物掺和料的密实填充效应和火山灰效应，使胶凝材料体系均匀密实。浆体的孔隙率降低，界面区的 CH 晶相含量减少，从而可以提高混凝土的后期强度。采用普通硅酸盐水泥，掺加 $10\%\sim20\%$ 沸石粉等量取代水泥，得出的混凝土抗压强度试验结果认为，沸石粉高性能混凝土的早期强度均比基准混凝土低，且沸石粉取代水泥率越大，强度降低的幅度也越大。而到 28d 龄期时，沸石粉掺量在 $10\%\sim20\%$ 的高性能混凝土强度都比基准混凝土高，且沸石粉掺量 10% 时沸石粉的强度效应发挥得最好。

沸石粉混凝土的早期强度较低，原因是掺沸石粉取代水泥则胶凝材料体系中活性较高的熟料矿物 C_3S 和 C_3A 含量相对降低，故早期强度略低。而在水泥水化后期，沸石粉中活性的 SiO_2 和 Al_2O_3 在高碱性水泥胶凝体系中被激发，与水泥的水化产物 CH 发生火山灰反应，提高了水泥的水化程度，降低了液相中的 CH 浓度，生成对强度贡献较大的 CSH 和 CAH 凝胶，减少了混凝土的孔隙率。而且，由于沸石粉内在的格架状结构，内部孔隙具有巨大的内表面能，沸石粉的亲水性较强，在浆体中起到蓄水作用。沸石粉内部的孔吸收拌合水，克服

443

了混凝土经时泌水性，而使混凝土黏性增加，沸石粉吸水后体系膨胀，骨料裹浆量提高，改善了骨料/浆体的界面。在水泥持续水化过程中需要用水，这时被沸石粉吸附的水又能逐渐释放出来，对水泥的水化起到自养护作用。另一方面，浆体内部产生自真空作用使浆体和骨料产生紧密的包裹，最终凝结成一个致密的整体，从而使混凝土的后期抗压强度和抗拉强度有较大增长，耐久性得到很大改善。

第五节　复合矿物外加剂

混凝土矿物外加剂（即掺合料）是指以氧化硅、氧化铝和其他有效矿物为主要成分，在混凝土中可以代替部分水泥、改善混凝土综合性能，且掺量一般不小于 5% 的具有火山灰活性或潜在水硬性的粉体材料。常用品种有粉煤灰、磨细水淬矿渣微粉（简称矿粉）、硅灰、磨细沸石粉、偏高岭土、硅藻土、烧页岩、沸腾炉渣等矿物材料。随着混凝土技术的进步，矿物外加剂的内容也在不断拓展，如磨细石灰石粉、磨细石英砂粉、硅灰石粉等非活性矿物外加剂在混凝土制品行业也得广泛应用。特别是近年来研制和应用的复合矿物外加剂，可以说是混凝土技术进步的一个标志。

现行国家标准《高强高性能混凝土用矿物外加

剂》（GB/T 18736 —2002）中定义，复合矿物外加剂为两种或两种以上矿物外加剂复合而成的产品。在混凝土中加入矿物外加剂一般可达到以下目的：减少水泥用量，改善混凝土的工作性能，降低水化热，增加后期强度，改善混凝土的内部结构，提高抗渗性和抗腐蚀能力，抑制碱—骨料反应等。现代复合材料理论表明，不同材料间具有良好的复合效应。如粉煤灰、矿渣及硅灰等矿物外加剂共同掺入水泥基的材料中，可以实现成分互补、形态互补、反应机制互补，将会更有利于提高水泥基材料的性能。

工程实践证明，硅酸盐水泥-矿渣-粉煤灰的复掺体系，能显著提高复合材料中水泥熟料的水化程度，充分发挥不同种类矿物外加剂的潜在活性，获得较高的强度和优良的耐久性能，比单掺某种矿物外加剂具有更大的潜力。目前，矿物外加剂的复合技术在混凝土工程实际中得到广泛应用。

针对混凝土不同的用途要求，主要应对高性能混凝土的下列性能有重点地予以保证：耐久性、工作性、强度、体积稳定性、经济性等。为此，高性能混凝土在配置上的特点是采用较低的水胶比，选用优质的原材料，且必须掺加适宜而足够数量的矿物细掺料和高效外加剂。多元复合、多重活性激发技术等，已成为矿物外加剂在高性能混凝土中得到大规模应用的关键。为确保复合矿物外加剂在混凝土中真正起到应有的作用，在复合矿物外加剂的应用中应符合表 14-20 中的要求。

复合矿物外加剂的应用中的要求　表 14-20

序号	项目	具体要求
1	对复合矿物外加剂品质要求	为确保复合矿物外加剂真正达到成分互补、形态互补、反应机制互补，其所有组成材料（如矿渣、粉煤灰、硅灰等）的品质是至关重要的因素，只有性能优良的矿物外加剂才能有效地改善新拌合硬化混凝土的性能
2	复合矿物外加剂的应用场合	在复合矿物外加剂的应用过程中，应当根据不同的应用场合选择合适的矿物掺合料组成。如我国开发的 SBT-HDC（Ⅱ）高性能复合矿物外加剂，具有需水量低、超早强、高适应性、高耐久等性能，1d 活性指数≥125%、28d 活性指数≥110%，可以广泛应用于有早强和高耐久性要求的混凝土工程。另外，在有抗冻要求的结构和部位，掺用粉煤灰及矿渣后，必须复合引气剂。当混凝土的保护层厚度小于 20mm 时，不可使用单掺粉煤灰的混凝土
3	复合矿物外加剂的掺量确定	在配制掺加复合矿物外加剂的混凝土时，复合矿物外加剂的选用品种与掺量应通过混凝土现场试验确定，不得随意采用经验掺量。复合矿物外加剂、水泥与其他外加剂之间应有良好的适应性

序号	项目	具 体 要 求
4	复合矿物外加剂混凝土养护	掺加复合矿物外加剂的混凝土与普通混凝土的性能有很大区别,在凝结硬化的过程中会出现很多预计不到的变化,相对于普通混凝土,对养护温度和湿度加以提高,将更有利于掺加复合矿物外加剂混凝土强度等性能的发展。因此,在实际工程应用中,应加强对掺加复合矿物外加剂混凝土的养护

第十五章　混凝土其他常用外加剂

混凝土外加剂最普遍的定义是：为改善新拌的及硬化后的砂浆或混凝土性质而掺入的物质。在混凝土中掺入外加剂对改善混凝土的和易性、提高耐久性、节约水泥、加快工程进度、保证工程质量、方便施工、提高设备利用率等是行之有效的措施，其技术经济效果十分显著。

随着混凝土科学技术的快速发展，对混凝土外加剂的功能要求越来越多，有力地推动了混凝土外加剂品种的发展。混凝土外加剂的开发与应用具有长远意义，大力开展和推广应用混凝土外加剂是促进建筑业科学进步的重要途径。随着科研技术能力的提高，混凝土外加剂品种的也将不断开发增加，质量也逐步提高，应用范围和使用量将逐步增加，外加剂在建筑业中会发挥更大的作用和良好的效益。

第一节　混凝土絮凝剂

混凝土絮凝剂也称为水下不分散混凝土絮凝剂，是由水溶性高分子聚合物、表面活性物质等复合而成的混凝土外加剂，具有很强的抗分散性和较好的流动性，实现水下混凝土的自流平、自密实，抑制水下施工时水泥和骨料分散，并且不污染施工水域。加入絮凝剂的水下混凝土，在水中落差 0.3～0.5m 时，其抗压强度可达同样配比时陆上混凝土强度的 70% 以上。

一、混凝土絮凝剂的种类

用于混凝土工程中的絮凝剂主要可分为无机高分子絮凝剂和有机高分子絮凝剂。

1. 无机高分子絮凝剂

无机高分子絮凝剂是 20 世纪 60 年代在传统的铁盐和铝盐的基础上发展起来的一类新型絮凝剂。主要包括如聚合氯化铝（PAC）、聚合硫酸铝（PAS）、聚合氯化铁（PFC）以及聚合硫酸铁（PFS）等。这些无机高分子絮凝剂中含有多羟基络离子，以羟基作为架桥形成多核络离子，成为巨大的无机高分子化合物，这就是无机高分子絮凝剂絮凝能力强、絮凝效果好的原因，加上其价格较低，逐步成为混凝土中主流絮凝剂。目前日本、俄罗斯、西欧及我国生产此类絮凝剂已达到工业化、规模化和流程自动化的程度，加上产品质量稳定，无机聚合类絮凝剂的生产已占絮凝剂总产量 30%～60%。

20 世纪 70 年代中期，聚合硫酸铁（PFS）问世后，新型无机高分子絮凝剂的研制主要向复合型絮凝剂的方向发展。20 世纪 80 年代末，研制出一种碱式多核羟基硫酸铝复合物（简称为 PASS），这种外加剂具有较多的活性铝，不仅能生成高密度的絮状物，而且在絮凝时沉降非常迅速。近年来，研制和应用聚合铝、铁、硅及各种复合型无机絮凝剂成为研究的热点，无机高分子絮凝剂的品种逐步成熟，已经形成系列产品。

2. 有机高分子絮凝剂

有机高分子絮凝剂是指能产生絮凝作用的天然的或人工合成的有机分子物质，多为水溶性的聚合物，具有分子量大、分子链官能团多的结构特点。按其所带的电荷不同，可分为阳离子型、阴离子型、非离子型和两性絮凝剂，工程中使用较多的是阳离子型、阴离子型、非离子型絮凝剂。其中合成的有机高分子絮凝剂主要有聚丙烯酰胺、磺化聚乙烯苯、聚乙烯醚等系列，以聚丙烯酰胺系列在水下不分散混凝土中应用最为广泛。

天然有机高分子絮凝剂原料来源广泛，价格便宜，环保无毒，易于降解和再生。按其原料来源不同，一般可分为淀粉衍生物、纤维素衍生物、植物胶改性产物、多聚糖类及蛋白质类改性产物等，其中最具发展潜力的水溶性淀粉衍生物絮凝剂和多聚糖絮凝剂。

二、絮凝剂对混凝土性能的影响

随着水下不分散混凝土的广泛应用，研制和开发性能良好的絮凝剂是当务之急。继德国、日本之后，中国石油集团工程技术研究院于 20 世纪 80 年代末，也成功地开发研制出聚丙烯系 UWBⅠ型的水下不分散混凝土絮凝剂。在 20 世纪 90 年代水下不分散混凝土在各类工程中，获得了广泛的应用。但是，聚丙烯系 UWBⅠ型絮凝剂也存在以下较大的问题：如掺聚丙烯系 UWBⅠ型絮凝剂的混凝土在水下施工时的抗分散性不足；混凝土在施工过程中的流动性损失比较严重；混凝土的凝结时间调节难度比较大；聚丙烯系 UWBⅠ型絮凝剂对不同产地的水泥和原材料适应性差。

为了解决聚丙烯系 UWBⅠ型絮凝剂存在的上述问题，2003 年采用一类全新的糖类高分子化合物作为主剂，并复配以其他的混凝土外加剂，研制成功了一种全新的水下混凝土絮凝剂 UWBⅡ。目前，用 UWBⅡ型絮凝剂配制的水下不分散混凝土，已在全国许多不同大小工程中得到广泛应用。

（一）UWBⅡ型絮凝剂对新拌混凝土性能的影响

掺加 UWBⅡ型絮凝剂对新拌混凝土性能的影响试验结果见表 15-1～表 15-3。从表中的数据可以看出，掺加 UWBⅡ型絮凝剂的水下不分散混凝土，其单位体积混凝土需水量均在 200～220kg，扩展度达到 45cm 左右，坍落度达到 23cm 左右。这种水下不分散混凝土的流动度至少可保持 1h 以上不损失。由 UWBⅡ系列絮凝剂配制的水下不分散混凝土的凝结时间都比较长，终凝时间可达到 30h。

掺 UWBⅡ系列絮凝剂配制的
混凝土流动性　　　　表 15-1

序号	絮凝剂种类	絮凝剂掺量(%)	拌合水(kg/m³)	混凝土扩展度(cm)	混凝土坍落度(cm)
1	UWBⅡ	2.5	220	43×44	21.5
2	UWBⅡ-1	2.5	220	44×46	23.0
3	UWBⅡ-1	1.5	200	48×44	24.5
4	UWBⅡ-2	1.5	200	38×38	22.0

注：1m³ 混凝土的配比：1、2 号水泥（42.5 级）500kg、砂 640kg、石 960kg；3、4 号水泥（42.5 级）450kg、砂 700kg、石 1050kg。

掺 UWBⅡ絮凝剂新拌混凝土
流动性的经时损失　　　　表 15-2

絮凝剂种类	絮凝剂掺量(%)	拌合水(kg/m³)	初始流动度(cm)	1h 后流动度(cm)
UWBⅡ	2.5	200	扩展度 49×51 坍落度 26.0	扩展度 48×45 坍落度 24.0

注：1m³ 混凝土的配比：1、2 号水泥（42.5 级）500kg、砂 640kg、石 960kg。

**不同絮凝剂配制的水下不分散混凝
土的凝结性能（养护温度10℃）**　　表15-3

序号	絮凝剂种类	絮凝剂掺量(%)	混凝土扩展度(cm)	混凝土坍落度(cm)	终凝时间(h)
1	UWBⅡ	2.5	44×48	25.0	29
2	UWBⅡ-3	2.5	50×51	25.0	31
3	UWBⅡ-4	2.5	46×48	25.0	30

注：1m³ 混凝土的配比：水泥（42.5级）500kg、砂
　　587kg、石 1047kg，水 200kg。

（二）UWBⅡ型絮凝剂对硬化混凝土性能的影响

掺加 UWBⅡ型絮凝剂对硬化混凝土性能的影
响见表15-4和表15-5。

**掺 UWBⅡ型絮凝剂对硬化混凝土
强度的影响（养护温度10℃）**　　表15-4

絮凝剂掺量(%)	调凝剂掺量(%)	混凝土扩展度(cm)	混凝土坍落度(cm)	终凝时间(h)	混凝土抗压强度(MPa)	
					7d	28d
2.5	—	41×45	24.0	18.0	21.9	41.0
2.5	1.0	43×43	24.5	13.0	22.8	38.6
2.5	1.5	44×45	25.0	10.5	21.2	38.3
2.5	2.0	44×44	24.5	8.0	22.2	39.5

注：1m³ 混凝土的配比：水泥（42.5级）500kg、砂
　　587kg、石 1047kg，水 217kg。

掺 UWBⅡ型絮凝剂对硬化混凝 土的水陆抗压强度比　　表 15-5

序号	絮凝剂掺量（%）	混凝土水灰比	混凝土扩展度（cm）	混凝土坍落度（cm）	7d抗压强度（MPa）（水下/陆地）	水陆抗压强度比（%）
1	2.5	0.32	47×46	25.0	36.1/37.4	96.5
2	2.5	0.33	43×45	24.0	38.4/40.6	94.6
3	2.5	0.33	44×47	25.0	35.2/36.6	96.2

注：试验所用水泥为 42.5 级，混凝土的砂率为 37%。

从表 15-5 中可以看出，在养护温度为 10℃ 的条件下，单位体积混凝土的水泥用量 500kg，由不同流化剂配制的 UWBⅡ系列硬化混凝土的抗压强度，7d 可以达到 25MPa 以上，28d 可以达到 40MPa 以上。掺 UWBⅡ系列絮凝剂配制的水下不分散混凝土 7d 的水陆抗压强度比可达到 94% 以上，显示出该混凝土极好的水下抗分散性能。

三、混凝土絮凝剂的应用前景

有机高分子絮凝剂的生产和应用虽然已经取得了较大的进步，但其生产使用过程中的不安全性和给环境造成的二次污染仍应引起人们的重视。有关资料表明：使用较多的聚丙烯酰胺，虽然完全聚合的聚丙烯酰胺没有多大问题，但其聚合单体丙烯酰胺却具有强烈的神经毒性，并且还是强的致癌物，所以聚合过程中单体的残留仍是一个令人担忧的问题。

天然有机高分子絮凝剂以其优良的絮凝性、不致病性及安全性、可生物降解性，正引起世人的高度重视，但其使用量远小于有机合成高分子絮凝剂，原因是其电荷密度小，分子量较低，且易发生生物反应而失去絮凝活性。如果将天然高分子絮凝剂进行改性，则其产品与合成的有机高分子絮凝剂相比较，具有选择性大、无毒、价廉等显著优点，在水处理的应用中必将拥有广阔的应用前景。

第二节　混凝土减缩剂

收缩变形是导致混凝土结构非荷载裂缝产生的关键因素，混凝土的裂缝将导致结构渗漏、整体性变差、钢筋锈蚀、强度降低，进而会削弱其耐久性，引起结构物破坏及坍塌，从而严重影响建筑物的安全性能和使用寿命。随着高强、高性能混凝土的普及，使其存在的缺陷逐渐明朗化，早期体积稳定性差、容易开裂，是影响推广应用的主要因素。

混凝土的收缩可分为塑性收缩、温度收缩、自收缩、干燥收缩和碳化收缩五大类型，其中以干燥收缩的影响最为普遍。高强、高性能混凝土的应用实践表明：早期开裂是高强、高性能混凝土的致命弱点，在各种导致非荷载裂缝产生的原因中，干缩和自收缩产生开裂是多年来混凝土施工中遇到的棘手问题。有关试验结果表明：在混凝土中掺加适量的减缩剂，能大大降低混凝土的干燥收缩，这是近年来出现的一种改善收缩较为有效的措施之一。

一、减缩剂的特点及发展趋势

减缩剂（简称 SRA）的出现为抑制混凝土自收缩和干缩开裂开辟了新的途径。减缩剂是近年来出现的一种只减少混凝土及砂浆在干燥条件下产生收缩的外加剂，它不同于一般常用的减水剂和膨胀剂。

试验结果表明，减水剂使混凝土初裂时间大大提前，裂缝数量明显增多，并有明显增大收缩开裂趋势；掺膨胀剂能够延迟混凝土的初裂时间，如不加早期养护，则裂缝发展速度较快，裂缝宽度较大，因此必须十分强调早期养护；减缩剂不仅能有效延迟混凝土初裂时间，且裂缝宽度及其发展速度都大大降低，表明减缩剂具有显著的抗裂效果，同时减缩剂的作用效果不受养护条件与约束条件的限制，可以充分发挥其减缩抗裂功能。

减缩剂作为一种减少混凝土孔隙中液相的表面张力的有机化合物，其主要作用机理就是降低混凝土毛细管中液相的表面张力，使毛细管负压下降，减小收缩应力。显然，当水泥石中孔隙液相的表面张力降低时，在蒸发或者是消耗相同的水分的条件下，引起水泥石收缩的宏观应力下降，从而减小收缩。水泥石中孔隙液的表面张力下降得越多，其收缩越小。

减缩剂是依靠物理减缩作用，一般为有机化合物，膨胀剂则是依靠化学膨胀作用，一般为无机化合物。相对于膨胀剂，减缩剂具有更优的抗裂效果，主要原因在于二者的作用机理不同。减缩剂通过降低混凝土毛细孔溶液的表面张力达到降低毛细孔力的作用，从而降低了混凝土的干燥收缩和自收缩，是纯粹的物理减缩作用；而膨胀剂是通过与水泥水化产物进行一系列的化学反应（主要是生成结晶膨胀物钙矾石）生成膨胀结晶来补偿混凝土的收缩，此过程要大量的水参与反应。在养护不良的情况下（如水分不充分），膨胀剂的抗裂效果并不能充分发挥，而在外界环境越干燥情况下，减缩剂越能发挥明显的减缩效果。

与掺纤维的混凝土相比，掺减缩剂混凝土也具有自己的优势。在自然干燥条件下，掺减缩剂混凝土表面甚至会没有任何可见裂缝；在风吹条件下，可使初裂时间延长，裂缝数量、裂缝总长度减少，最大裂缝宽度减小，裂缝扩展速率变慢，甚至可以防止贯通裂缝出现。而掺纤维虽然可以使混凝土的开裂性降低，开裂时间有所推迟，裂缝宽度减小，贯穿裂缝的出现推迟，但是最终裂缝的数量、总长度和开裂面积却增加很多。可见，纤维的加入在一定程度上阻止了裂缝的扩展和延伸，但它主要起到分散、均化收缩应力分布的作用，限制了裂缝的扩展，使大裂缝细化、分散为危害性较小的小裂缝，而不能从根本上消除裂缝的产生。而掺减缩剂使混凝土毛细孔溶液表面张力显著降低，从根本上减小了混凝土产生自收缩的直接原因，同时掺减缩剂使混凝土中孔隙分布均匀、孔隙细化，没有明显的原生裂纹产生，混凝土结构更加致密。

二、减缩剂对混凝土和砂浆的性能影响

将混凝土减缩剂（SRA）掺入水泥砂浆中，掺量为水泥用量的 0.5%～3%。由于混凝土减缩剂（SRA）能提高水泥砂浆的流动性，减少适当的用水量，以保持水泥砂浆具有相同的流动度。按现行行业标准《水泥胶砂干缩试验方法》规定，试样在温度为 20℃、相对湿度为 90% 的养护室中养护 24±2h 后拆模，然后在水中养护 2d，测试样的初长，测初长后将试样放在温度为 20℃、相对湿度为 60% 的养护室中养护至龄期，分别测定 1d、3d、7d、14d、28、60d、90d 试样的长度变化。

（1）试验所用的材料和配合比。减缩剂对混凝土

和砂浆的性能影响试验所用的材料和配合比见表 15-6。

试验所用的材料和配合比　　　表 15-6

试验项目	原材料	配合比(kg/m³)
砂浆试样长度(收缩)变化试验	42.5 级硅酸盐水泥	540
	标准砂	1350
	拌合用水量	238
	减缩剂	水泥用量的 0.5%～4.0%
混凝土干缩及强度变化试验	42.5 级硅酸盐水泥	465
	中砂	671
	5～10cm 小石子	328
	10～25cm 大石子	766
	高效减水剂(麦地-100)	2.325
	拌合用水量	170
	减缩剂	水泥用量的 1.0%～3.0%

（2）混凝土减缩剂（SRA）的掺量对胶砂干缩性能的影响。选用减缩剂后，分别改变其掺量从 0.5%～4.0%，用水泥砂浆检测不同掺量的减缩效果。试验结果表明：随着减缩剂掺量的增加，抗收缩的效果明显提高。但在试验中发现，当减缩剂掺量大于 4.0%时，对水泥砂浆有明显的缓凝作用，所以减缩剂的适宜掺量应小于 3.0%。

试验结果表明：混凝土减缩剂（SRA）掺入胶砂中，减少胶砂干缩的大小与其掺量成正比，减缩剂掺量从 0.5%、1.0%、2.0%、3.0%、4.0%变化，其胶砂 90d 的干缩分别减少 10.5%、22.0%、33.3%、34.1%、40.1%，其基本规律是减缩剂的掺量越大，其减缩效果越好。减缩剂的掺量对胶砂干缩性能的影响见表 15-7。

减缩剂的掺量对胶砂干缩性能的影响　表 15-7

减缩剂掺量（%）	砂浆试件干缩减少率(%)					
	1d	3d	7d	14d	28d	90d
空白	0	0	0	0	0	0
0.5	66.1	27.2	21.0	14.3	12.1	10.5
1.0	61.6	33.5	26.1	21.3	20.7	22.0
2.0	55.4	43.7	40.3	35.8	34.8	33.3
3.0	40.2	45.4	43.8	39.4	36.1	34.0
4.0	57.6	55.6	49.5	44.6	42.5	40.0

（3）混凝土减缩剂（SRA）的掺量对胶砂自收缩性能的影响。表 15-8 中的试验数据表明，混凝土减缩剂不仅能减少胶砂的干缩，而且也能减少胶砂的自收缩。测试方法为：24h 测定的胶砂初长，然后将试样用铝箔严密包裹，把试样放入恒温恒湿

的干燥试验室，并在 1d、3d、7d、14d、28d、60d 测定试件的长度变化。试验结果表明：掺混凝土减缩剂的试样自收缩明显小于空白试件，当掺量为 2％时，28d 时自收缩降低 30.7％，60d 时自收缩降低 29.0％；当掺量为 3％时，28d 时自收缩降低 47.2％，60d 时自收缩降低 48.1％。

减缩剂的掺量对胶砂自收缩性能的影响　　表15-8

减缩剂掺量（％）	砂浆试件干缩减少率（％）			
	7d	14d	28d	60d
空白	0	0	0	0
1.0	2.4	16.8	13.6	15.3
2.0	36.0	23.6	30.7	29.0
3.0	47.6	50.7	47.2	48.1

（4）外刷混凝土减缩剂（SRA）对混凝土干缩的影响。外刷混凝土减缩剂对混凝土干缩的影响见表 15-9。

外刷混凝土减缩剂对混凝土干缩的影响　　表15-9

减缩剂编号	混凝土试件干缩减少率（％）					
	1d	3d	7d	14d	28d	90d
空白	0	0	0	0	0	0
30	57.0	66.9	61.3	51.5	35.8	27.0

减缩剂编号	混凝土试件干缩减少率（%）					
	1d	3d	7d	14d	28d	90d
31	49.8	66.5	59.1	44.1	30.2	26.4
32	31.2	53.3	57.4	46.6	34.7	31.0
33	36.7	53.5	60.7	49.8	36.8	32.9
34	65.1	61.8	59.8	54.6	37.3	35.6

（5）混凝土减缩剂（SRA）对混凝土对其他物理力学性能的影响。混凝土减缩剂除减少混凝土因收缩而导致开裂的工程问题外，也对混凝土的其他物理力学性能产生一定的影响，主要包括以下几个方面：

① 对混凝土抗压强度的影响。在适宜的掺量范围内，减缩剂对硬化混凝土抗压强度的影响不是很显著，当减缩剂的掺量增大时，对砂浆和混凝土的抗压强度、抗折强度最高降幅可达 15% 左右。对于强度等级 C30 混凝土，当混凝土减缩剂掺量从 0.5%～3.0% 时，混凝土的 28d 强度有较大幅度的下降，60d 和 90d 混凝土强度与空白混凝土相比变化较小。C30 混凝土强度与混凝土减缩剂掺量的关系见表 15-10。

C30 混凝土强度与混凝土
减缩剂掺量的关系　　　表 15-10

减缩剂掺量（%）	减缩剂掺量对 C30 混凝土强度的影响					
	28d 抗压强度（MPa）	28d 强度下降率（%）	60d 抗压强度（MPa）	60d 强度下降率（%）	90d 抗压强度（MPa）	90d 强度下降率（%）
空白	46.9	0	50.0	0	50.5	0
0.5	39.0	−16.9	50.2	+0.4	57.8	+14.5
1.0	37.3	−20.5	50.7	+1.4	55.9	+10.7
2.0	41.6	−11.3	48.5	−3.0	48.9	−3.2
3.0	39.9	−15.0	49.0	−2.0	43.1	−14.7

② 对混凝土凝结时间的影响。在混凝土中掺入混凝土减缩剂，会使其凝结时间有一定的延迟，但在一般情况下对混凝土的施工影响不大。混凝土减缩剂掺量（内掺）与 C30 混凝土凝结时间的关系见表 15-11。

减缩剂掺量（内掺）与 C30 混
凝土凝结时间的关系　　　表 15-11

减缩剂掺量（%）	初凝时间（h）	终凝时间（h）
空白	6.5	9.1
1.0	7.0	10.3
2.0	8.0	11.2

减缩剂掺量(%)	初凝时间(h)	终凝时间(h)
3.0	8.2	11.6
4.0	9.4	12.8

③ 对混凝土坍落度和含气量的影响。混凝土减缩剂采用内掺法时，对混凝土坍落度和含气量的影响很小；凝土减缩剂采用外掺法时，对混凝土坍落度会增大，相当于在混凝土中引入等量的水。混凝土减缩剂掺量（内掺）与 C30 混凝土坍落度和含气量的关系见表 15-12。

减缩剂掺量（内掺）与 C30 混凝土坍落度和含气量的关系 表 15-12

减缩剂掺量(%)	含气量(%)	初始坍落度(cm)	1h坍落度(cm)
空白	2.5	18.0	15.0
1.0	2.4	19.4	16.5
2.0	1.7	18.7	16.5
3.0	2.1	21.0	18.0
4.0	1.7	21.0	17.5

（6）不同类型减缩剂混凝土收缩性能及其他性能对比。试验选用单组分型低分子聚醚类减缩剂（PSRA）与多组分型高分子聚合物类减缩剂

464

（CSRA）进行混凝土收缩性能及其他性能对比。试验用材料和用量见表 15-13。

<table>
<tr><th colspan="3" style="text-align:center">试验用材料和用量　　　　　表 15-13</th></tr>
<tr><th>试验项目</th><th>原材料</th><th>材料用量(kg)</th></tr>
<tr><td rowspan="7">不同类型减缩剂混凝土收缩试验</td><td>52.5 硅酸盐水泥</td><td>10.25</td></tr>
<tr><td>中砂</td><td>17.50</td></tr>
<tr><td>10～25cm 大石子</td><td>17.75</td></tr>
<tr><td>5～10cm 小石子</td><td>9.38</td></tr>
<tr><td>水灰比</td><td>0.38</td></tr>
<tr><td>聚羧酸减水剂(对收缩无影响)</td><td>根据坍落度而定</td></tr>
<tr><td>减缩剂</td><td>水泥用量的 2%</td></tr>
</table>

对比 CSRA 与 PSRA 减缩剂对混凝土干燥收缩性能及其他性能的影响后发现，在掺量为 2% 时，PSRA 减少混凝土干燥收缩的能力略优于 CSRA，28d 龄期时分别减少混凝土干燥收缩 29.3% 及 33.7%，CSRA 与 PSRA 减缩剂对混凝土干燥收缩性能的影响如图 15-1 所示。但 CSRA 能够在一定程度上提高混凝土的抗压强度，且具有良好的分散性能；而 PSRA28d 时对混凝土抗压强度的最高降幅达到 15% 左右，CSRA 与 PSRA 混凝土性能对比见表 15-14。

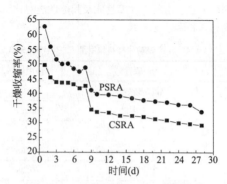

图 15-1 CSRA 与 PSRA 减缩剂对
混凝土干燥收缩性能的影响

CSRA 与 PSRA 混凝土性能对比   表 15-14

减缩剂	水灰比	减缩剂掺量（%）	PCA掺量（%）	含气量（%）	坍落度（cm）	3d抗压强度（MPa）	28d抗压强度（MPa）
基准	0.38	—	0.16	2.1	22.0	51.5	78.2
PSRA	0.38	2.0	0.11	2.1	21.0	46.4	67.1
CSRA	0.38	2.0	—	1.7	22.0	53.2	83.0

注：PCA 为高效减水剂。

由此可见，减缩剂的作用效果与其组成及分子结构密切相关，不同种类的减缩剂具备不同的优缺点。单组分型低分子聚醚类减缩剂的减缩机理明确，减缩性能优良且稳定，分子结构易控，制备工艺简单，但掺量较大时对混凝土的强度有一定影响；多组分型高分子聚合物类减缩剂减缩性能优良，且不影响混凝土的强度，但减缩机理尚不明确。两种减缩剂存在的共同问题是掺量较大，成本较高。因此，减缩剂在低掺量下实现高效减缩以及由单一型向多功能型转变，将成为今后的研究热点和发展趋势。

三、影响减缩剂效果的主要因素

（1）减缩剂的掺量。减缩剂掺量分别按水泥用量的 0、1.0%、2.0%、3.0%、4.0%。在减缩剂的掺量为 1.0% 时，相比基准砂浆 90d 干燥收缩可降低 22.0%；当减缩剂的掺量为 2.0% 时，干燥收缩减少量提高 0.5 倍。但当减缩剂的掺量为 3.0%～4.0% 时，收缩减少量仅比 2.0% 掺量时略高一点，但对砂浆有明显的缓凝作用。这是因为减缩剂的掺量超过 2.0% 后，对表面张力的变化很小，因此，减缩剂的掺量应控制在 2.0% 左右。

（2）水灰比大小。表 15-15 为不同水灰比对减缩剂减缩效果影响的试验结果。所有的试件在暴露在控制干燥环境之前养护 3d，对于水灰比小于 0.60 的混凝土，在减缩剂掺量为 1.5% 的情况下，

28d 的减缩可高达 83%，56d 也可达到 70%。当水灰比为 0.68 时，28d 和 56d 的减缩分别达到 37% 和 36%。

不同水灰比对减缩剂减缩效果
影响的试验结果

表 15-15

水泥用量（kg/m³）	水灰比	SRA掺量（%）	收缩值		减缩率（%）	
			28d	56d	28d	56d
280	0.68	0	0.030	0.045		
280	0.68	1.5	0.019	0.029	37	36
325	0.58	0	0.036	0.050		
325	0.58	1.5	0.006	0.015	83	70
385	0.49	0	0.028	0.041		
385	0.49	1.5	0.006	0.013	78	68

（3）养护条件。对比同配比的混凝土，湿养护的试件在拆模后湿养护至 14d，然后移入控制的干燥环境中；没有湿养护的试件在拆模后直接移入控制的干燥环境。试验可以看出，湿养护可降低早期和长期收缩的绝对值，也可增加减缩效果，尤其是早期的减缩效果。在有 14d 湿养护的情况下，2.0%SRA 减缩效果在 28d 可高达 80%。即使在没有湿养护的条件下，2.0%SRA 减缩效果在 28d 也

可达70%。虽然长期的湿养护对于降低收缩绝对值有很大帮助，但在实际施工条件下短期湿养护或涂抹养护剂是最常选择用的。在没有额外湿养护的混凝土中应用减缩剂不会得到最低的收缩绝对值，但与不掺减缩剂的混凝土相比可以大幅度减少干燥收缩值。

第三节　混凝土保塑剂

在混凝土工程的施工过程中，坍落度损失是新拌混凝土塑性降低的典型表征，目前仍是判别新拌混凝土流动性好坏的主要指标。混凝土的坍落度通常都是随时间的增长而变小，也就是说混凝土的流动性随着时间的增长而降低，即新拌混凝土存在坍落度损失、可塑性降低的现象。对于预拌混凝土工业来说，新拌混凝土坍落度损失一直是困扰正常施工的迫切需要解决的问题。如果新拌混凝土坍落度损失过快，不但会严重影响施工进度，而且会极大地影响混凝土的性能和质量。

商品混凝土拌合物一般都必须经过长时间的运输，应尽可能地保持初始坍落度水平，以保证混凝土顺利的运输、泵送和浇筑工作，避免错误地向混凝土中加水的做法。加水重塑混凝土在许多场合是被禁止的，研究结果表明：加水重塑混凝土会使其许多性能（如强度、耐久性等）受到不良影响。既然不能向混凝土中加水重塑，就应尽量避免运输过程中混凝土拌合物出现过大的坍落度损失。

在通常情况下，高性能混凝土外加剂的使用会在一定程度上缓解混凝土坍落度损失现象。传统的混凝土外加剂（如萘系减水剂、氨基磺酸盐减水剂等），已经被证明使用这些系列外加剂的混凝土拌合物坍落度损失是不可避免的。新一代聚羧酸系减水剂的应用，在一定程度上提高了混凝土坍落度保持能力，但在实际应用中仍有很多不足之处，尤其是在运输时间长、高温施工季节，即使掺加聚羧酸系减水剂，也无法有效地防止混凝土坍落度损失。

一、混凝土保塑方法及其特点

混凝土保塑剂也称为保坍剂，是一种能单独或与减水剂复配使用，保证新拌混凝土在施工时间内能有效保新混凝土塑性的化学外加剂。混凝土坍落度损失的主要原因是由于水泥的水化、水泥颗粒的沉聚等作用，使混凝土组分中各颗粒间凝聚力及摩阻力增大，从而致使混凝土的流动性下降。随着混凝土外加剂的快速发展，减水剂及其复合外加剂在混凝土工程中被大量运用，混凝土在掺加减水剂后，使水泥颗粒具有斥力，处于分散状态，混凝土流动性增加。但随着水泥水化的进行，减水剂逐步被水化产物覆盖或结合，从而不能再发挥分散作用，混凝土的坍落度减小。在水泥的各种组分中 C_3A 水化最快，吸附减水剂的能力最强，所以掺加减水剂后 C_3A 含量高的水泥拌制的混凝土的坍落度损失一般都偏大。

为了控制和减小新拌混凝土坍落度损失，国内外均进行了各种尝试并做了大量的研究工作，总结出许多混凝土保塑的方法。混凝土保塑方法及其特点见表 15-16。

混凝土保塑方法及其特点 表 15-16

序号	混凝土保塑方法	具体要求及其特点
1	减水剂后掺、多次添加或超量掺加	采用减水剂后掺、多次添加或超量掺加的方法，是从减少混凝土组分中的水泥或者其他吸附材料对减水剂的无效吸附的角度出发进行设计的，能在一定程度上缓解由于体系中减水剂不足造成的部分混凝土坍落度损失，但在实际生产中由于操作的复杂性和搅拌设备的限制，这种方法实用性不强。此外，生产低水胶比混凝土时，在加入减水剂之前，拌合物很难拌制均匀，混凝土很难获得较好的流动能力，从而增加了施工的难度。超量掺加减水剂则存在最终坍落度无法确切把握的问题，控制不当容易造成混凝土离析等现象

序号	混凝土保塑方法	具体要求及其特点
2	掺加缓凝剂法	水泥初期的水化反应会造成对吸附于水泥粒子表面减水剂的较多消耗，同时因减水剂残存浓度的减少不能补充，这种消耗而使水泥粒子表层ξ电位降低、分散性下降而引起的。水泥水化造成对减水剂的消耗，是由于水化物对部分吸附于水泥粒子表面的减水剂的覆盖或水化物与减水化之间可能存在的作用而引起的。 外掺加缓凝剂方法从控制水泥水化的角度出发，减缓水泥的水化速率，从而降低减水剂被水泥掩埋的程度。目前该方法的应用是比较普遍的，也确实能解决部分低强普通混凝土的坍落度损失问题，但也存在以下限制：①高温条件和小流动度混凝土中应用效果不明显；②不可避免地会造成混凝土凝结时间延迟，某些有特定凝结时间和早期强度要求的工程不能接受；③缓凝剂与水泥相容性出现问题而发生坍落度损失过快和不正常凝结现象
3	掺加反应性/高分子聚合物	反应性高分子聚合物是一类高分子分散剂，其分子中含有酰基、酸酐基、酸基等官能团，一般采用丙烯酸、马来酸酐、苯乙烯等单体共聚得到。该聚合物在水泥碱性环境中具有一定的反应性，一般与高效减水剂复合使用，对部分混凝土的坍落度损失有明显的改善作用。由于该聚合物在制备过程中必须采用有机溶剂，因此不可避免地会对环境有一定程度的影响，另外，这种聚合物水溶性较差，施工中应用不方便

序号	混凝土保塑方法	具体要求及其特点
4	减水剂分子包埋技术	将减水剂分子与蒙脱土或其他填料进行混合制成颗粒状,在使用时通过颗粒的缓慢溶解释放出减水组分,以降低减水剂分子被水泥水化产物掩埋的程度,类似于释放胶囊或颗粒的作用机理。这种方法由于制成缓凝颗粒尺寸和颗粒分布不容易控制,其作用效果还与受到搅拌、温度、混凝土配合比等因素的影响,实际使用存在一定的难度。特别是部分大颗粒,如果在浇筑混凝土后还没有溶解,则硬化混凝土的性能存在隐患
5	掺加具有缓凝功能的聚羧酸外加剂	基于聚羧酸系外加剂的梳形结构,将其分子内或者分子间的羧基转换成酯基、酰氨基、酸酐或其他亲水性非极性基团,这些基团在水泥颗粒上开始不吸附,但随着水泥水化的进行,在水泥水化提供的高碱性环境下,酯基或者酸酐基团产生水解而转化成羧基或者其他容易在水泥颗粒上吸附的基团,则逐渐发挥其分散作用,具有缓慢释放的效果

二、混凝土保塑剂的性能评价

目前,在混凝土工程中采用的保塑剂主要有不同类型的缓凝剂和缓释型聚羧酸系保塑剂,由于缓凝剂保塑效果不明显以及其本身对混凝土的某些不利影响,以下仅以聚羧酸系混凝土高效保塑剂进行性能评价。

473

（一）掺量对新拌混凝土的影响

按照现行国家标准《混凝土外加剂》（GB 8076—2008）中规定的试验方法，对混凝土保塑剂的掺量与性能关系进行测试，保塑剂的性能检测结果见表15-17。

保塑剂的性能检测结果　　　　　表 15-17

保塑剂掺量（%）	减水率（%）	含气量（%）	坍落度（cm）		凝结时间（min）		抗压强度（MPa）		28d 干燥收缩率（%）
			0h	1h	初凝	终凝	3d	28d	
0	—	2.1	20.0	—	425	551	21.1	38.1	0.0295
0.12	19.8	6.0	20.4	16.0	435	540	34.2	51.4	0.0275
0.16	20.3	6.0	20.8	22.0	462	590	33.6	51.0	0.0270
0.20	21.8	6.0	20.8	23.0	500	625	35.0	51.3	0.0272
0.26	23.7	5.1	22.0	23.5	560	685	34.2	53.6	0.0268

从表 15-17 中的数据可以看出，随着保塑剂掺量的增加，混凝土的减水率及保塑效果均有比较明显改善，并且当固体掺量达到 0.26% 时，保塑剂的减水率可达到 23.7%，满足现行国家标准《混凝土外加剂》（GB 8076—2008）中高效减水剂的减水率要求。保塑剂的经时分散能力使其具有优异的混凝土坍落度保持能力，并且随着保塑剂掺量的增加，

保塑效果逐渐增强。当固体掺量达到 0.16％时，混凝土 1h 坍落度出现大于初始坍落度现象，说明混凝土流动性经时增加。

由于保塑剂具有良好的减水能力，降低了混凝土的水灰比，所以混凝土的抗压强度明显提高。当保塑剂固体掺量达到 0.26％时，3d 混凝土抗压强度提高 62％，28d 混凝土抗压强度提高 29％。混凝土的干燥收缩率随着保塑剂固体掺量的增加而降低，这主要源于该保塑剂的减缩能力，当保塑剂固体掺量达到 0.26％ 时，混凝土的减缩率达到 9.2％，减缩效果明显。

混凝土的凝结时间也随着保塑剂掺量的增加而增加，当保塑剂固体掺量达到 0.26％时，混凝土凝结时间延长 2h 左右，但在混凝土的初凝、终凝时间差方面，没有因保塑剂的掺加而发生变化。

（二）保塑剂与混凝土减水剂的相容性

工程中常用的保塑剂作为一种复配型外加剂，必须考察它与其他外加剂的适应性，试验设计主要从混凝土保坍性能方面考虑，选择的聚羧酸系减水剂包含不同的主链组成、侧链长度以及主侧链不同的接枝方式等因素。

表 15-18 为混凝土保塑剂对不同种类聚羧酸系减水剂的适应性试验结果，从试验结果来看，高性

能保塑剂对于改善减水剂的保坍能力有较大的帮助，与常规减水剂复配使用时均未影响其减水率，基本上和目前市场上所供应的聚羧酸系减水剂都是适应的，能有效地改善其新拌混凝土的坍落度损失。

保塑剂对不同种类聚羧酸系减水剂的适应性试验结果 表 15-18

外加剂		水胶比(W/B)	坍落度损失(cm)	
减水剂种类及掺量(%)	保塑剂掺量(%)		0min	60min
PCA-Ⅱ,0.20	0	0.41	20.5	8.5
PCA-Ⅱ,0.13	0.10	0.41	20.0	15.5
PCA-Ⅳ,0.20	0	0.42	20.8	13.5
PCA-Ⅳ,0.16	0.06	0.42	19.5	17.5
PCA-Ⅴ,0.24	0	0.41	19.0	3.0
PCA-Ⅴ,0.16	0.12	0.42	18.0	15.0

注：混凝土配合比为：52.5普通水泥：粉煤灰：砂：石子=330：60：733：967。

（三）混凝土保塑剂的温度敏感性

由于高性能保塑剂的保坍机理是降低其初始的吸附量，因此其分散性能和保坍性能必然受到温度的影响很大。采用的配合比为水泥：粉煤灰：砂：

石子＝290：50：756：1134 的混凝土进行温度敏感性试验，试验结果见表 15-19。环境温度越高，保坍性能则越差，初始分散性能增大；环境温度越低，初始分散性越差，但保坍性能越优异，甚至发生 1h 后大幅度增大的现象。由于环境温度升高加速水泥水化，水泥溶液中碱性增强，加快了酯的水解，而且温度升高，高分子活动能力增强，分子构象舒展，使外加剂容易吸附。所以总体来说，温度升高，外加剂吸附加快，吸附量增加，导致了其分散性能提高。分散保持能力有所下降，于 60min 后出现坍落度的部分损失。

混凝土保塑剂在不同温度条
件下的作用效果

表 15-19

水胶比 （W/B）	环境 温度 （℃）	减水剂 掺量 （%）	保塑剂 掺量 （%）	坍落度损失（cm）		
				0min	60min	90min
0.47	5	0.09	0.135	10.5	18.0	20.0
0.46	20	0.09	0.135	13.2	18.0	16.0
0.43	30	0.09	0.135	15.5	15.0	12.3

从表 15-19 的结果可以看出，环境温度的变化直接影响减水剂的分散效果及经时变化，保塑剂的保坍作用时间随着温度的升高而逐渐降低，但是均能有效地满足试验所设计的中等流动度混凝土的保

坍要求。

（四）混凝土保塑剂的水泥适应性

混凝土外加剂的水泥适应性是指混凝土外加剂与水泥复合应用时能够充分发挥混凝土外加剂的性能特点，不会因水泥成分波动而导致混凝土外加剂的应用性能发生较大改变。混凝土外加剂与水泥适应性差，主要是指减水率低、流动性保持效果差、出现离析泌水等问题，而这些问题直接影响到新拌混凝土的应用性能，所以一直是混凝土外加剂研究的重点。

现行行业标准《水泥与减水剂相容性试验方法》（JC/T 1083—2008）指出：混凝土外加剂与水泥的相容性分为水泥对外加剂的适应性及外加剂对水泥的适应性。由此可见，外加剂与水泥的不适应不应局限于单方面的原因，而应当从两方面进行分析，查找原因，优化两者之间的相容性。

参 考 文 献

[1] 冯浩，朱清江. 混凝土外加剂工程应用手册（第二版）. 北京：中国建筑工业出版社，2012

[2] 夏寿荣. 混凝土外加剂配方手册. 北京：化学工业出版社，2012

[3] 田培，刘加平，王玲等. 混凝土外加剂手册. 北京：化学工业出版社，2015

[4] 葛兆明. 混凝土外加剂（第二版）. 北京：化学工业出版社，2004

[5] 中华人民共和国国家标准.《混凝土外加剂应用技术规范》（GB 50119—2013）

[6] 中华人民共和国国家标准.《混凝土外加剂》（GB 8076—2008）

[7] 中华人民共和国行业标准.《混凝土防冻剂》（JC 475—2004）

[8] 中华人民共和国行业标准.《砂浆、混凝土防水剂》（JC 474—2008）

[9] 中华人民共和国行业标准.《喷射混凝土用速凝剂》（JC 477—2005）

[10] 中华人民共和国行业标准.《混凝土膨胀剂》（JC 476—2009）

[11] 中华人民共和国行业标准.《混凝土泵送剂》（JC 473—2011）

[12] 中华人民共和国行业标准.《聚羧酸系高性能减水剂》

（JG/T 223—2007）

[13] 中华人民共和国行业标准.《混凝土防冻泵送剂》（JG/T 377—2012）

[14] 中华人民共和国行业标准.《水泥砂浆防冻剂》（JC 2031—2010）

[15] 中华人民共和国国家标准.《混凝土膨胀剂》（GB 23439—2009）

[16] 中华人民共和国国家标准.《水泥基渗透结晶型防水材料》（GB 18445—2012）

[17] 中华人民共和国行业标准.《建筑表面用有机硅防水剂》（JC/T 902—2002）

[18] 中华人民共和国行业标准.《补偿收缩混凝土应用技术规程》（JGJ/T 178—2009）

[19] 中华人民共和国行业标准.《钢筋阻锈剂应用技术规程》（JGJ/T 192—2009）

[20] 中华人民共和国行业标准.《钢筋混凝土阻锈剂》（JT/T 537—2004）

[21] 中华人民共和国国家标准.《钢筋防腐阻锈剂》（GB/T 31296—2014）

[22] 中华人民共和国国家标准.《粉煤灰混凝土应用技术规范》（GB/T 50146—2014）

[23] 中华人民共和国国家标准.《用于水泥和混凝土中的粉煤灰》（GB/T 1596—2005）

[24] 中华人民共和国国家标准.《高强高性能混凝土用矿物外加剂》（GB/T 18736 —2002）

[25] 陈建奎. 混凝土外加剂的原理与应用（第二版）. 北京：

中国计划出版社，2004

[26] 缪文昌. 高性能混凝土外加剂. 北京：化学工业出版社，2008